試験直前チェックシート

このチェックシートは、Oracle Certified Java Programmer, Bronze SE 認定資格試験に関する重要なポイントを抜粋して掲載してあります。受験前に、このシートを利用して自信のないところや再度確認しておきたい項目を重点的にチェックしてください。

第1章　Java 言語のプログラムの流れ

- [ ] Java テクノロジーの主な特徴は以下のとおり。
  - Write Once, Run Anywhere（一度書けばどこでも動く）
  - JVM（Java 仮想マシン）による処理
  - オブジェクト指向
- [ ] JVM は Java 実行環境であり、クラスファイルのロード（読み込み）、バイトコードの解釈、クラスの実行、メモリ管理などを行う。
- [ ] Java が提供するエディションは以下のとおり。
  - Java SE（Java Platform, Standard Edition）
Java の基本的なソフトウェア開発に必要な開発環境
  - Java EE（Java Platform, Enterprise Edition）
Web アプリケーションなどの開発を含む、エンタープライズ（大規模）向けの開発環境
  - Java ME（Java Platform, Micro Edition）
携帯電話やモバイル端末、家電などコンピュータ以外のプラットフォーム向け開発環境
- [ ] Java EE および Java ME を使用するには、事前に Java SE をインストールする必要がある。
- [ ] Java SE をインストールした後、PATH 環境変数を設定する必要がある。
- [ ] ソースファイルの作成は、以下のルールに従う。
  - ソースファイル名や、ソースファイル内に記述する文には半角英数字を使用する
  - ソースファイル名は任意であるが、拡張子は .java を使用する
  - 英字の大文字、小文字は厳密に区別される
  - 空白の部分は半角空白かタブ文字を使用し、全角空白は使用しない
- [ ] Java アプリケーションは、main() メソッドから実行される。main() メソッド構文は以下に従う。

```
public static void main(String[] args) { …… }
```

- [ ] コンパイルには javac コマンドを使用する。
【例】javac Test.java ←拡張子 .java をつける
- [ ] 実行には java コマンドを使用する。
【例】java Test ←拡張子 .class はつけない

第2章　データの宣言と使用

- [ ] Java 言語のリテラルには、大別すると次の6種類がある。
整数リテラル、浮動小数点数リテラル、文字リテラル、文字列リテラル、論理値リテラル、null リテラル
- [ ] 整数リテラルは小数部をもたない値であり、10 進数、8 進数、16 進数、2 進数を表現できる。
- [ ] 浮動小数点数リテラルは小数部をもつ値であり、10 進数、指数を表現できる。
- [ ] 文字リテラルは 1 つの文字を表現するほか、特殊文字を扱うことができる。
  - 文字は「'」（シングルクォート）で囲む。
【例】'あ'、'山'
  - 特殊文字は「¥」（半角円記号）の後に文字を指定する
【例】¥n（改行）、¥t（タブ文字）、'¥u3012'（Unicode）

  なお、Linux 環境では、¥ はバックスラッシュ（\）になる。
- [ ] 文字列リテラルは、文字列を表現する。文字列は「"」（ダブルクォート）で囲む。
【例】"田中"、"100000"
- [ ] 論理値リテラルは、真（true）か偽（false）の値を表現する。
- [ ] null リテラルは、参照型のデータを利用する際に「何も参照していない」という意味を表現する。
- [ ] Java 言語のデータ型には、基本データ型と参照型の 2 種類がある。
- [ ] 基本データ型は、次の 8 種類がある。

```
byte、short、int、long、 oat、double、char、
boolean
```

- [ ] 参照型は、クラス、配列、インタフェースなどを含む基本データ型以外の型すべてである。
- [ ] 変数を用意することを変数宣言と呼び、その変数に値を格納することを代入と呼ぶ。

```
データ型 変数名; // 変数宣言
変数名 = 値;      // 変数に値を代入
```

- [ ] long 型の変数に long 値を代入する場合には、リテラルに「L」もしくは「l」をつける
- [ ] …は、リ
- [ ] …認識さ
- [ ] …ble 型

として認識される。

☑ 文字列を扱う変数を宣言するには、参照型の１つである String 型を使用する。

☑ String クラスの length() メソッドは、int 型で文字数を返す。

☑ String クラスの charAt() メソッドは、引数で指定された数に位置する文字を返す。最初の文字は０番目となる。

☑ 識別子の命名ルールは以下のとおりである。
- 識別子の１文字目は、英字（a ～ z、A ～ Z)、ドル記号（$)、アンダースコア（_）のみ
- 識別子の２文字目以降は数字も使用可能
- 予約語は使用不可
- 大文字、小文字は厳密に区別される
- 文字数（長さ）の制限はない

☑ 配列の宣言、領域の確保は以下のとおりである。

```
データ型 [] 配列名 ;                  // 配列の宣言
配列名 = new データ型 [ 要素数 ] // 領域の確保
```

☑ なお、宣言時に指定する [] は、データ型の後に記述するほか、配列名の後でも許可されている。

☑ 配列に値を代入するには、添え字（インデックス）を使用する。添え字は０番目からである。

☑ 配列の要素外にアクセスすると、実行時エラーとなる。

☑ 配列の大きさを調べるには length を使用する。

☑ 配列の宣言、領域の確保、値の代入までを最初に行っておく記述は以下のとおりである。

```
データ型 [] 配列名 = { 初期値 1, 初期値 2, 初期値 3,
…… , 初期値 n};
```

☑ println() メソッドで char 配列名を指定すると、格納されている要素が出力される。

☑ ローカル変数は、使用する前に、明示的に初期化しておかないとコンパイルエラーとなる。

☑ java コマンド実行時に渡すことができる値をコマンドライン引数と呼ぶ。プログラムでは、コマンドライン引数で渡された値を String 型の配列で取得する。

第３章　演算子と分岐文

☑ Java 言語で何かしらの計算を行う場合には、演算子を使用する。

☑ 算術演算子は加減乗除を行う。

演算子	記述例	説明
+	a + b	a と b を加算する
-	a - b	a から b を減算する
*	a * b	a と b を乗算する
/	a / b	a を b で除算する
%	a % b	a を b で除算した余りを出す

☑ 単項演算子は１つの値（または変数）の処理を行う。

演算子	記述例	説明
-	-a	a の符号を反転させる
++	++a、a++	a の値に１を加える
--	--a、a--	a の値から１を引く

☑ 代入演算子は値の代入、複合代入演算子は計算後代入の処理を行う。

演算子	記述例	説明
=	a = b	a に b を代入する
+=	a += b	a に b を加えた値を a に代入する
-=	a -= b	a から b を引いた値を a に代入する
*=	a *= b	a に b を乗じた値を a に代入する
/=	a /= b	a を b で割った値を a に代入する
%=	a %= b	a を b で割った余りを a に代入する

☑ 関係演算子は、２つの値を比較し、その結果を boolean 値である true もしくは false を返す。

演算子	記述例	説明
==	a==b	a と b の値が等しければ true、異なれば false
!=	a!=b	a と b の値が異なれば true、等しければ false
>	a>b	a の値が b の値より大きいならば true、以下ならば false
>=	a>=b	a の値が b の値以上であれば true、小さければ false
<	a<b	a の値が b の値より小さければ true、以上ならば false
<=	a<=b	a の値が b の値以下であれば true、大きければ false

☑ 論理演算子は２つ以上の条件をもとに評価する。

演算子	記述例	説明
&	a&b	a と b の両方が true のとき true、そうでなければ false a が false であったとしても b は評価される
&&	a&&b	a と b の両方が true のとき true、そうでなければ false a が false なら b は評価されず結果が false となる a が true なら b も評価され結果を返す
|	a|b	a と b いずれかが true なら true、そうでなければ false a が true であったとしても b は評価される
||	a||b	a と b いずれかが true なら true、そうでなければ false a が true なら b は評価されず結果が true となる a が false なら b も評価され結果を返す
^	a^b	a と b の値が異なるとき true、そうでなければ false
!	!a	a の値が true のとき false、false のとき true

☑ 変数にnullが格納されているかどうかは、関係演算子を使用して調べる。

☑ nullは参照型のリテラルであるため基本データ型の変数に格納するとコンパイルエラーとなる。

☑ Java言語の条件文には、大別してif文とswitch文の2種類ある。

☑ if文は、条件式をもち、その条件を評価した結果に応じた処理を行う場合に使用する。条件の結果の判定は、boolean値（trueまたはfalse）で行う。

```
if ( 条件式 ) {
    処理文 ; // ifブロック：条件式の結果がtrueであれば実行
}
```

☑ if-else文は、if文の条件式の結果がtrueの場合だけでなく、falseの場合の処理も記述する場合に使用する。

```
if ( 条件式 ) {
    処理文1; // 条件式の結果がtrueのときに実行(ifブロック)
} else {
    処理文2; // 条件式の結果がfalseのときに実行(elseブロック)
}
```

☑ if-else-if文は、3分岐以上の多分岐処理を行いたい場合に使用する。

```
if ( 条件式1) {
    処理文1; // 条件式1の結果がtrueのときに実行(ifブロック)
} else if ( 条件式2) {
    処理文2; // 条件式1の結果がfalseかつ、条件式2の結果がtrueのときに実行(else ifブロック)
} else {
    処理文3; // 条件式1および2の結果がfalseのときに実行(elseブロック)
}
```

☑ 条件演算子による条件文は以下のとおりである。

```
条件式 ? 式1 : 式2
```

条件式がtrueを返した場合には式1を実行し、falseを返した場合には式2を実行する。

☑ switch文は多分岐処理を行う。

```
switch ( 式 ) { // switchブロック
    case 定数1 : // 式の結果が定数1と一致したとき、以下の処理文を実行
    処理文1;
    case 定数2 : // 式の結果が定数2と一致したとき、以下の処理文を実行
    処理文2;
    ……
    default : // どのcaseにも一致しなかったとき、以下の処理文を実行
    処理文n;
}
```

☑ switch文の式の結果は、データ型としてbyte、char、short、int、およびそのラッパークラスenum、Stringのいずれかの値であること。

☑ default:はswitch内のどこに記述してもかまわず、記述は任意で省略も可能である。

☑ 1つのcaseに記述した処理文を実行した後、switchブロックを抜ける場合は、case内の最後の処理文としてbreak文を記述する。

第4章　繰り返し文と繰り返し制御文

☑ while文は、指定された条件が成立する（条件式がtrueを返す）の間、繰り返し処理を行う。

```
while ( 条件式 ) {
    処理文 ; // 条件式の結果がtrueの場合に処理文が実行される
}
```

☑ while(true)というように、条件式をtrueと記述したwhile文は、条件判定で常にtrueが返るため、無限ループになる。

☑ do-while文は、指定された条件が成立する（条件式がtrueを返す）の間、繰り返し処理を行う。

```
do {
    処理文 ;
} while ( 条件式 );
```

☑ do-while文とwhile文との違いは、do-while文は、まず一度繰り返し処理を行って、それから条件判定が行われる点である。

☑ for文は、( )内に繰り返し回数を数えるための変数やその更新処理などを記述し繰り返し処理を行う。

```
for ( 式1; 式2; 式3) {
    処理文 ;
}
```

☑ 拡張for文は、配列やコレクションの全要素に対して順番に取り出して繰り返し処理を行う。

```
for ( 変数宣言 : 参照変数名 ) {
    処理文 ;
}
```

☑ 拡張for文で宣言する変数のデータ型は、取り出される要素のデータ型に合わせる。

☑ if文の中にfor文や、for文の中にfor文など、制御文の中に制御文を記述することをネストと呼ぶ。

☑ 繰り返し制御文には、break文とcontinue文の2種類がある。

☑ break文は、現在実行中の繰り返し処理を中断して抜け出すときに使用する。

☑ continue文は、繰り返し内の残りの処理をスキップして条件式に制御を移し、さらに繰り返し処理を続けたいときに使用する。

☑ ネストされた繰り返し文を制御する場合には、ラベルを使用する。

☑ ラベル名は、識別子の規則に従って任意に指定でき、ラベルの最後には「:」（コロン）をつける。

第5章　オブジェクト指向コンセプト

☑ オブジェクトとは、役割に応じて分割された単位。

☑ オブジェクトの情報（状態）を表現するものが属性であり、機能を表現するものが操作である。

☑ オブジェクトは属性と操作を一体化することで表現される。これをカプセル化と呼ぶ。

☑ カプセル化により、属性を外部から保護するデータ隠蔽を実現できる。

☑ Java 言語では、属性は変数として扱い、操作はメソッドとして扱う。

☑ オブジェクト同士は、互いに要求を出し、連携して動作する。

☑ クラスは、オブジェクトを作成するための土台となる雛形である。

☑ インスタンス化は、あるクラスをもとにして、実際に使うことができる「モノ」にすることである。

☑ 継承は、すでに定義してあるクラスを拡張して、新しいクラスを定義することである。

☑ スーパークラスは継承のもととなるクラス、サブクラスはそれを拡張して新しく作成したクラス。

☑ サブクラスでは独自にもつ属性、操作のみを定義する。

☑ サブクラスをインスタンス化するとスーパークラスの情報を引き継いだオブジェクトが生成される。

☑ インタフェースは、オブジェクトを利用する側に公開すべき操作をまとめたクラスの仕様のことである。

☑ ポリモフィズム（多態性、多相性）は、共通のインタフェースをもつ操作でも、実際にはオブジェクトごとに振る舞いや動作が異なることである。

第6章　クラス定義とオブジェクトの生成・使用

☑ Java 言語では、クラスの直下に用意された変数やメソッドを総称してメンバと呼ぶ。

☑ ソースファイルにクラスを定義しコンパイルすると、定義したクラス名が使用されたクラスファイル（.class ファイル）が生成される。

☑ オブジェクトの属性であるインスタンス変数に格納される値はオブジェクトごとに異なる。

☑ メソッドの構文は以下のとおりである。

```
[修飾子] 戻り値の型 メソッド名(引数リスト) { }
```

☑ 戻り値の型には、メソッドの呼び出し結果として、呼び出し元に返す値のデータ型を指定する。

☑ 呼び出し元に値を返す必要がないメソッドには、戻り値の型として void を指定する。

☑ 戻り値を返すには、メソッド内の処理の最後で return 文を記述する。

```
return 戻り値;
```

☑ 引数リストは、メソッドの呼び出し元から渡されるデータを格納するための変数のリストである。引数リストには0個以上の変数をカンマで区切る。

☑ インスタンス化には new キーワードを使用する。

```
データ型 変数名 = new コンストラクタ名();
```

☑ オブジェクトに対してメンバの呼び出しはインスタンス化した際の変数名を使用する。

```
変数名.メンバ変数名;
変数名.メンバメソッド名();
```

☑ ローカル変数は、if 文や for 文など、あるブロックの中で宣言している変数やメソッドの引数リストで宣言する変数である。

☑ メンバ変数は、クラス内のどこからでもアクセス可能だが、ローカル変数は、宣言したブロック内でしかアクセスできない。

☑ コンストラクタは、インスタンス化のときに最初に呼び出されるブロックを定義するものである。

☑ コンストラクタは、名前がクラス名と同じであり、戻り値はもたない。void も指定しない。

☑ クラスで明示的にコンストラクタを定義しなかった場合、コンパイルのタイミングでデフォルトコンストラクタが追加される。

☑ クラスで明示的にコンストラクタを定義している場合、デフォルトコンストラクタは追加されない。

☑ オーバーロードとは、クラス内に同じ名前のメソッドやコンストラクタを複数定義すること。

☑ オーバーロードはメソッド名（もしくはコンストラクタ名）が同じであり、引数の並び、型、数が異なっていることが条件である。戻り値、アクセス修飾子は、条件に含まれない。

☑ メンバには、インスタンスメンバと static メンバの2種類がある。

	メンバ変数	メンバメソッド
インスタンスメンバ	インスタンス変数（非 static 変数）	インスタンスメソッド（非 static メソッド）
staticメンバ	static 変数	static メソッド

☑ インスタンスメンバは、そのクラスをインスタンス化すると、各オブジェクトの中に個々の領域として確保される。

☑ static メンバは複数インスタンス化されても1箇所で領域が確保される。

☑ static メンバを他クラスから呼び出す構文は、以下のとおりである。

```
クラス名.static 変数名;
クラス名.static メソッド名();
```

なお、以下の呼び出しも可能である。

```
データ型 変数名 = new コンストラクタ名();
変数名.static 変数名;
変数名.static メソッド名();
```

- クラス内のメンバ間アクセスのルールは以下のとおりである。
  - クラス内で定義したインスタンスメンバ同士、staticメンバ同士は直接アクセスできる
  - クラス内で定義したインスタンスメンバは、クラス内で定義したstaticメンバに直接アクセスすることができる
  - クラス内で定義したstaticメンバは、クラス内で定義したインスタンスメンバに直接アクセスすることはできない。アクセスする場合は、インスタンス化してからアクセスする

- アクセス修飾子は、クラス、コンストラクタ、メンバ変数、メソッドに対し、他のクラスへのアクセス公開範囲を制御するものである。

公開範囲	アクセス修飾子	適用場所			
		クラス	コンストラクタ	メンバ変数	メソッド
広い	public	○	○	○	○
	protected	×	○	○	○
	デフォルト(指定なし)	○	○	○	○
狭い	private	×	○	○	○

- データ隠蔽を実現するためにアクセス制御の推奨ルールは以下のとおりである。
  - インスタンス変数は、アクセス修飾子をprivateにする
  - メソッドは、アクセス修飾子をpublicにする

- ガベージコレクタは、プログラムが使用しなくなったメモリ領域を検出し解放する。

- プログラムの中で明示的に「この変数はオブジェクトを参照しない」ということを表現するには変数にnullを代入する。

第7章 継承

- サブクラスを定義する際には、extends キーワードを使用する。

```
[修飾子] class サブクラス名 extends スーパークラス名 { }
```

- Java言語は単一継承のみサポートしているため、extends キーワードの後に指定できるクラスは1つだけである。

- extends キーワードを使用しなかった場合、コンパイラによって java.lang.Object クラスを継承するクラスとしてクラスファイルが作成される。

- オーバーライドは、スーパークラスで定義されたメソッドをサブクラスで再定義することである。ルールは以下のとおりである。
  - メソッド名、引数リストがまったく同じメソッドをサブクラスで定義する
  - 戻り値は、スーパークラスで定義したメソッドが返す型と同じか、その型のサブクラス型とする
  - アクセス修飾子は、スーパークラスと同じものか、それよりも公開範囲が広いものであれば使用可能

- final修飾子はクラス、変数、メソッドに適用できる。
  - 変数につけた場合は、定数になる
  - メソッドにつけた場合、サブクラス側でそのメソッドをオーバーライドできなくなる
  - クラスにつけた場合、そのクラスをもとにサブクラスを定義できなくなる

- this は、自分自身（自オブジェクト）を表す。
  インスタンス変数への適用：this. 変数名;
  コンストラクタ呼び出しの適用：this();
  ※ this() はコンストラクタ定義の先頭に記述する

- super は、自オブジェクトから見てスーパークラスのオブジェクトを表す。
  メソッド呼び出しの適用：super. メソッド名();
  コンストラクタ呼び出しの適用：super();
  ※ super() はコンストラクタ定義の先頭に記述する

- クラスのインスタンス化は、必ずスーパークラスのコンストラクタが実行されてからサブクラスのコンストラクタが実行される。

- サブクラス内のコンストラクタ定義内に明示的な super によるコンストラクタ呼び出しがないと、コンパイルのタイミングで super() が追加される。

第8章 ポリモフィズムとパッケージ

- 具象クラスは、インスタンス化ができるクラスである。

- 抽象クラス（abstract クラス）の構文と特徴は以下のとおりである。

```
[アクセス修飾子] abstract class クラス名 { }
```

  - 抽象クラスはクラス宣言に abstract 修飾子を指定する
  - 処理内容が記述された具象メソッドと抽象メソッドを混在できる
  - 抽象クラス自体はnewによるインスタンス化はできないため、利用する際は抽象クラスを継承したサブクラスを作成する
  - 抽象クラスを継承したサブクラスが具象クラスの場合、元となる抽象クラスにある抽象メソッドのオーバーライドは必須である
  - 抽象クラスを継承したサブクラスが抽象クラスの場合、元となる抽象クラスにある抽象メソッドのオーバーライドは任意である

- 抽象メソッド（abstract メソッド）の構文と特徴は以下のとおりである。

```
[アクセス修飾子] abstract 戻り値の型 メソッド名(引数リスト);
```

  - メソッド宣言で abstract 修飾子を指定する
  - アクセス修飾子、戻り値の型、メソッド名、引数リストは、

具象メソッドと同様に記述する
- 処理をもたないため、メソッド名() の後に{ } を記述せず、「;」(セミコロン) で終わる

☑ インタフェースの構文と特徴は以下のとおり。

```
[アクセス修飾子] interface インタフェース名 { }
```

- インタフェース宣言にはinterfaceキーワードを指定する
- インタフェースでは、public static な定数を宣言できる。定数となるため初期化しておく
- インタフェースでは、抽象メソッドを宣言できる
- インスタンス化はできず、利用する場合は実装クラスを作成し、実装クラス側では抽象メソッドをオーバーライドして使用する
- 実装クラスを定義するにはimplements キーワードを使用する
- インタフェースを元にサブインタフェースを作成する場合は、extends キーワードを使用する

☑ インタフェース内で変数を宣言すると、暗黙的にpublic static final 修飾子が付与されるため、static な定数となる。

☑ インタフェース内でメソッドを宣言すると、暗黙的にpublic abstract 修飾子が付与される。

☑ 実装クラスにおいて、implements の後には、1つ以上のインタフェースを複数指定できる。

☑ 実装クラスが具象クラスの場合、implements で指定したインタフェースのすべてのメソッドをオーバーライドする。また、オーバーライドする際には、public 修飾子をつける。

☑ あるクラスにおいて、implements と extends を併用する際は、extends を先に記述する。

☑ インタフェースを継承した、サブインタフェースを作成するにはextends を使用する。なお、インタフェースは複数のインタフェースを継承(extends) することが可能である。

☑ 基本データ型の型変換のルールは以下のとおり。

暗黙の型変換 →

byte → short → int → long → float → double

char → int

← キャストによる型変換

☑ 参照型の型変換のルールは以下のとおりである。

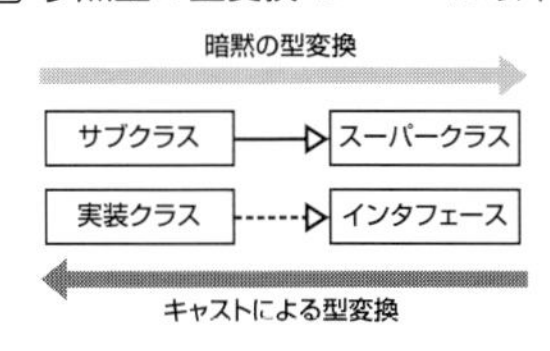

☑ 基本データ型、参照型ともにキャストによる型変換をするには、() キャスト演算子を使用する。

```
(目的の型) 値
```

☑ サブクラス (もしくは実装クラス) のオブジェクトは、スーパークラス (もしくはインタフェース) の型で宣言された変数で扱うことができる。その際、メソッドがオーバーライドされていると、サブクラス (もしくは実装クラス) で定義されたメソッドが優先して呼び出される。

☑ コンパイル時には、呼び出そうとしているメソッドが宣言されているクラスに定義されているかどうかチェックされる。

☑ 実行時には、インスタンス化されているオブジェクトのメソッドが呼び出される。

☑ クラスをパッケージに含めることをパッケージ化と呼ぶ。

```
package パッケージ名;
class X { …… }
```

☑ パッケージ名を階層化する場合は、各階層を「.」(ドット) で区切る。

☑ 1つのソースファイルに宣言できるパッケージは1つのみである。

☑ パッケージ化したクラスは、パッケージ名に対応したフォルダを用意し、そのフォルダの中にクラスファイルを保存する。

☑ パッケージ化したクラスは、「パッケージ名+クラス名」で扱う。

```
package com.se.ren;
class X { …… }
```

↓ 上記のXクラスの場合
com.se.ren.X クラスとなる。

☑ 異なるパッケージに属したクラスを利用する場合は以下のとおりである。
- 利用するクラスを完全名で指定する
- import 文を使用する

☑ import 文では、import キーワードに続きパッケージ名も含めた完全な名前でクラス名を指定する。

☑ import 文で、クラス名の代わりに「*」(アスタリスク) を記述すると、指定されたパッケージに属するすべてのクラスが利用可能となる。

☑ 複数の異なるパッケージを利用する場合は、import 文を複数記述する。

☑ import 文と package 文の両方を記述する場合には、package 文を先に記述する。

☑ 異なるパッケージに利用させたいクラス、メソッドなどは、public 修飾子を付与する。

EXAMPRESS® オラクル認定資格試験学習書

ORACLE
Certification
Program

Java プログラマ Bronze SE

試験番号 **1Z0-818**

山本道子 著

本書内容に関するお問い合わせについて

このたびは翔泳社の書籍をお買い上げいただき、誠にありがとうございます。弊社では、読者の皆様からのお問い合わせに適切に対応させていただくため、以下のガイドラインへのご協力をお願い致しております。下記項目をお読みいただき、手順に従ってお問い合わせください。

●ご質問される前に

弊社 Web サイトの「正誤表」をご参照ください。これまでに判明した正誤や追加情報を掲載しています。

正誤表　https://www.shoeisha.co.jp/book/errata/

●ご質問方法

弊社 Web サイトの「刊行物 Q&A」をご利用ください。

刊行物 Q&A　https://www.shoeisha.co.jp/book/qa/

インターネットをご利用でない場合は、FAX または郵便にて、下記"翔泳社 愛読者サービスセンター"までお問い合わせください。
電話でのご質問は、お受けしておりません。

●回答について

回答は、ご質問いただいた手段によってご返事申し上げます。ご質問の内容によっては、回答に数日ないしはそれ以上の期間を要する場合があります。

●ご質問に際してのご注意

本書の対象を越えるもの、記述個所を特定されないもの、また読者固有の環境に起因するご質問等にはお答えできませんので、予めご了承ください。

●郵便物送付先および FAX 番号

送付先住所　〒 160-0006　東京都新宿区舟町 5
FAX 番号　03-5362-3818
宛先　（株）翔泳社 愛読者サービスセンター

はじめに

本書は、日本オラクル株式会社が実施している『Oracle Certified Java Programmer, Bronze SE』の試験対策用書籍です。Java言語の初学者を対象にしています。基本的には章ごとに項目が独立していますが、関連のある項目は詳細がどこに記載されているかを明示しているので、途中で知らないことが出てきても、読み直すことで理解が深まると思います。

日本オラクル株式会社では、Java SEを対象とした試験として、Bronze、Silver、Goldがあり、本書の対象となるBronze試験は日本独自で用意されている試験です。Bronzeの試験範囲からもわかるとおり、「Javaの初学者が理解するべき基礎項目」を問われる内容であり、Java基礎を勉強した方のスキルチェックにもなる試験です。また、Java言語を使用したシステムは、Webアプリケーション、Webサービス、Androidアプリケーションなど多岐にわたります。そのため、他言語経験者も短期間でJava言語仕様を理解する必要性があります。そのような場面でも、本試験は役立つのではないかと思います。

近年の開発現場では、様々なソフトウェアやツールを使用しコーディングを行うため、言語仕様を深く理解しなくてもコードが書けます。しかし、そのことにより潜在的なバグを埋め込んでしまう危険があります。原理原則をしっかりと理解し知識を積み上げていくことで、バグの少ない、そして無駄のないソースコードを記述することができると思います。本書を通じて、試験合格だけでなくJava言語のスキルを高める手助けになることを願っております。

最後に本書の出版にあたり、株式会社翔泳社の編集の皆様にこの場をお借りして御礼申し上げます。

2020年7月

山本 道子

Java SE 11認定資格の概要

Java SE 11認定資格は、日本オラクルが実施しているJavaプログラマ向けの資格です。2012年にスタートしたJava SE 7認定資格から、現行試験のようなBronze、Silver、Goldの3レベルが設けられ、2015年にJava SE 8認定資格が、2019年にJava SE 11認定資格が開始されました。

Java SE 11は、2017年9月に発表された新しいリリース・モデルへの移行後、初のLTS（Long Term Support）であり、企業システムやクラウド・サービス、スマート・デバイスなどで活用されるアプリケーション開発の生産性向上に重点をおいています。この資格を取得することで、業界標準に準拠した高度なスキルを証明します。

Java SE 11認定資格は、Bronze、Silver、Goldの3つのレベルがあります。

Bronze

言語未経験者向けの入門資格で、Java言語を使用したオブジェクト指向プログラミングの基本的な知識を有するかどうかを測ります。Bronze（Oracle Certified Java Programmer, Bronze SE）試験の合格が必要です。

なお、Oracle Certified Java Programmer, Bronze SE 7/8認定資格を持っていると、自動的にBronze認定資格者として認定されます。

Silver

Silver SE 11（Oracle Certified Java Programmer, Silver SE 11）認定資格は、Javaアプリケーション開発に必要とされる基本的なプログラミング知識を有し、上級者の指導のもとで開発作業を行うことができる開発初心者向け資格です。日常的なプログラミング・スキルだけでなく、様々なプロジェクトで発生する状況への対応能力も評価することを目的としています。

Silver SE 11認定資格を取得するためには、「Java SE 11 Programmer Ⅰ（1Z0-815）」試験の合格が必要です。

Gold

Gold SE 11（Oracle Certified Java Programmer, Gold SE 11）認定資格は、設

計者の意図を正しく理解して独力で機能実装が行える中上級者向け資格です。Javaアプリケーション開発に必要とされる汎用的なプログラミング知識を有し、設計者の意図を正しく理解して独力で機能実装が行える能力評価することを目的としています。

なお、Gold SE 11認定資格を取得するためには、「Java SE 11 Programmer II (1Z0-816)」試験の合格が必要です。

Bronze SE 試験の概要

Bronze SE試験の概要は下記の表1のとおりです。

表1：Bronze SE 試験の概要

試験番号	1Z0-818
試験名称	Java SE Bronze
問題数	60問
合格ライン	60%
試験形式	CBT（コンピュータを利用した試験）による多肢選択式
制限時間	65分
前提資格	なし

出題範囲

Bronze SE試験のテスト内容は次のとおりです。

表2：Bronze SE 試験のテスト内容

カテゴリ	項目
Java言語のプログラムの流れ	● Javaプログラムのコンパイルと実行 ● Javaテクノロジーの特徴 ● Javaプラットフォーム各エディションの特徴
データの宣言と使用	● Javaのデータ型（プリミティブ型、参照型） ● 変数や定数の宣言と初期化、値の有効範囲 ● 配列（一次元配列）の宣言と作成、使用 ● コマンドライン引数の利用
演算子と分岐文	● 各種演算子の使用 ● 演算子の優先順位 ● if, if/else文の使用 ● switch文の使用

ループ文	● while 文の使用 ● for 文および拡張 for 文の使用 ● do-while 文の作成と使用 ● ループのネスティング
オブジェクト指向の概念	● 具象クラス、抽象クラス、インタフェース ● データ隠蔽とカプセル化 ● ポリモフィズム
クラスの定義と オブジェクトの使用	● クラスの定義とオブジェクトの生成、使用 ● メソッドのオーバーロード ● コンストラクタの定義 ● アクセス修飾子（public, private）の適用とカプセル化 ● static 変数および static メソッド
継承とポリモフィズム	● サブクラスの定義と使用 ● メソッドのオーバーライド ● 抽象クラスやインタフェースの定義と実装 ● ポリモフィズムを使用するコードの作成 ● 参照型の型変換 ● パッケージ宣言とインポート

受験の申込から結果まで

① 受験予約

Java Bronze SE試験は、ピアソンVUEが運営する全国の公認テストセンターで受験します。受験の予約は、ピアソンVUEの下記Webサイトから行うことができます。

・**オラクル認定試験の予約**
https://www.pearsonvue.co.jp/Clients/Oracle.aspx

初めてピアソンVUEで試験予約をする際には、ピアソンVUEアカウントを作る必要があります。アカウントの作成方法は、下記をご覧ください。

・**アカウントの作り方**
https://www.pearsonvue.co.jp/test-taker/Tutorial/WebNG-registration.aspx

受験料の申し込みを含む予約の仕方については、下記も併せてご参照ください。予約の変更やキャンセルについても記載があります。

・**試験の予約**
https://www.pearsonvue.co.jp/test-taker/tutorial/WebNG-schedule.aspx

② 試験当日

受験当日は1点もしくは2点の本人確認書類を提示する必要があります。基本的にはその他に必要な持ち物はありません。

テストセンターにおける流れは次のとおりです(動画)。

・**受験当日のテストセンターでの流れ**
https://www.pearsonvue.co.jp/test-taker/security.aspx

③ 試験結果

受験後、試験結果はオラクルのCertViewで確認することができます。受験当日に試験結果を確認するためには、事前にCertViewの初回認証作業をしておく必要があります。CertViewの初回認証作業を行うにあたっては、Oracle.comアカウントが必要になります。この作業手順は下記のとおりです。

・**CertViewを利用するための手順**
https://www.oracle.com/jp/education/certification/migration-to-certview.html#Proces

・**Oracle.comのユーザー登録方法**
https://www.oracle.com/jp/education/guide/newuser-172640-ja.html

受験後、試験結果がCertViewで確認可能になると、オラクルからお知らせのEメールが送信されます。メール受信後、Oracle.comアカウントでCertViewにログインし、「認定試験の合否結果を確認」から試験結果を確認できます。

ここに記載した情報は、2020年6月時点のものです。オラクル認定資格に関する最新情報は、Oracle UniversityのWebサイトをご覧いただくか、下記までお問い合わせください。

・オラクル認定資格について

日本オラクル株式会社　Oracle University

URL：https://education.oracle.com/ja/

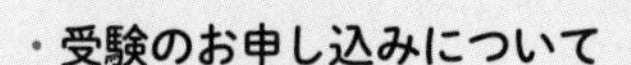

ピアソンVUE

URL：https://www.pearsonvue.co.jp/

本書の使い方

本書では、Java Bronze SE（試験番号：1Z0-818）試験の出題範囲に定められたすべてのトピックを解説の対象としています。

本書の構成

Chapter1 ～ 8

Chapter1～8では、出題範囲にもとづいて解説を行っています。各章には本文やサンプルコード、実行結果、図表の他に以下の要素があります。

- 構文：Java 言語やコマンドの構文を説明しています。文例やコマンド例を示しているところもあります
- POINT：試験で正解するために知っておきたいことがらです
- 参考：注意事項や付加情報、参照先などです
- ▷ URL：Web 上にある参考資料などの URL です
- 章末練習問題：その章で説明した内容に関する知識を確認するため、出題範囲にもとづく試験問題および解説を収録しています

模擬試験

実際の試験を徹底分析し、作成した模擬試験が2回分掲載されています。問題の後には詳しい解説もありますので、受験前の総仕上げとしてご活用ください。

試験直前チェックシート

試験に関する重要なポイントを抜粋して掲載してあります。受験前に、自信のないところや再度確認しておきたい項目を重点的にチェックしましょう。なお、ミシン目がついているので切り離して持ち歩くことができます。

表記について

- キーワードや重要事項は**太字**で示しています
- メソッドは基本的に「メソッド名 ()」という形式で表します。メソッドは引数をとる場合もあれば、とらない場合もあります
- 構文の表記における山かっこ（< >）内の語は、構成要素のユーザ指定部分

を示します。プログラムやコマンド、パスなどで実際に使用したり記載したりする場合、この部分の値を適切に指定する必要があります

- 実際のソースコードでは改行していないが、紙面の都合で折り返している箇所は「➡」で表しています
- 章末問題、巻末問題では、サンプルコードが不完全であったり、ファイル名が省略されていることがありますが、実試験でも同様の表記となっています。問題文の趣旨を見極めて問題を解くようにしてください

読者特典

本書では、読者特典として、下記のものを提供しています。

- **本書に掲載されているサンプルコード**
  実際に自分でプログラムを動かしながら学ぶことができます。

読者特典提供サイト

▷ URL　https://www.shoeisha.co.jp/book/present/9784798162065/

※ 会員特典データのダウンロードには、SHOEISHA iD（翔泳社が運営する無料の会員制度）への会員登録が必要です。詳しくは、Web サイトをご覧ください。

※ 画面の指示に従って進めると、アクセスキーの入力を求める画面が表示されます。アクセスキーは本書のいずれかのページに記載されています。画面で指定されたページのアクセスキーを半角英数字で、大文字、小文字を区別して入力してください。

※ 会員特典データに関する権利は著者および株式会社 翔泳社が所有しています。許可なく配布したり、Web サイトに転載することはできません。

※ 会員特典データの提供は予告なく終了することがあります。あらかじめご了承ください。

CONTENTS

Chapter 1

Java 言語のプログラムの流れ

Oracle Certified Java Programmer, Bronze SE

ー本章で学ぶことー

本章では、Java 言語による**プログラムの作成、コンパイル、実行**の一連の手順を紹介します。また、Java 言語を利用してプログラムを作成したり、作成したプログラムを実行するためには Java 開発環境が必要です。その環境の説明および構築方法を扱います。試験勉強では必ず Java 環境を用意して自分自身でプログラムを書き、実行・確認する習慣をつけてください。

- プログラム
- Java テクノロジーの特徴
- Java プラットフォーム各エディションの特徴
- Java 環境のセットアップ
- JDK のインストール
- Java プログラムのコンパイルと実行
- ソースファイルとクラスファイル

アクセスキー **z**
（小文字のゼット）

プログラム

プログラムとは

コンピュータ分野における**プログラム**は、コンピュータに行わせたい動作（処理）を、命令として記述した手順書です。同じように処理手順を記述する「マクロ」や「スクリプト」と呼ばれるものも、プログラムの仲間です。

プログラムがどのように動作するのかを、Windowsの「電卓」アプリケーションを例に見てみましょう。**図1-1**は、ユーザの操作と、電卓アプリケーション内部の動作を表しています。

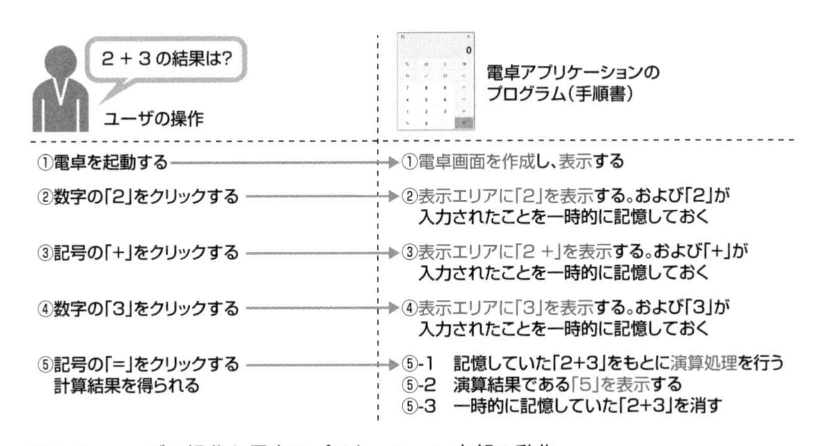

図1-1：ユーザの操作と電卓アプリケーション内部の動作

ユーザは電卓アプリケーションを操作して計算を依頼し、その結果を得ようとしています。一方、電卓アプリケーションは依頼された計算を行い、結果を画面に表示しています。操作も計算も動作も単純ですが、電卓アプリケーションの中には、ユーザの操作に応じた処理が細かく記述されています。この「ユーザの操作に応じた処理」を、コンピュータへの命令として記述した手順書が、電卓アプリケーションのプログラムです（**図1-2**）。

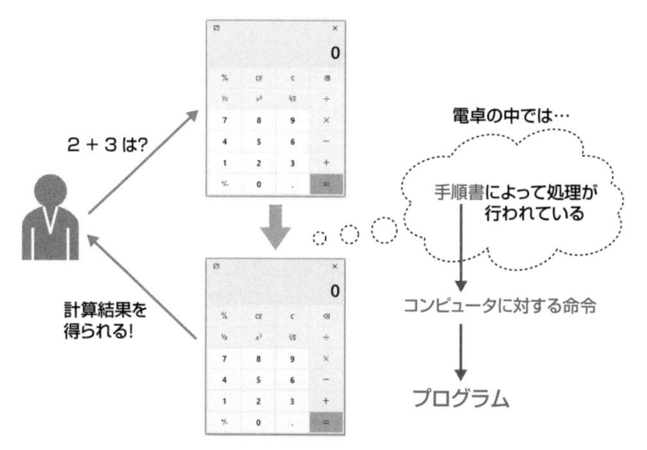

図 1-2：プログラムのイメージ

プログラミング言語とは

プログラムを作成するためには専用の言語を用います。それが**プログラミング言語**です。現在使用されているプログラミング言語には、Java、C、Perl、PHP、Rubyなど多数あります。

それぞれの言語はWeb系システム向けや基幹系システム向け、あるいは大規模システム向けや小規模システム向けなどの得意分野があり、その特徴も様々です。Java言語は、携帯端末向けアプリケーションや大規模なシステムなど、開発可能な分野が多岐にわたり、非常に広範なテクノロジーを提供している点が特徴の1つとなっています。

Javaテクノロジーの特徴

Javaは、携帯端末向けアプリケーションや大規模なシステムなど、開発可能な分野が多岐にわたり、非常に広範なテクノロジーを提供しています。また、Javaの主な特徴は以下のとおりです。

① Write Once, Run Anywhere（一度書けばどこでも動く）

Javaはプログラムと OSとの間に依存関係がなく、プログラムを作るときには、OSの違いを気にする必要がありません。

② Java仮想マシン（JVM）による処理

Javaのプログラムは、OS上で直接動くのではなく、JVM（Java Virtual Machine：Java仮想マシン）と呼ばれる実行環境上で動きます。JVMの詳細については、本章後半で解説します。

③ オブジェクト指向

Javaはオブジェクト指向という考え方を実現できるようになっています。ソフトウェアの開発の際、設計や実装で、その利点を使用できます。

Javaプラットフォーム各エディションの特徴

Javaが提供するエディション

Javaテクノロジーは、Java SE、Java ME、Java EEと呼ばれる3つのエディションを提供しています（**図1-3、表1-1**）。

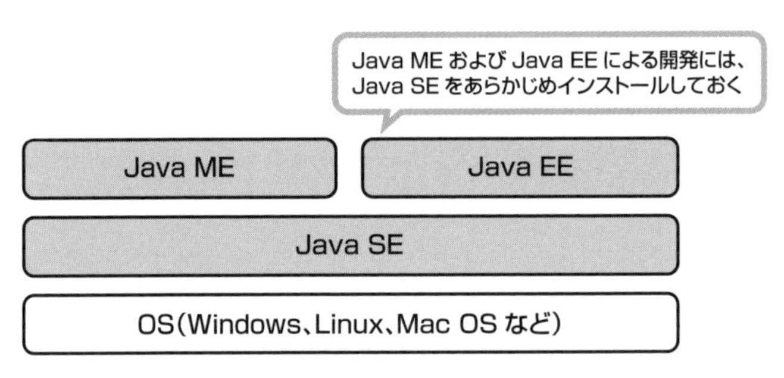

図1-3：エディションの種類

表1-1：各エディションの概要

プラットフォーム	説明
Java SE (Java Platform, Standard Edition)	Javaの基本的なソフトウェア開発に必要な開発環境
Java EE (Java Platform, Enterprise Edition)	Webアプリケーションなどの開発を含む、エンタープライズ（大規模）向けの開発環境
Java ME (Java Platform, Micro Edition)	携帯電話やモバイル端末、家電などコンピュータ以外のプラットフォーム向け開発環境

これらのうち、Java SEがJavaプログラムのすべての基本機能を提供しています。そのため、Java MEやJava EEによるアプリケーション開発でも、Java SEは**必須のプラットフォーム**になります。

Javaでは、開発するプログラムの種類によって適切なエディションを選択する必要があります。次に、各エディションの違いを見ていきましょう。

Java SE

Java SEは、すべてのJavaプログラムの基礎となる機能を提供するプラットフォームです。前述しましたが、プログラミング言語であるJava言語を使用してプログラムを作成します。しかし、これは人間が理解できる書き方（処理の指令）で書かれたファイルであり、このままでは機械は理解することができません。したがって、「人間が理解できるファイル」から「機械が理解できるファイル」へ変換する必要があります（**図1-4**）。

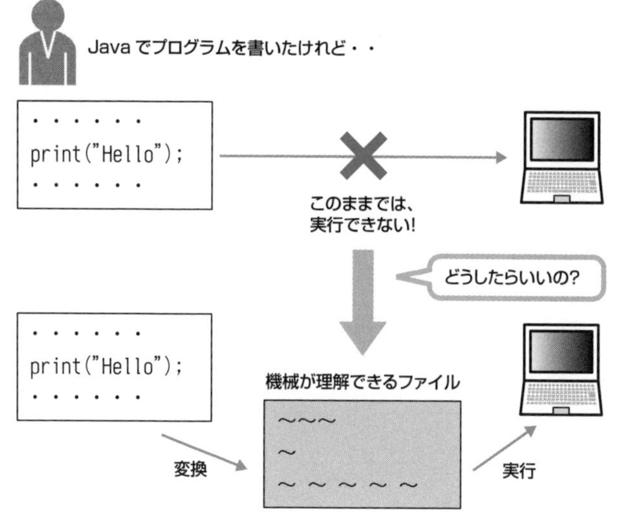

図1-4：「人間が理解できるファイル」から「機械が理解できるファイル」へ変換

Java SEには、この変換を行うツールが同梱されています。また、変換した後のファイルを実行するためのツールも同梱されています。そして、Java SEには「よく使用される機能」をまとめたライブラリも提供されています。たとえば、小文字を大文字に変換する、数値の切り捨て、切り上げといった機能など、予めJava SEでライブラリとして提供されています。それらのライブラリを活用することで、効率よくプログラムを作ることができます。また、クライアント／サーバシステムやスタンドアローンのアプリケーションを作成する場合であれば、Java SEのみで構築が可能です。

クライアント／サーバシステムとは、分散アプリケーションの一形態です。システム全体を、サービスの要求側である「クライアント」と、そのサービスを提供する側の「サーバ」とに分け、両者が協調して全体のアプリケーションサービスを実現します。

通常、クライアント／サーバシステムは、クライアントに画面制御とビジネスロジック（受注、在庫管理などの処理）を制御するアプリケーションを配置し、サーバにデータ管理を行うアプリケーションを配置する2層分散処理システムを指します。2層分散処理システムでは多くの場合、クライアント／サーバ間の通信プロトコルとしてTCP/IPを利用するのですが、Java SEはTCP/IPによる通信機能をクラスライブラリにもっています。

Java ME

Java MEは、携帯電話やPDA、モバイルデバイスなどの組み込み開発を行うためのプラットフォームです。Java ME プラットフォームは、小型デバイス向けのCLDC（Connected Limited Device Configuration）と、多機能モバイルデバイス向けのCDC（Connected Device Configuration）2つの基本的な仕様から成り立っています。

POINT

Java ME を使用する場合、Java SE のインストールが必須です。

参考

Android 端末は、Java ME ではなく Android 専用のプラットフォームを使用しています。Java SEおよびAndroid SDKと呼ばれるAndroid専用のキットを使用してアプリケーションを開発することができます。

Java EE

Java EEは、企業レベル、大規模レベルのシステム構築を目的として提供されているプラットフォームです。Webを利用したショッピングサイトなどの構築にも使用できます。Javaサーバサイド技術であるサーブレットやJSP（JavaServer Pages）、EJB（Enterprise JavaBeans）などのテクノロジーを提供するほか、Java EEが提供する各テクノロジーが使用する標準サービスをいくつか定義しています（**図1-5**）。

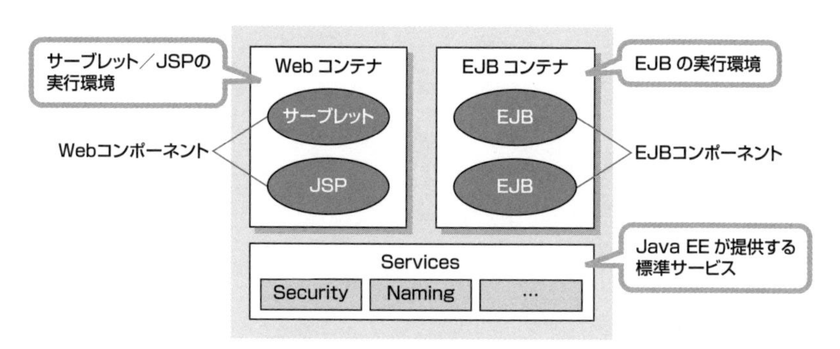

図 1-5：Java EE が提供するテクノロジー

Java EEは、サーブレットやEJBの各テクノロジーの仕様を提供するだけでなく、これらのテクノロジーの実行環境に関する仕様も取り決めています。そのため、サーブレットやJSPの仕様に従って書かれたプログラムを実行する場合は、Java EEの仕様に従って稼働する実行環境（Webアプリケーションサーバ）が必要です。

POINT

Java EE を使用する場合、Java SE のインストールが必須です。

Java 環境のセットアップ

Java 環境とは

Java言語を利用してプログラムを作成したり、作成したプログラムを実行したりするためには、Java SEプラットフォームが必要です。Java SEの環境を構築するために、JDK（Java SE Development Kit）が提供されています。

現在、JDKはLinuxのようなディストリビューションモデルが採用されており、Oracle社だけでなく、Red Hat社、Azul Systems社など様々なベンダーから提供されています。たとえば、Oracle社からは有償のLTS版の契約を結ぶ必要のあるOracleJDKや、オープンソースとして無料で利用可能なOpenJDKが提供されています。

本書では学習のためのJava 環境として、OpenJDK 11を使用します。また、JDKはWindows、Linux、MacOSなど、様々なOSをサポートしていますが、本書では次のOSとJDKを使用する前提で説明を進めていきます。

- OS：Microsoft　Windows 10（64ビット版）
- JDK：OpenJDK 11

POINT

試験勉強では必ず Java 環境をセットアップし、自身でプログラムを書き、実行確認する習慣をつけましょう。

JDKのインストール

ここでは、OpenJDK 11をWindows 10上にセットアップします。OpenJDKでは、zipファイルをダウンロードおよび解凍し、Path環境変数の設定を行うだけで使用することができます。

OpenJDK のダウンロードと解凍

OpenJDKをダウンロードします。

① 次に示すダウンロードサイトを開き、左フレームの「Java SE 11」をクリックします（**図 1-6**）。

OpenJDK ダウンロードサイト

▷ URL **http://jdk.java.net/archive/**

jdk.java.net

GA Releases
JDK 13
Early-Access Releases
JDK 14
Jpackage
Loom
OpenJFX
Panama
Valhalla
JMC
Reference Implementations
Java SE 13
Java SE 12
Java SE 11
Java SE 10
Java SE 9
Java SE 8
Java SE 7
Feedback
Report a bug
Archive

Archived OpenJDK General-Availability Releases

This page is an archive of previously released builds of the JDK licensed under the GNU General Public License, version 2, with Classpath Exception.

WARNING: These older versions of the JDK are provided to help developers debug issues in older systems. They are not updated with the latest security patches and are not recommended for use in production.

Releases

12.0.2 (build 12.0.2+10)

Windows	**64-bit**	zip (sha256) 188M
Mac	**64-bit**	tar.gz (sha256) 182M
Linux	**64-bit**	tar.gz (sha256) 189M
	Source	Tag is jdk-12.0.2+ga

12.0.1 (build 12.0.1+12)

Windows	**64-bit**	zip (sha256) 188M
Mac	**64-bit**	tar.gz (sha256) 181M
Linux	**64-bit**	tar.gz (sha256) 189M
	Source	Tag is jdk-12.0.1+ga

注:JDK のリビジョンアップは随時行われているため、以降の画面や手順が実際とは異なる場合があります。

図 1-6:OpenJDK ダウンロードサイト

② 次の画面で、「Windows/x64 Java Development Kit (sha256) 178.7 MB」をクリックします（**図 1-7**）。

jdk.java.net

GA Releases
JDK 13
Early-Access Releases
JDK 14
Jpackage
Loom
OpenJFX
Panama
Valhalla
JMC
Reference Implementations
Java SE 13
Java SE 12
Java SE 11
Java SE 10
Java SE 9
Java SE 8
Java SE 7
Feedback
Report a bug
Archive

Java Platform, Standard Edition 11 Reference Implementations

The official Reference Implementation for Java SE 11 (JSR 384) is based solely upon open-source code available from the JDK 11 Project in the OpenJDK Community. This Reference Implementation applies to both the Final Release of JSR 384 (Sep 2018) and Maintenance Release 1 (Mar 2019).

The binaries are available under the GNU General Public License version 2, with the Classpath Exception.

These binaries are for reference use only!

These binaries are provided for use by implementers of the Java SE 11 Platform Specification and are for reference purposes only. This Reference Implementation has been approved through the Java Community Process. Production-ready binaries under the GPL are available from Oracle; and will be in most popular Linux distributions.

RI Binary (build 11+28) under the GNU General Public License version 2

- Linux/x64 Java Development Kit (sha256) 178.9 MB
- Windows/x64 Java Development Kit (sha256) 178.7 MB

RI Source Code

図 1-7:「Windows/x64 Java Development Kit (sha256) 178.7 MB」をクリック

③ 「openjdk-11+28_windows-x64_bin.zip」がダウンロードされます。

※なお、JDK のバージョン（11+28）が本書と異なる場合があります。

④ ダウンロードした zip ファイルを解凍してください。解凍すると「jdk-11」ディレクトリが作成されます。

⑤ 本書では、解凍した「jdk-11」ディレクトリを、「C:¥Program Files¥Java」以下へ配置します（**図1-8**）。

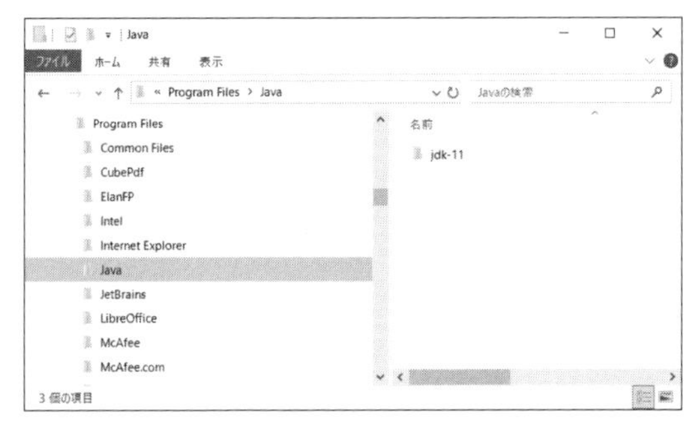

図1-8：「jdk-11」ディレクトリを「C:¥Program Files¥Java」以下へ配置

》Path環境変数の設定

JDKを使用するには、Path環境変数の設定を行う必要があります。環境変数は、どのフォルダで作業をしていても、作成したプログラムのコンパイルや実行を簡単に行えるようにするための仕組みです。

① あらかじめ、Path環境変数に設定するパスをコピーしておきます。「C:¥Program Files¥Java¥jdk-11¥bin」までディレクトリを開き、パスをコピーしてください（**図1-9**）。
なお、このbinディレクトリ以下にjava、javacコマンドなどが格納されています。

図1-9：パスをコピー

② システムのプロパティ画面を表示します。**図 1-10** の例では「PC」を右クリックし、ショートカットメニューから「プロパティ」を選択しています。

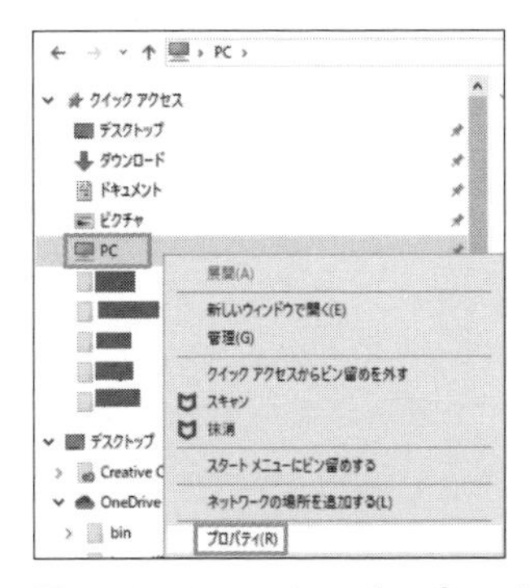

図 1-10：**システムのプロパティ画面の表示方法**

③ 以下のような画面が表示されたら、「システムの詳細設定」をクリックします（**図 1-11**）。

図 1-11：**システムのプロパティ画面**

④「システムのプロパティ」が表示されたら、「詳細設定」タブを選択し、「環境変数」ボタンをクリックします（**図 1-12**）。

図 1-12：**システムの詳細設定画面**

⑤「環境変数」ダイアログボックスが表示されます。システム環境変数を設定するために、変数の一覧から「Path」を選択し、「編集」ボタンをクリックします（**図 1-13**）。

図 1-13：**「環境変数」ダイアログボックス**

⑥「環境変数名の編集」ダイアログボックスが表示されます。「新規」ボタンをクリックします（**図 1-14**）。

図 1-14：「環境変数名の編集」ダイアログボックス

⑦ あらかじめコピーをしておいた「C:¥Program Files¥Java¥jdk-11¥bin」を貼り付けます。なお、**ここでは手入力はせず、必ずコピー & ペーストで行ってください**（**図 1-15**）。

図 1-15：「C:¥Program Files¥Java¥jdk-11¥bin」をコピー & ペースト

⑧ この JDK を優先して使用するように、「上へ」ボタンをクリックし、一番上に配置します（**図 1-16**）。

図 1-16：**JDK を一番上へ配置**

⑨ 設定ができたら、「OK」ボタンをクリックし、画面を閉じます。

⑩ Path 環境変数が正しく設定されているか確認します。まず、コマンドプロンプトを起動します。
Windows の検索ボックスに「cmd」と入力します。検索結果に「コマンドプロンプト」が表示されたらクリックします（**図 1-17**）。

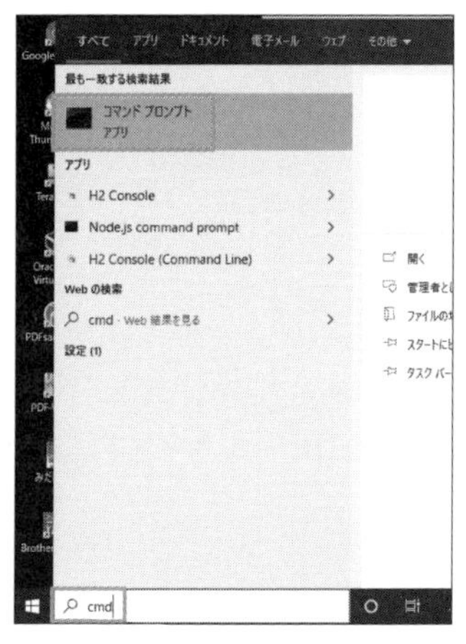

図 1-17：**Windows の検索ボックスに「cmd」と入力**

⑪ コマンドプロンプトが起動したら、「javac -version」とコマンドを入力して[Enter] キーを押し、実行します。

また、「java -version」とコマンドを入力して[Enter]キーを押し、実行します。**図1-18**と同じように表示されれば、正常にPath環境変数の設定ができています。

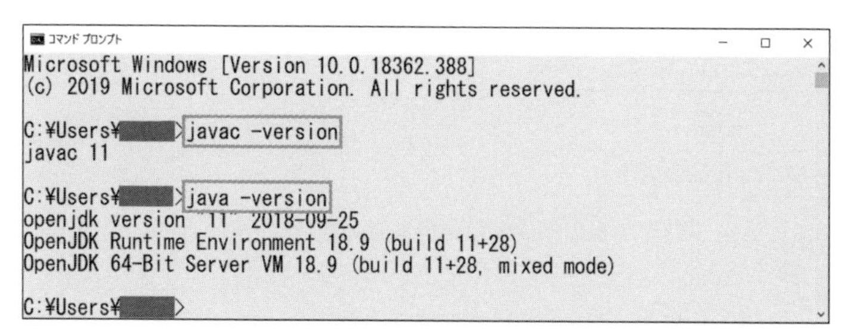

```
Microsoft Windows [Version 10.0.18362.388]
(c) 2019 Microsoft Corporation. All rights reserved.

C:¥Users¥>javac -version
javac 11

C:¥Users¥>java -version
openjdk version "11" 2018-09-25
OpenJDK Runtime Environment 18.9 (build 11+28)
OpenJDK 64-Bit Server VM 18.9 (build 11+28, mixed mode)

C:¥Users¥>
```

図1-18：**コマンドプロンプト**

以上で、OpenJDK 11を使用した、JDKのインストールおよびセットアップは完了です。

Javaプログラムのコンパイルと実行

プログラム実行までの流れ

Javaプログラムを実行する環境が整ったので、ここからは、Java言語を使用したプログラムを作成し、実行してみます。手順は次のとおりです(**図1-19**)。

① プログラムの作成

Java言語で決められたルールに従ってプログラムを記述します。

② javacコマンドによるコンパイル

プログラムを機械(Java実行環境)が理解できるファイルに変換します。この作業を**コンパイル**と呼びます。

JDKをインストールしたので、コンパイル専用のツールである、javacコマンドが利用できます。

③ javaコマンドによる実行

生成されたファイルをもとにプログラムを実行します。

実行専用のツールである、javaコマンドが利用できます。

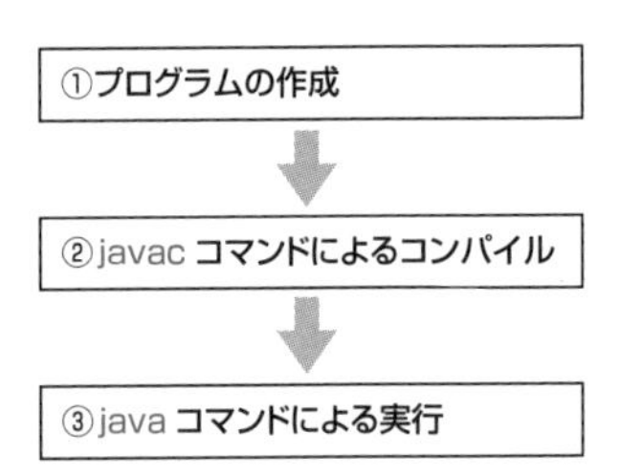

図1-19：Java プログラムの作成から実行までの流れ

これら3つの手順を、1つ1つ見ていきましょう。

①プログラムの作成

Javaプログラムは、Java言語で決められたルールに従って、テキストファイルに記述します。プログラムを記述したテキストファイルは、**ソースファイル**と呼ばれます。ソースファイルにプログラムを記述するには、「メモ帳」などのテキストエディタを使用します。

ソースファイルを作成するときには、次の点に注意しましょう。

- ソースファイル名や、ソースファイル内に記述する文には**半角英数字**を使用してください。
- ソースファイル名は任意ですが、拡張子は .java を使用してください。
- 英字の大文字、小文字は厳密に区別されているため、本書内のサンプルを参考にソースファイルを作成する際には、注意して入力してください。
- 空白の部分は**半角空白かタブ文字**を使用してください。全角空白は使用しないでください。

次に示す**Sample1_1.java**は、Javaプログラムの最初のサンプルです。

なお、本書のサンプルコードに振られている行番号は、説明の便宜上のものです。**お手元のPCでプログラムを実行するときには、入力しないでください。**

Sample1_1.java：Java プログラムの最初のサンプル

```
1. class Sample1_1 {
2.   public static void main(String[] args) {
3.     System.out.println("Hello!");
```

```
  4.    }
  5. }
```

> **参考**
>
> 本書に掲載しているJavaプログラムのサンプルは、翔泳社のWebサイトからダウンロードできます。詳しくは、巻頭のixページをご覧ください。
>
> サンプルのダウンロードサイト
>
> ▷URL　https://www.shoeisha.co.jp/book/download/9784798162065/

Javaプログラムには様々な形態がありますが、本試験で出題されるのは、**Javaアプリケーション**と呼ばれる形態です。Sample1_1.javaは、最小限の要素だけで作られたJavaアプリケーションのプログラムです。このプログラムから、Javaアプリケーションの基本構造が確認できます（**図1-20**）。

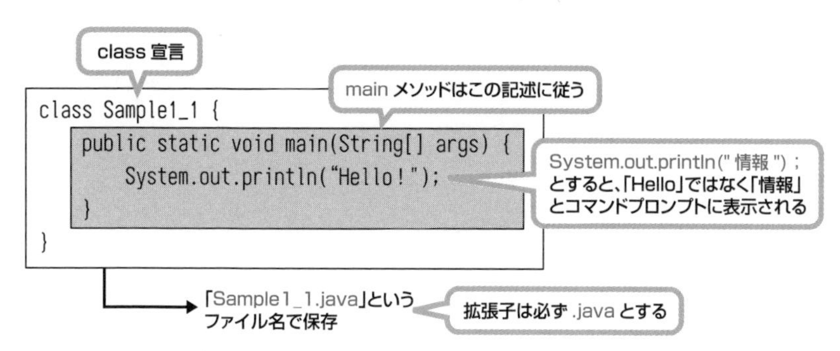

図1-20：Javaアプリケーションの基本構造

ソースファイル内に書かれた文は、**ソースコード**（もしくは単にコード）と呼びます。ソースコードはJava言語の規則に従って記述します。

・class宣言

ソースファイルには、**1つ以上のclass宣言が必要**です。クラス名は任意につけることができますが、ここではソールファイル名と同じ名前にしておきます。クラスの詳細は、第5章以降で説明します。

・main()メソッド

main()メソッドはJavaアプリケーションの特別なメソッドで、記述は必ず

public static void main(String[] args) { …… }となります。main()メソッドはプログラムの実行開始位置を表し、数千行のプログラムであっても、必ずmain()メソッドから実行されます。

なお、メソッドとは、あるロジックを使用して、データ処理を実行する**ブロック**（中カッコ{ }で囲まれた処理文のかたまり）のことです。詳しくは第6章で説明します。

・System.out.println(" 情報 ");

コマンドプロンプトなどに数字や文字列を表示したいときに使用するprintln()メソッドを呼び出しています。カッコ( )の中に記述したものが画面に表示されます（**図1-21**）。カッコ内に文字列を指定する場合は、「"」（ダブルクォート）で囲みます。また、数字の場合はそのまま記述します。

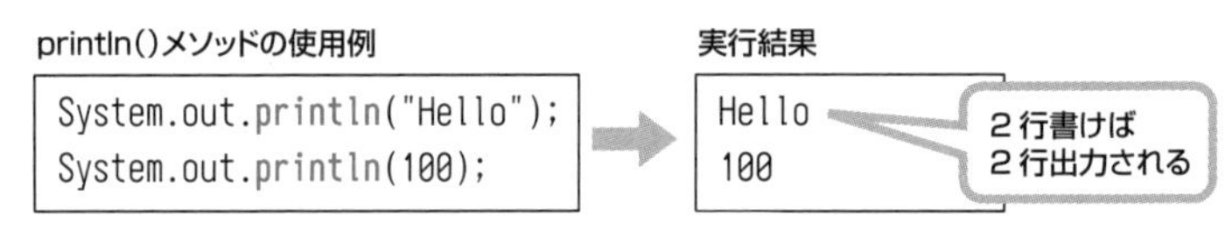

図1-21：println() メソッドの動作

② javac コマンドによるコンパイル

作成したソースファイルを保存した後、それをコンパイルします。コンパイルすると、ソースファイルが保存されているフォルダに、.classという拡張子のついたファイルが生成されます。.classファイルは**クラスファイル**と呼ばれ、JVMが解釈し実行できるファイルです。

JDKが提供する開発環境でコンパイルを行う場合には、コマンドプロンプト上でjavacコマンドを実行します。javacコマンドの構文は次のとおりです。

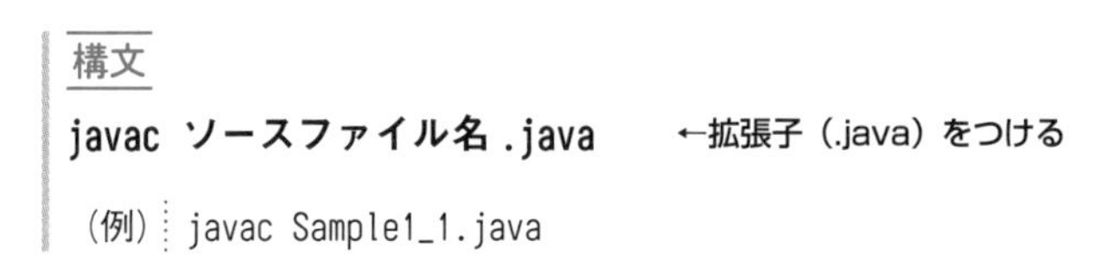

また、コンパイルの手順は**図1-22**のとおりです。

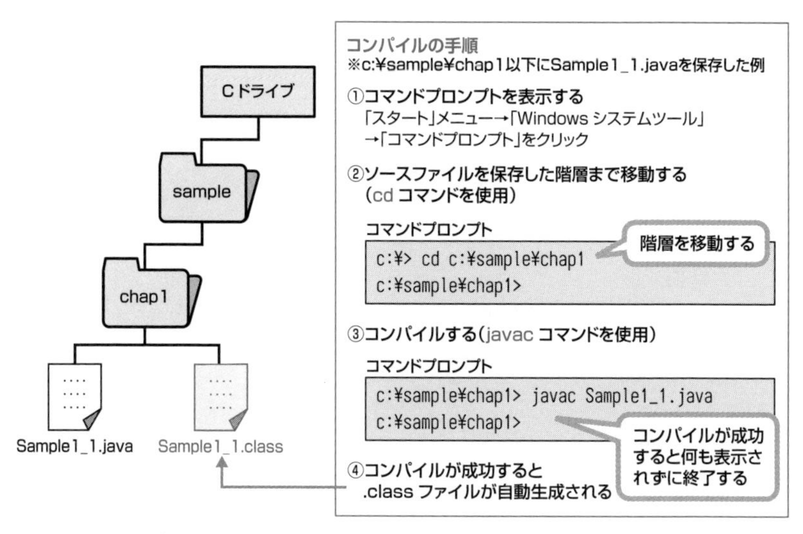

図 1-22：コンパイルの手順

コンパイルに成功したときには、コマンドプロンプト上には何も表示されません（図1-22の③）。一方、**コンパイルエラー**と呼ばれるコンパイルの失敗が起きると、画面上には失敗した理由が表示されます。

コンパイルエラーは、コードに文法上の間違いがあると発生します。その場合にはソースファイルを開き、ソースコードの誤字などを探して修正し、再度コンパイルしましょう（**図1-23**）。

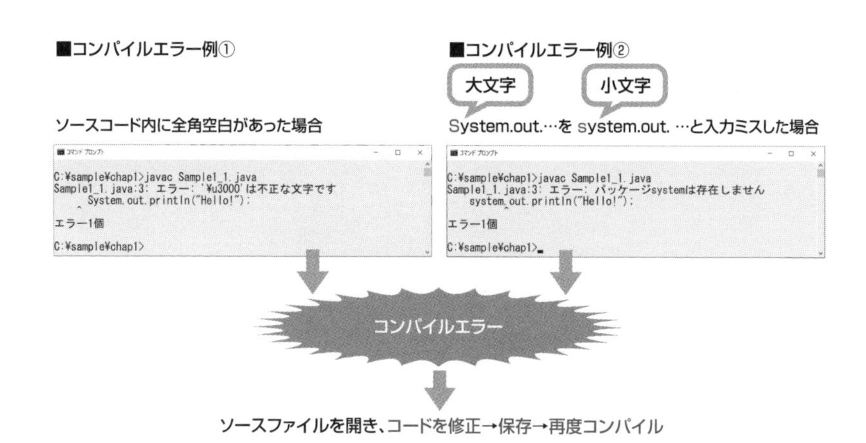

図 1-23：コンパイルエラー

③ javaコマンドによる実行

コンパイルに成功すると、Sample1_1.classクラスファイルが生成されます。このクラスファイルが、Java実行環境であるJVMが解釈できるファイルです。実行には、コマンドプロンプト上でjavaコマンドを使用します。javaコマンドの構文は次のとおりです。

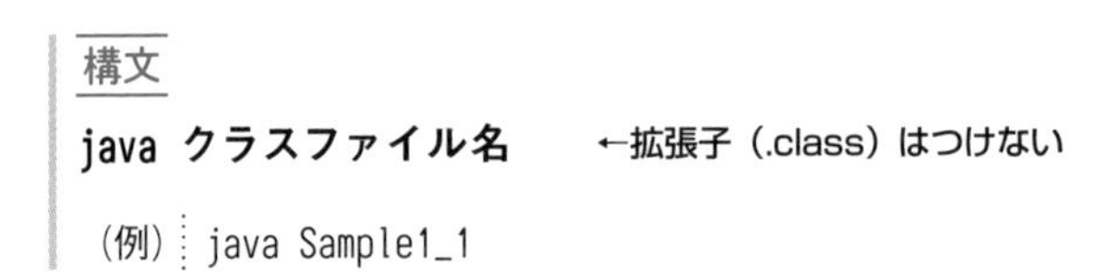

構文

java クラスファイル名　←拡張子（.class）はつけない

（例） java Sample1_1

成功すると、コマンドプロンプト上に「Hello !」と表示されます（**図1-24**）。

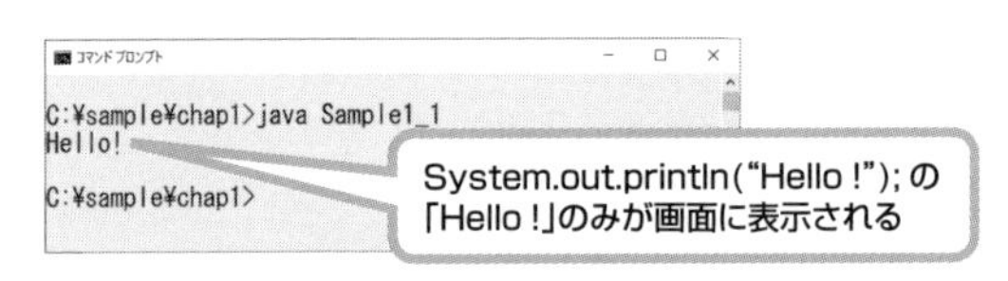

図 1-24：Sample1_1 の実行結果

なお、プログラムを実行した際にエラーが起きて、思いどおりの実行結果を得られないことがあります。実行時に起きるエラーを**実行時エラー**と呼びます。実行時エラーが発生した場合は、ソースファイルを開き、ソースコードを修正し、コンパイルをして再度実行してください（**図1-25**）。

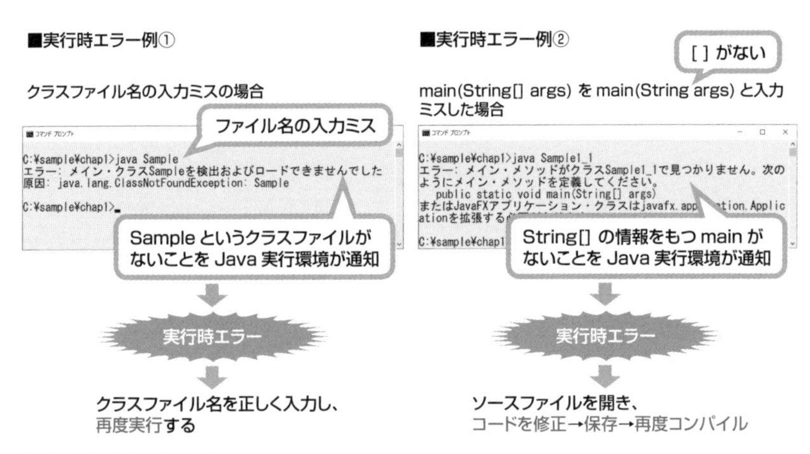

図 1-25：実行時エラー

図1-25の右の例では、main()メソッドに記述ミスがあったのに、なぜコンパイルエラーにならないのか、と思われる方もいるでしょう。メソッドを記述する際、「Java言語で決められた文法」に従っていれば、コンパイルは成功します。図1-25の右の例では、メソッドを記述する文法は正しかったためコンパイルが成功しています。しかし、「main()メソッドの文法」としては誤りがあるため、JVMがmain()メソッドの呼び出しを試みると、想定されているmain()メソッドが見つからないため、実行時エラーとなります。メソッドの書き方、文法については第6章で説明します。

POINT

コンパイルは **javac** コマンドを使用し、.java 拡張子を**含めて**ソースファイル名を指定します。また、実行は **java** コマンドを使用し、.class 拡張子を**含めずに**クラスファイル名を指定します。

参考

Java SE 11 より「Launch Single-File Source-Code Programs」が導入されました。これは、一定のルールに従って書かれた Java コード（ソースファイル）はコンパイルせずに実行することが可能となる機能です。Bronze 試験では試験範囲外です。

ソースファイルとクラスファイル

本章の冒頭で、Javaは「Write Once, Run Anywhere」（一度書けばどこでも動く）と紹介しました。これは、Java言語で作成したプログラムはOSに依存しないことを意味します。ここでは他言語としてC言語を例に、Java言語でプログラムを作成する場合との違いを見てみましょう。

C言語でプログラムを作成する場合には、C言語の仕様に従ってソースファイルを作成し、コンパイルして実行ファイルを生成します。そして、その実行ファイルを実行します（次ページの**図1-26**）。

この実行ファイルはOSの機能を利用しているため、コンパイル時のOSに依存します。つまり、Windows上でコンパイルした実行ファイルは、Windows専用のファイルとして作成されるため、他のOS上で動かすことはできません。

同じプログラムをLinuxやMac OSの上で動かしたい場合には、各OSに対応したソースファイルを作成し、コンパイルを行い、OSごとに実行ファイルを作成する必要があります。

これに対し、Java言語で作成するプログラムはOSに依存しません。開発の手順はC言語と同じですが、コンパイル後に作成されるクラスファイルは、実行ファイルではなく**中間ファイル**です（**図1-27**）。

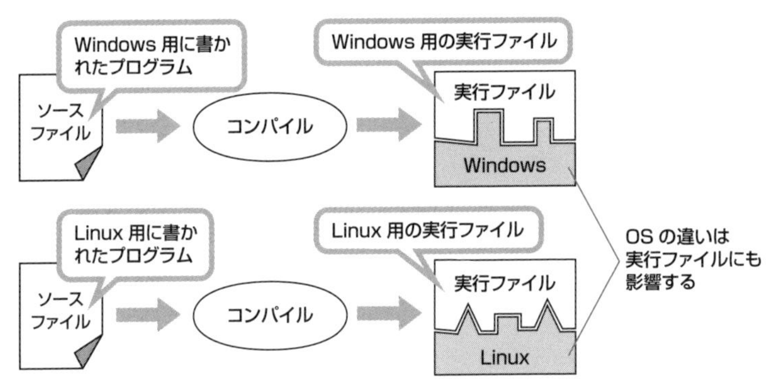

図1-26：C言語で作成するプログラム

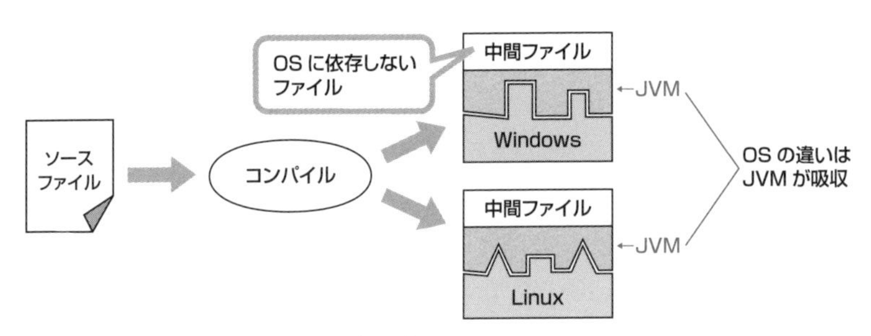

図1-27：Java言語で作成するプログラム

中間ファイルは、**バイトコード**と呼ばれる実行可能なバイナリ（コンピュータが処理するために2進化された情報）で記述されています。このバイトコードはOSにインストールされたJVMが解釈して実行します。JVMが各OSの違いを吸収しているため、中間ファイルであるクラスファイルはOSに依存しません。

この仕組みにより、様々なOS環境下でJavaプログラムを実行する場合でも、OSごとにソースファイルを作成することなく、「一度書けばどこでも動く」ことを実現しています。

POINT

Javaではソースコードを OS ごとに作成する必要はなく、一度作成したクラスファイルはどの OS にも移植可能です。

練習問題

問題 1-1

Javaの特徴として正しい説明は次のどれですか。2つ選択してください。

- □ A. Windows上で作成したプログラムを再コンパイルせずにLinux上で実行することができる
- □ B. Java SEの基本ライブラリは無償であるが、グラフィックやネットワーク関連は有償で提供されている
- □ C. 分散型アプリケーションを作成することができる
- □ D. メモリ管理はプログラマが行う

問題 1-2

社内で使用するアプリケーションをJava言語で開発することになりました。GUIでの操作ができるような、独立型のアプリケーションを検討しています。使用すべきエディションは次のどれですか。1つ選択してください。

- ○ A. Java EE
- ○ B. Java SE
- ○ C. Java ME
- ○ D. Java DB
- ○ E. Java FX

問題 1-3

百貨店向けにブラウザベースのショッピングサイト・アプリケーションを開発する必要があります。使用すべきエディションは次のどれですか。1つ選択してください。

○ A. Java SE のみ
○ B. Java EE のみ
○ C. Java ME のみ
○ D. Java SE および Java EE
○ E. Java SE および Java ME
○ F. Java EE および Java ME

問題 1-4

JVM が行っていることとして正しい説明は次のどれですか。3 つ選択してください。

□ A. クラスファイルのロード
□ B. バイトコードの解釈
□ C. クラスの実行
□ D. アプリケーションのロギング
□ E. クラスファイルのアセンブル
□ F. ソースコードをコンパイルする

問題 1-5

クラスファイルに含まれるものは次のどれですか。1 つ選択してください。

○ A. スクリプトコード
○ B. 実行コード
○ C. ソースコード
○ D. バイトコード

問題 1-6

ソースファイルの作成規則として正しいものは次のうちどれですか。2 つ選択してください。

□ A. ソースファイル名は、半角英字のみ使用できる
□ B. 「3.java」というソースファイル名も使用できる
□ C. 拡張子は、.java もしくは .Java を使用する
□ D. ソースファイル内のインデントは、半角空白もしくはタブで行う

□ E. ソースファイル内のclass宣言は1つまでである

問題 1-7

「Test.java」ファイルとして次のコードがあります。

```
1. class Test {
2.   public static void main(String[] args) {
3.     System.out.println("Hello");
4.   }
5. }
```

コンパイルの例として正しいものは次のうちどれですか。1つ選択してください。

○ A. javac Test
○ B. javac Test.java
○ C. javac Test.class
○ D. java Test
○ E. java Test.java
○ F. java Test.class

問題 1-8

画面に出力するコードとして、正しいものは次のうちどれですか。2つ選択してください。

□ A. System.out.println(Test);
□ B. System.out.println('Test');
□ C. System.out.println(&Test);
□ D. System.out.println(100);
□ E. System.out.println("100");

問題 1-9

main() メソッドの定義として正しいものは次のどれですか。1つ選択してください。

○ A. static void main(String args[])
○ B. public void main(String args[])
○ C. public static void main(String[] args)

○ D. static main(String args[])
○ E. public static void main(String args)

問題 1-10

次のコードが指定されているとします。

```
1. public class Foo {
2.   public static void main() {
3.     System.out.println("Hello");
4.   }
5. }
```

正しいものは次のうちどれですか。１つ選択してください。

○ A. コンパイルエラーが発生する
○ B. コンパイルは成功するが、実行時エラーが発生する
○ C. コンパイルは成功し、実行すると Hello を出力する
○ D. コンパイルは成功するが、何も出力しない

解答・解説

問題 1-1　正解：A、C

Java言語は「Write Once, Run Anywhere」であるため、選択肢Aは正しいです。

Java SE、EE、MEはすべて無償であり、グラフィックやネットワークの基本ライブラリはJava SEに含まれているため、選択肢Bは誤りです。

クライアント／サーバアプリケーションやWebアプリケーションなど作成可能であるため、選択肢Cは正しいです。

Javaで作成されたアプリケーションはJVM（Java仮想マシン）で稼働し、JVMがメモリ管理などを行うため、選択肢Dは誤りです。

問題 1-2　正解：B

問題文では、社内で使用する旨と、Webアプリケーションでなく独立型の

GUI（Graphical User Interface）アプリケーションである旨が指定されています。したがって、選択肢BのJava SEのみで開発可能です。

問題 1-3　正解：D

問題文では、ブラウザベースのアプリケーションである旨が指定されています。Web技術を使用したアプリケーション開発にはJava EEが必要ですが、Java EEは単体で使用することはできず、Java SEをあらかじめインストールしておく必要があります。したがって選択肢Dが正しいです。

問題 1-4　正解：A、B、C

javaコマンドによりクラスファイルを実行すると、JVMは指定されたクラスファイルの読み込み（ロード）を行います。そして、クラスファイル内に書かれたバイトコードを解釈し実行します。その他にメモリ管理などを行っているため、選択肢A、B、Cが正しいです。

問題 1-5　正解：D

javacコマンドによってソースコードをコンパイルすると生成されるのがクラスファイルです。クラスファイルにはバイトコードが記述されているため、選択肢Dが正しいです。

問題 1-6　正解：B、D

ソースファイルの作成規則は以下のとおりです。

- ソースファイル名や、ソースファイル内に記述する文は半角英数字
- ソースファイル名は任意であるが、拡張子は .java
- インデントや空白は、半角空白かタブを使用

数字のみのファイル名も指定可能であるため、選択肢Bは正しいです。なお、ソースファイル内には複数のclass宣言が可能であるため、選択肢Eは誤りです。

問題 1-7　正解：B

ソースファイルをコンパイルするコマンドは「javac ソースファイル名.java」

です。拡張子.javaも必要です。

問題1-8　正解：D、E

文字列を出力する場合は、「"」（ダブルクォート）で囲む必要があるため、選択肢A、B、Cは誤りです。なお、数値は""で囲む必要がないため、選択肢Dは正しいです。なお、選択肢Eのように数値に対して""としても文字列として扱われるため、問題ありません。

問題1-9　正解：C

選択肢A、B、Eは、メソッドの構文としては問題ないため、コンパイルは成功しますが、実行時にエラーが発生します。選択肢Dは戻り値が指定されていないため、メソッドの構文の誤りとしてコンパイルエラーが発生します。

問題1-10　正解：B

問題文のコードは文法的な誤りはないため、コンパイルは成功します。しかし、main()メソッドの構文に誤りがあるため、実行時にエラーが発生します。

Chapter 2

データの宣言と使用

Oracle Certified Java Programmer, Bronze SE

― 本章で学ぶこと ―

本章では、文字や数値など、Java のプログラム内で使用される様々な値について説明します。また、それらの値を格納するために使用する変数や、値の集合体である配列も取り上げます。

- リテラル
- 変数や定数の宣言と初期化
- 配列
- 値コピーと参照情報のコピー
- コマンドライン引数の利用

アクセスキー R
(大文字のアール)

リテラル

ソースコードに直接書き込んだ値や、値を書き込むための表記のことを**リテラル**と呼びます。たとえば、「10 + 10」というコードの10は、「10」という整数値を表すリテラル、println("Hello")というコードの"Hello"は、「Hello」という文字列を表すリテラルです。

Java言語のリテラルには、大別すると次の6種類があります。

① 整数リテラル
② 浮動小数点数リテラル
③ 文字リテラル
④ 文字列リテラル
⑤ 論理値リテラル
⑥ null リテラル

それでは、順に見ていきましょう。

① 整数リテラル

小数部をもたない数値を表現します。10進数、8進数、16進数、2進数が表現可能になっています（**表2-1**）。

表 2-1：**整数リテラル**

進数	例	説明
10 進数	255	0 から 9 までの 10 個の数字を使用して数を表現する
8 進数	0377	0 から 7 までの 8 個の数字を使用して数を表現する 先頭に 0（ゼロ）を入れると 8 進数と判断される
16 進数	0xff	0 から 9 までの数字と A から F（もしくは a から f）までのアルファベットを使用して数を表現する 先頭に 0 x（ゼロ、エックス）を入れると 16 進数と判断される x は大文字、小文字どちらでも可
2 進数	0b101	0 と 1 の 2 つの数字を使用して数を表現する 先頭に 0b（ゼロ、ビー）を入れると 2 進数と判断される b は大文字、小文字どちらでも可

② 浮動小数点数リテラル

小数部をもつ数値を表現します。10進数、指数を表現できます（**表2-2**）。

表 2-2：浮動小数点数リテラル

表記	例	説明
10 進数表記	12.33	–
指数表記	3e4	3.0 × 10 の 4 乗 → 30000.0 指数を表す e または E を使う

③ 文字リテラル

1つの文字を表現します。文字は「'」（シングルクォート）で囲みます。「A」や「田」といった1文字を表現する以外に、特殊文字を扱うための**エスケープシーケンス**を表現することも可能です。「¥」（半角円記号）の後に文字を指定することで、その文字が特殊な意味をもちます（**表2-3、表2-4**）。

表 2-3：文字リテラルと Unicode

文字種	例	説明
1 文字	'A'	1 つの文字を '（シングルクォート）で囲む
Unicode	'¥u3012'	¥u の後に 4 桁の 16 進数を指定すると 1 文字を表す Unicode 値となる

表 2-4：Unicode 以外の主なエスケープシーケンス

¥n	改行	¥r	復帰	¥t	タブ文字
¥b	バックスペース	¥'	シングルクォート	¥"	ダブルクォート
¥¥	円記号	¥f	フォームフィード		

※ Linux 環境では、¥ は半角バックスラッシュ（\）になります

なお、OSによって通常使用される文字コードが異なります。Linux環境ではASCII文字コード、Windows環境ではJIS文字コードがベースとして使用されています。JISでの文字コード「0x5c」は「¥」（円記号）となりますが、ASCII文字コードでは「\」（バックスラッシュ）となります。したがって、「¥」を含むソースコードをLinux環境下で表示すると、バックスラッシュに置き換わって表示されます。

POINT

実際の試験では、バックスラッシュで問題文が掲載されているため、「¥」に読み替えて解答するようにしてください。

> **参考**
>
> 文字コードとは、コンピュータで処理するために、文字や記号に1つずつ割り当てられた固有の数字です。ASCIIやJIS、シフトJISなど文字コード体系によって、各コードに割り当てられた文字や記号は異なります。

④ 文字列リテラル

複数の文字の集合体である文字列を表現します。文字列は「"」(ダブルクォート)で囲みます。

⑤ 論理値リテラル

真(true)か偽(false)の値を表現します。

⑥ nullリテラル

参照型のデータを利用する際に「何も参照していない」という意味を表します。参照型については後述します。

次に示すサンプルコードは、6種類のリテラルを出力しているソースコードと、その実行結果です(**Sample2_1.java**)。単一文字やUnicodeは「'」で、文字列リテラルは「"」で囲む一方、論理値リテラル、整数リテラル、浮動小数点数リテラルには囲み文字を使用しないことに注意してください。

Sample2_1.java:リテラルの例

```
 1. class Sample2_1 {
 2.   public static void main(String[] args) {
 3.     System.out.println(255);    // 10進数:255
 4.     System.out.println(0377);  //  8進数:0377
 5.     System.out.println(0xff);  // 16進数:0xff
 6.     System.out.println(0b101);  // 2進数:0b101
 7.     System.out.println(12.33); // 10進数表記
 8.     System.out.println(3e4);    // 指数表記
 9.     System.out.println('A');        // 1文字
10.     System.out.println('¥u3012'); // Unicode
11.     System.out.println("Hello");  // 文字列
12.     System.out.println(true);       // 論理値
13.   }
```

```
14. }
```

実行結果

```
255
255
255
5
12.33
30000.0
A
〒
Hello
true
```


変数や定数の宣言と初期化

変数とデータ型

皆さんは「x＋y＝15」というように、xやyなどの代数を使用する計算を行ったことがあると思います。Java言語でも同じように名前をつけた入れ物を用意し、計算結果の値などを格納しておいて、後から参照することができます。この入れ物を**変数**と呼びます。

ただし、Java言語では、数学のようにいきなりxなどの変数を使用することができません。その変数には**どのような値を格納するのか**を、あらかじめ示しておく必要があります。Java言語では、扱う値の種類が**データ型**として決められており、それを変数に対して示します。

Java言語のデータ型には、**基本データ型**と**参照型**の2種類があります。まずは基本データ型を覚えましょう。各データ型で扱える値のサイズに注意してください。

- 基本データ型：**表 2-5** に挙げた 8 種類
- 参照型：クラス、配列、インタフェースなどを含む基本データ型以外の型すべて

表 2-5：基本データ型

データ型	意味	サイズ	表現できる値
byte	符号つき整数	8 ビット	-2^7 ～ 2^7-1 (-128 ～ 127)
short	符号つき整数	16 ビット	-2^{15} ～ $2^{15}-1$ (-32768 ～ 32767)
int	符号つき整数	32 ビット	-2^{31} ～ $2^{31}-1$
long	符号つき整数	64 ビット	-2^{63} ～ $2^{63}-1$
float	浮動小数点数	32 ビット	IEEE754 にもとづく値
double	浮動小数点数	64 ビット	IEEE754 にもとづく値
char	Unicode で表現できる 1 文字	16 ビット	¥u0000 ～ ¥uFFFF
boolean	論理値	1 ビット	true、false

変数の宣言と値の代入

変数を用意することを**変数宣言**と呼び、その変数に値を格納することを**代入**と呼びます（**図2-1**）。変数宣言と代入は、次の構文で行います。

構文

```
データ型 変数名；  // 変数宣言
変数名 = 値；      // 変数に値を代入
```

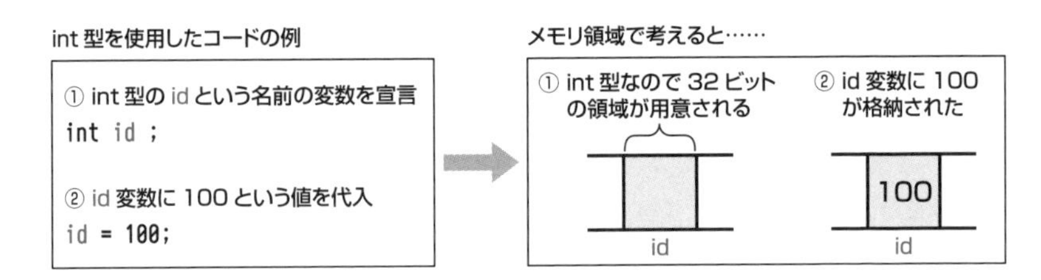

図 2-1：変数宣言と代入

参考

Java SE 10 以降では、Local-Variable Type Inference（ローカル変数型推論）の導入により var を使用したローカル変数宣言が可能となっています。Bronze 試験では var は試験範囲外です。

宣言した変数を使い始める前に、最初に値（**初期値**）を代入しておくことを**変**

数の初期化と呼びます。初期化した変数に、後から値を再代入することも可能です。

また、次に示す例のように、変数の宣言と値の代入は一度に記述することもできます。

例：変数宣言と代入を同時に記述

```
int id = 100;
```

宣言した変数には、指定したデータ型で扱うことができる値を代入できます。long型の変数にlong値を代入する場合には、数に「L」もしくは「l」をつけます(long値を表すリテラル)。また、float型の変数にfloat値を代入する場合には、数に「F」もしくは「f」をつけます(float値を表すリテラル)。

次に示すサンプルコードは、各データ型の変数を利用した例です(**Sample2_2.java**)。

Sample2_2.java：宣言した変数に値（リテラル）を代入

```
 1. class Sample2_2 {
 2.   public static void main(String[] args) {
 3.     byte  b = 10;  short s = 20;     int    i = 30;
 4.     long  l = 40L; float f = 1.15F; double  d = 5.78;
 5.     char  c = 'A'; boolean o = true;
 6.     System.out.println("byte    : " + b);
 7.     System.out.println("short   : " + s);
 8.     System.out.println("int     : " + i);
 9.     System.out.println("long    : " + l);
10.     System.out.println("float   : " + f);
11.     System.out.println("double  : " + d);
12.     System.out.println("char    : " + c);
13.     System.out.println("boolean : " + o);
14.   }
15. }
```

実行結果

```
byte    : 10
short   : 20
int     : 30
long    : 40
```

```
float   : 1.15
double  : 5.78
char    : A
boolean : true
```

なお、このサンプルコードではSystem.out.println("データ型 ：" + 変数名)としていますが、「データ型：」の前後は「"」で囲まれているため、文字列として出力します。そして「+」演算子の後に変数名が指定されていますが、変数の前後に「"」がありません。したがって、変数に格納されている値が出力されています。

> **参考**
>
> 文字列に対して＋演算子を使用すると文字列の結合になり、数値に対して使用すると足し算になります。詳しくは第３章で説明します。

符号つき整数と浮動小数点数のデフォルトの型

変数の初期化についてもう少し詳しく見てみましょう。次のサンプルコードでは、5行目と6行目でコンパイルエラーが発生します（**Sample2_3.java**）。

Sample2_3.java：**コンパイルエラーが発生する**

```
1. class Sample2_3 {
2.   public static void main(String[] args) {
3.     int num1 = 10;
4.     long num2  = 30;
5.     long num3 = 10000000000;  //コンパイルエラー
6.     float num4 = 10.0;        //コンパイルエラー
7.   }
8. }
```

符号つき整数のリテラルは、最初に**int型の値として認識され**、その後に宣言された変数に代入されます。たとえば3行目では、10というリテラルがまずint型の値として認識され、その後、int型で宣言されたnum1変数に代入されます。10はint型（32ビット）で表現できるリテラルであるため、問題ありません。また、30というリテラルをlong型（64ビット）の変数に代入している4行目も、

30がint型で表現できるため、やはり問題ありません。

しかし、5行目の10000000000は、long型のリテラルとしてサイズに問題はないものの、int型で扱うことができない桁数であるため、コンパイルエラーとなります。L（もしくは小文字のl）をつけて10000000000Lとすれば、long値と認識され、その後エラーなくlong型の変数に代入できます。

また、浮動小数点数のリテラルはまず**double型の値として認識**されます。つまり、6行目の10.0は、最初にdouble型（64ビット）として認識された後、サイズのより小さいfloat型（32ビット）の変数へ代入が試みられますが、このときにコンパイルエラーとなります。F（もしくは小文字のf）をつけて10.0Fとすれば、エラーなくfloat型の変数に代入できます。

参考

byte型、short型、char型の変数にリテラルを代入する際は、それぞれのサイズ範囲内であれば代入できる仕様となっています。

POINT

試験対策として、それぞれのデータ型のサイズ（表現できる値）は、しっかり把握しておきましょう。

定数

変数はその名のとおり、内容が変わるデータを扱うことができます。しかし、固定された値を扱うための変数を使いたい場合もあります。たとえば、テストの合否を判定するプログラムでは、合否の境目となる点数を固定された値として扱うことが少なくありません。Java言語では、これを**定数**として宣言します。合否の境目を定数として用意することにより、合否の基準が変更になった際も、合否判定に関係するあちこちのソースコードを直す必要がなくなります。その定数の値を書き換えるだけで済みます。

定数を宣言するときにはfinal修飾子を使用します。

構文

```
final データ型 定数名 = 初期値；
```

定数として宣言すると、初期化以降は値を再代入することができません。次のサンプルコードを見てください（**Sample2_4.java**）。

Sample2_4.java：**定数の例**

```
1. class Sample2_4 {
2.   public static void main(String[] args) {
3.     int num1 = 10;  //変数
4.     num1 = 20;      //変数は再代入が可能
5.     final int num2 = 10;   //定数
6.     num2 = 20;             //定数は再代入できない
7.   }
8. }
```

num1は変数として宣言されているため、3行目で初期化した後も、値の再代入が可能です。一方、5行目のnum2はfinal修飾子を用いて、定数として宣言されています。6行目で値の再代入を行っていますが、これはできません。そのため、コンパイルすると次のようにエラーとなります。

コンパイル結果

```
Sample2_4.java:6: エラー: final変数num2に値を代入することはできません
    num2 = 20;             // 定数は再代入できない
    ^
エラー1個
```

なお、修飾子ならびにfinal修飾子については、第7章で詳しく説明します。

文字列は参照型

基本データ型であるchar型は、1文字しか扱うことができません。複数の文字の集合体である**文字列**は、基本データ型に含まれません。Java言語では、**文字列は参照型**として扱われています。

文字列を扱う変数を宣言するには、参照型の1つであるString型を使用します。宣言や値を代入する方法は、基本データ型と変わりません。

構文

```
String str = "Hello";
String name = " 田中 ";
```

なぜ、文字列は参照型の値として扱われているのでしょうか。それは、基本データ型とは異なり、複数の文字のかたまりを1つの変数で扱うことを可能にしているからです。このように参照型の変数は、値のかたまりを指し示す変数という意味で、**参照変数**とも呼ばれます(**図2-2**)。

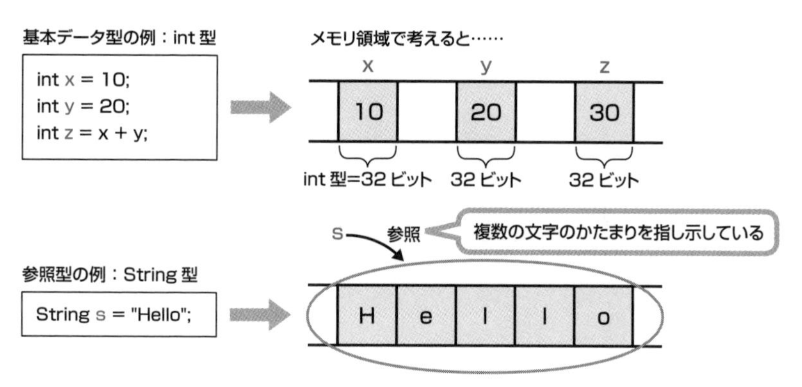

図2-2：基本データ型と参照型

String型は、**参照型に含まれるクラス**として提供されています。Stringクラスは Javaの**クラスライブラリ**で提供されています。また、文字列を操作する手段となる**メソッド**も、Stringクラスの機能として多数提供されています。メソッドの詳細は第6章で紹介しますが、ここではStringクラスが提供する2つのメソッドを紹介します。

構文

String 型の変数名 . メソッド名 ();

(例)
```
String s1 = "tanaka";
int num = s1.length(); // ①
char c = s1.charAt(2); // ②
```

①のlength()メソッドは、int型で文字数を返します。つまりこの例では、「tanaka」の文字数である「6」がnum変数に代入されます。また、②のcharAt()メソッドは、カッコ内で指定された数に位置する文字を返します。ただし、最初の文字が0番目の文字、その次の文字が1番目の文字、と数えていくので注意しましょう。この例の「tanaka」の場合、2番目の文字なので「n」がc変数に代入されます。

》識別子と予約語

変数名だけでなく、第6章以降で説明するクラスやメソッドなどの名前は、数字や文字を組み合わせて作成します。これらの名前を総称して、**識別子**と呼びます。識別子は決められたルールに従えば、プログラマが自由に決めることができます。

識別子を決めるときのルールは、次のとおりです。

- 識別子の1文字目は、英字（a～z、A～Z）、ドル記号（$）、アンダースコア（_）のみ
- 識別子の2文字目以降は数字も使用可能
- 予約語は使用不可
- 大文字、小文字は厳密に区別される
- 文字数（長さ）の制限はない

予約語とは、Java言語ですでに使用されている名前のことで、識別子には使用できません。**表2-6**は、Java言語の予約語の一覧です。

表2-6：**予約語**

abstract	assert	boolean	break	byte	case
catch	char	class	const	continue	default
do	double	else	enum	extends	final
finally	float	for	goto	if	implements
import	instanceof	int	interface	long	native
new	package	private	protected	public	return
short	static	strictfp	super	switch	synchronized
this	throw	throws	transient	try	void
volatile	while	_（アンダースコア）			

※null、true、falseは予約語ではないが、リテラルとして扱われるため識別子で使用不可

識別子の例を見てみましょう。①～⑥のうち、識別子として有効なものはどれか考えてみましょう。

① emp1　　② 2emp　　③ emp-3
④ emp#　　⑤ CHAR　　⑥ _emp

① 使用可能（文字から始まり、数値との組み合わせのため）
② 使用不可（数字から始まっているため）
③ 使用不可（「-」（ハイフン）を使用しているため）
④ 使用不可（「#」（シャープ記号）を使用しているため）
⑤ 使用可能（大文字の CHAR であるため使用可能。なお、小文字の char は予約語となるため使用不可）
⑥ 使用可能（「_」（アンダースコア）は 1 文字目でも使用可能）

配列

配列とは

配列は、同じデータ型の値をまとめて扱う際に使用する仕組みです。**図2-3**のように、同じ目的で使用したい変数がある場合に便利です。

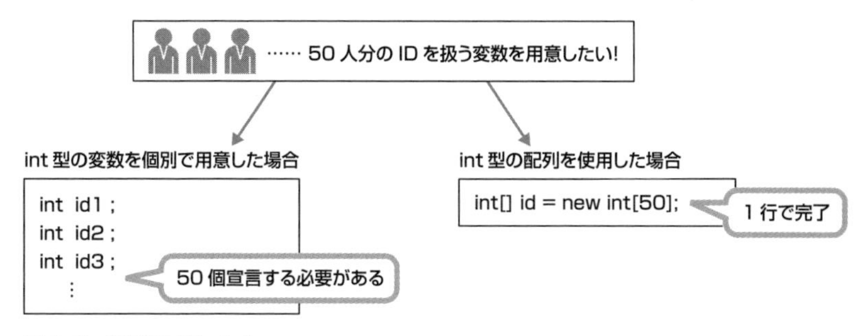

図 2-3：配列の使いみち

配列に格納する値は、基本データ型、参照型のいずれも可能です。

配列の作成

配列を作成するには、変数と同様にデータ型を決め、名前をつけて宣言する必要があります。また、複数の値を扱うので、配列に格納する**要素の数**を指定し、使用するメモリ領域の大きさを示します。

配列を宣言する構文と宣言の例を次に示します。**図2-4**は、配列の宣言と領域の確保を一度に書いた場合の宣言を、図で説明したものです。

構文

データ型[] 配列名;　　　　　　　// 配列の宣言

配列名 = new データ型[要素数]　// 領域確保

```
(例) int[] id ;               // int型の値を扱うことができる配列の宣言
     id = new int[50];        // id配列に50個分の値を格納するための領域確保
     int[] id = new int[50];  //配列の宣言と領域の確保は一度に書ける
```

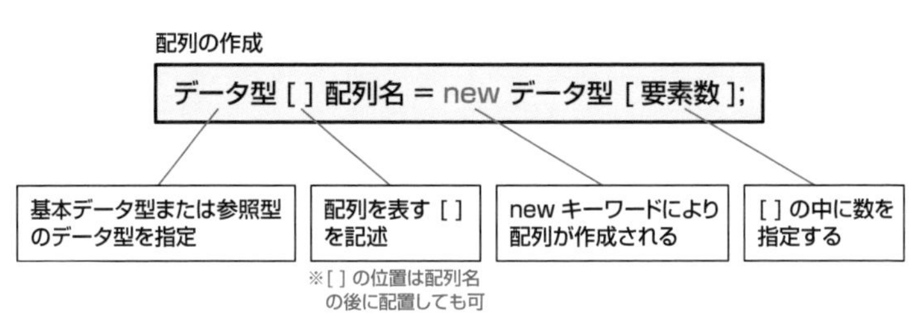

図2-4：配列の宣言

配列の宣言は、データ型の直後に[]を記述する方法を含め、次に示す3種類の書き方が可能です。

```
int[] id;      // データ型の直後に[]、配列名の前に空白を記述
int id[];      // データ型の後ろに空白、配列名の直後に[]を記述
int []id;      // データ型の後ろに空白、配列名の直前に[]を記述
```

配列は、指定した要素数を超えるデータを扱うことはできません。配列のために確保した領域を越えてしまうためです。上記の例のように50個で作成した配列で扱えるデータ数は50個までとなります。

添え字(インデックス)

配列の宣言と領域の確保は、配列に値を入れるための準備です。これから配列に値を代入します。

配列に値を代入するには、**添え字(インデックス)**を使用します。添え字は配列の各々の要素につけられた通し番号で、Java言語では0から始まります。また、配列に格納する値が基本データ型であるか、参照型であるかに関わらず、配列自体は**参照型**として扱われます(**図2-5**)。

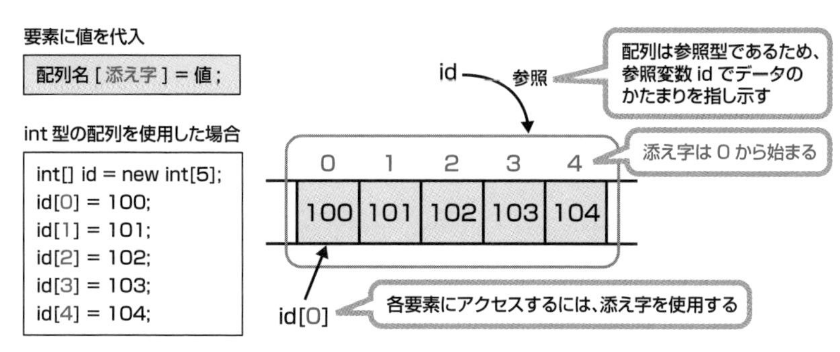

図 2-5：添え字（インデックス）

宣言した配列を使い始める前に、領域の確保、値（初期値）の代入まで最初に行っておくことを、**配列の初期化**と呼びます。また、作成した配列の要素数を調べるには、配列に対して length を使用します。

構文

データ型 [] 配列名 = { 初期値 1, 初期値 2, 初期値 3, …… , 初期値 n};
配列名 .length; // 要素数を獲得することができる

（例）
```
int[] id = {100, 101, 102, 103, 104};
int size = id.length;  // size変数には5が格納される
```

次に示すサンプルコードは、char型、int型、String型の配列を作成し、それぞれ要素に値を代入した後、それらの値を出力します（Sample2_5.java）。

Sample2_5.java：配列を作成して値を格納・出力

```
1. class Sample2_5 {
2.   public static void main(String[] args) {
3.     char[] c;                                   // 配列の宣言
4.     c = new char[3];                            // 配列の作成
5.     int[] i = new int[3];                       // 配列の宣言と作成
6.     String str[] = {"Welcome ","to ","Java."}; // 配列の宣言と初期化
7.     c[0] = 'A'; c[1] = 'B'; c[2] = 'C';         // 各要素へ値の代入
8.     i[0] = 100; i[1] = 200; i[2] = 300;         // 各要素へ値の代入
9.     System.out.println("str[] のサイズ: " + str.length);
10.    System.out.println("c[0]          : " + c[0]);
11.    System.out.println("i[1]          : " + i[1]);
12.    System.out.println(c);
```

```
13.        System.out.println(i);
14.        System.out.println(str);
15.    }
16. }
```

実行結果

```
str[] のサイズ: 3
c[0]          : A
i[1]          : 200
ABC
[I@490d6c15
[Ljava.lang.String;@7d4793a8
```

3 行目 ：char 値を扱う配列名の宣言。この段階では領域の確保は行われていない
4 行目 ：配列の作成。この例では char 値を 3 つ確保する領域が確保される
5 行目 ：int 値を扱う配列名の宣言と領域の確保を 1 行で記載している例
6 行目 ：String 値を扱う配列名の宣言と初期化まで行っている例
7 行目 ：char 型の c 配列に値を代入
8 行目 ：int 型の i 配列に値を代入
9 行目 ：String 型の str 配列の大きさを取得し、出力
10 行目：c 配列の 0 番目の要素を出力
11 行目：i 配列の 1 番目の要素を出力
12 行目：c 配列名を出力
13 行目：i 配列名を出力
14 行目：str 配列名を出力

12～14行目では、各配列名を出力しています。println()メソッドでは、単体のint値やString文字列値を出力することができますが、配列名を指定した場合は、以下となります。

char 配列 ：配列に格納されている要素（値）が出力
int 配列 ：[i で int 型の配列を意味し、@ の後に、このオブジェクトのハッシュコードが出力
String 配列：[L でクラス型の配列を意味し、その後にクラス名（ここでは java.lang.String クラス）、@ の後に、このオブジェクトのハッシュコー

ドが出力

ハッシュコードは、実行ごとに異なる可能性があります。試験対策としては、println()メソッドでchar配列名を指定すると、格納されている要素が出力される点を押さえてください。

> **参考**
>
> println() メソッドはオーバーロードされており、char 配列を引数にとる println(char[] x) メソッドがあります。したがって、実行結果は 12 行目のようになります。しかし、int 配列や String 配列を引数にとるメソッドはありません。そのため、スーパークラスとなる Object 型を引数にとる println(Object x) メソッドが呼び出されます。そして、このメソッド内では、以下を戻り値として返す toString() メソッドが実行されています。
>
> ```
> getClass().getName() + "@" + Integer.toHexString(hashCode());
> ```
>
> したがって、13 行目、14 行目は上記の実行結果となります。オーバーロードやスーパークラス等については、第 6 章以降で扱います。

配列と基本データ型の変数について、もう少し詳しく見てみます。次のサンプルコードを見てください（**Sample2_6.java**）。

Sample2_6.java：配列と基本データ型の違い

```
1. class Sample2_6 {
2.   public static void main(String[] args) {
3.     int i ;
4.     //System.out.println("i の値        : " + i);
5.
6.     int[] array = new int[1];
7.     System.out.println("array[0] の値 : " + array[0]);
8.     //System.out.println("array[0] の値 : " + array[1]);
9.   }
10. }
```

実行結果

```
array[0]の値 : 0
```

このサンプルは、4行目のコメント記号（//）をはずすとコンパイルエラーとなります。これは、3行目でi変数の宣言はされているものの、初期化されていないからです。main()メソッドの中で宣言した変数はローカル変数と呼ばれ、**初期化されていないローカル変数を使用するとコンパイルエラー**となります。ローカル変数を含め、変数の種類については、第6章で扱います。

これに対し、6行目では配列の宣言、領域の確保までしか行っていないarray配列の要素（0番目）を、7行目で出力していますが、エラーになることなく実行されています。これは、配列を生成すると、データ型にあわせて初期化が行われる仕組みになっているからです。

各データ型の初期値は**表2-7**のとおりです。

表 2-7：**配列の初期値**

データ型	値
byte、short、int、long	0
float、double	0.0
char	¥u0000
boolean	false
参照型	null

また、サンプルの8行目のコメントをはずすと、**コンパイルエラーではなく実行時エラー**になります。6行目で作成しているarray配列の要素数は1です。つまり、使用できる添え字は0のみとなります。このように**範囲外の要素にアクセスすると、実行時エラー**となります。

8行目のコメント記号（//）をはずしてコンパイル・実行をした場合の実行結果を、次に示します。7行目は問題なく実行されますが、8行目で実行時エラーが発生していることが確認できます。

実行結果

```
array[0] の値 : 0
Exception in thread "main" java.lang.ArrayIndexOutOfBoundsException: ➡
Index 1 out of bounds for length 1
        at Sample2_6.main(Sample2_6.java:8)
```

値コピーと参照情報のコピー

本章の前半で説明がありましたが、Java言語のデータ型には、基本データ型と参照型の2種類があります。int型は基本データ型ですが、int型の配列は参照型となります。まず基本データ型を使用したサンプルコードを見てみましょう(**Sample2_7.java**)。

Sample2_7.java：**基本データ型の利用**

```
1. class Sample2_7 {
2.   public static void main(String[] args) {
3.     int a = 10;
4.     int b = a;
5.     System.out.println("a : " + a + "  b : " + b);
6.     b = 50;
7.     System.out.println("a : " + a + "  b : " + b);
8.   }
9. }
```

実行結果

```
a : 10  b : 10
a : 10  b : 50
```

3行目では10を初期値にもつa変数を宣言しています。4行目で変数bを宣言し、その際、a変数を代入しています。これにより、a変数に格納されている10のコピーがb変数に格納されます。6行目でb変数に50を再代入していますが､a変数は10のままで変更はありません。このことから､4行目では値のコピーが行われていることがわかります。これは他の基本データ型(longやdoubleなど)でも同じ挙動となります(**図2-6**)。

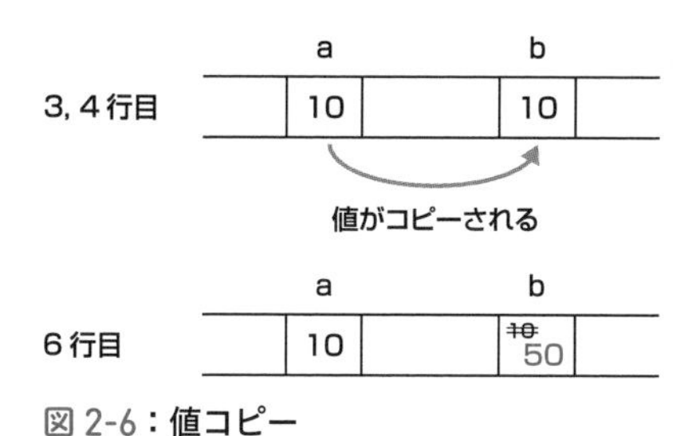

図2-6：**値コピー**

次に参照型として配列を使用したサンプルコードを見てみましょう(**Sample2_8.java**)。

Sample2_8.java：参照型の利用

```
1. class Sample2_8 {
2.   public static void main(String[] args) {
3.     int[] a = new int[1];
4.     int[] b = a;
5.     a[0] = 10;
6.     System.out.println("a[0] : " + a[0] + "  b[0] : " + b[0]);
7.     b[0] = 50;
8.     System.out.println("a[0] : " + a[0] + "  b[0] : " + b[0]);
9.   }
10. }
```

実行結果

```
a[0] : 10  b[0] : 10
a[0] : 50  b[0] : 50
```

3行目では、要素数を1つもつa配列を作成しています。4行目で配列bを宣言し、その際、a配列を代入しています。この際、配列のコピーは行われません。4行目により**a配列名が参照している配列をb配列名も参照**することになります。つまり、a配列名→b配列名に参照情報（どの配列を参照してるかというアドレス情報）がコピーされたことになります。5行目でa[0]に10を代入していますが、6行目の実行結果を見ると、b[0]も10となっています。また、7行目でb[0]に50を代入していますが、8行目の実行結果を見ると、a[0]も50になっています（**図2-7**）。以上のことからa配列名とb配列名は同じ配列を参照していることがわかります。

この参照情報のコピーは、他の参照型（詳細は6章以降）でも同じ挙動となります。

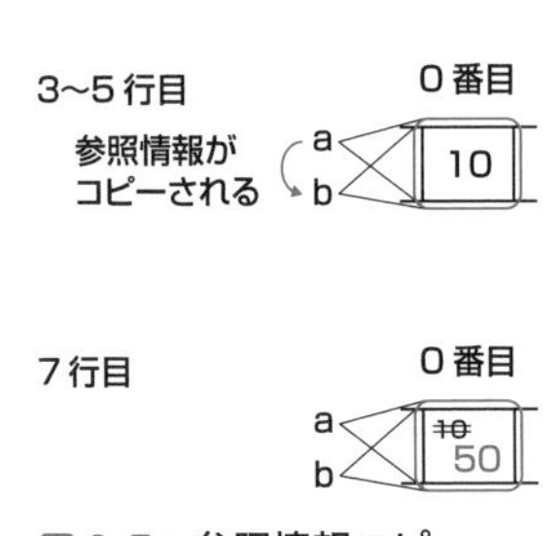

図2-7：参照情報コピー

コマンドライン引数の利用

ここまでのサンプルコードでは、「tanaka」という文字列を出力したい場合、System.out.println("tanaka");と記述していました。もし「tanaka」に代えて「yamada」と出力したい場合、コードの修正→ファイルの保存→再コンパイルを行う必要があります。

このように、処理はまったく同じだけれども、処理対象となるデータを実行ごとに変更したい場合は、**コマンドライン引数**を使用すると便利です。

コマンドライン引数とは、javaコマンド実行時にプログラムへ渡すことができる値のことです。コマンドライン引数として指定した値は、main()メソッドに**String型の配列**として渡されます。main()メソッドでは、渡された配列に対し、**配列名[添え字]**を指定することでコマンドライン引数を取り出すことができます（**図2-8**）。

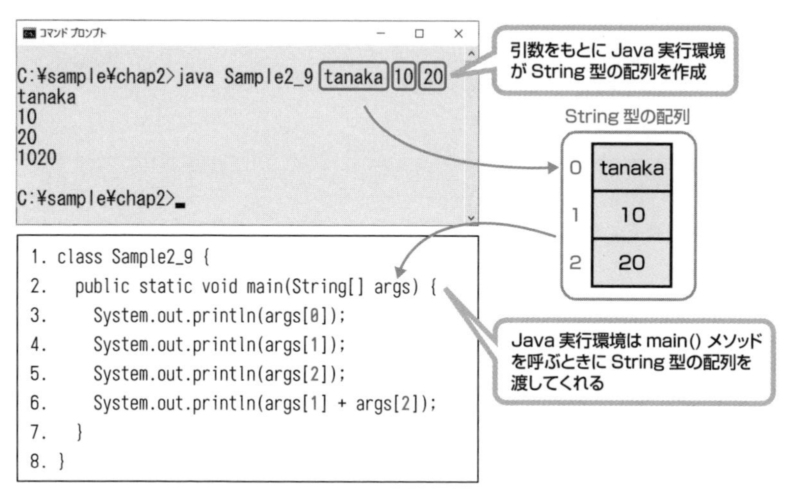


```
1. class Sample2_9 {
2.   public static void main(String[] args) {
3.     System.out.println(args[0]);
4.     System.out.println(args[1]);
5.     System.out.println(args[2]);
6.     System.out.println(args[1] + args[2]);
7.   }
8. }
```

図2-8：コマンドライン引数

「javaクラス名」を指定した後のデータが、コマンドライン引数として扱われます。図2-8ではtanaka、10、20という3つの値を指定しています。すると、Java実行環境はこの3つの値からString型の配列を作成し、main()メソッドに渡します。

一方main()メソッドは、渡されたString型の配列をargsという配列名で受け取っています。3行目以降では、args[0]から順にアクセスし、コマンドライン引数を出力しています。

なお、6行目ではargs[1]とargs[2]を足し算しているように見えますが、これは合計値である30にはなりません。あくまでコマンドライン引数はString型の値として配列に格納されるため、数値を指定しても文字列として扱われます。したがって、実行結果にあるように「1020」と文字列の結合が行われます。

参考

コマンドラインで指定した値を数値として取り出したい場合は、Java言語で提供されているライブラリを使用して、次のように記述します。

```
int num = Integer.parseInt(args[1]);
```

練習問題

問題 2-1

Javaの基本データ型として正しくないものは次のどれですか。2つ選択してください。

- □ A. double
- □ B. char
- □ C. string
- □ D. short
- □ E. Boolean

問題 2-2

次のコードがあります。

```
1. public class Test {
2.   public static void main(String[] args) {
3.     byte a  = 100;
```

```
4.         short b = 50000;
5.         int c   = 10000000;
6.         long d  = 123456789L;
7.     }
8. }
```

コンパイルした結果として正しいものは次のどれですか。1つ選択してください。

○ A. コンパイルに成功する
○ B. 3行目に問題があるためコンパイルエラーとなる
○ C. 4行目に問題があるためコンパイルエラーとなる
○ D. 5行目に問題があるためコンパイルエラーとなる
○ E. 6行目に問題があるためコンパイルエラーとなる
○ F. 複数行に問題があるためコンパイルエラーとなる

問題 2-3

変数宣言として正しいものは次のどれですか。2つ選択してください。

□ A. boolean b = 0;
□ B. float f = 3.14;
□ C. double d = 0.0;
□ D. char c = '¥u0078';
□ E. boolean b = "true";

問題 2-4

変数宣言として正しくないものは次のどれですか。4つ選択してください。

□ A. char c1 = 'AB';
□ B. char c2 = "AB";
□ C. char c3 = '¥u0041';
□ D. char c4 = ¥t;
□ E. char c5 = '¥t';
□ F. char c6 = '1';
□ G. char c7 = "w";

問題 2-5

次の基本データ型のうち整数を扱うものはどれですか。4 つ選択してください。

- □ A. long
- □ B. boolean
- □ C. int
- □ D. float
- □ E. byte
- □ F. short
- □ G. double

問題 2-6

定数を宣言する際の説明として正しいものは次のどれですか。1 つ選択してください。

- ○ A. Java では定数は利用できない
- ○ B. const キーワードを使用する
- ○ C. constant キーワードを使用する
- ○ D. final キーワードを使用する

問題 2-7

変数名として有効なものは次のどれですか。3 つ選択してください。

- □ A. Empleyee$
- □ B. member-id
- □ C. account#
- □ D. _home
- □ E. emp99

問題 2-8

配列の宣言として有効なものは次のどれですか。3 つ選択してください。

- □ A. int[] a = {1, 2, 3};
- □ B. int []a = new int[3];

☐ C. int[] a;
a = new int[3];
☐ D. int a[] = new int[];
☐ E. int a[] = new int(3);
☐ F. int a[3] = new int[];

問題 2-9

次のコードがあります。

```
1. public class Test {
2.   public static void main(String[] args) {
3.     char arry1[] = {'a', 'b', 'c', 'd', 'e'};
4.     char arry2[] = new char[10];
5.     arry2[0] = 'f';
6.     arry2[1] = 'g';
7.     System.out.println( arry1.length + " "+ arry2.length );
8.   }
9. }
```

コンパイル、実行した結果として正しいものは次のどれですか。1つ選択してください。

○ A. コンパイルエラー
○ B. 実行時エラー
○ C. 5 2
○ D. 5 10
○ E. 何も表示されない

問題 2-10

次のコードがあります。

```
1. class Array{
2.   public static void main(String[] args){
3.     int[] i = new int[3];
4.     boolean[] b = new boolean[3];
5.     System.out.println("i[0] = " + i[0] + " b[0] = " + b[0]);
6.   }
7. }
```

コンパイル、実行した結果として正しいものは次のどれですか。1つ選択してください。

- ○ A. 5行目でコンパイルエラーになる
- ○ B. コンパイルはできるが、実行時エラーが発生する
- ○ C. i[0] = 0 b[0] = false が出力される
- ○ D. i[0] = 0 b[0] = true が出力される

問題 2-11

次のコードがあります。

```
1. class Test {
2.   public static void main(String[] args) {
3.     System.out.println(args[1] + args[2] );
4.   }
5. }
```

実行する際は次とします。

```
java Test 1 2
```

コンパイル、実行した結果として正しいものは次のどれですか。1つ選択してください。

- ○ A. コンパイルエラーになる
- ○ B. コンパイルはできるが、実行時エラーが発生する
- ○ C. 実行結果は 3 と出力する
- ○ D. 実行結果は 12 と出力する
- ○ E. 実行結果は 1 2 と出力する

問題 2-12

次のコードがあります。

```
1. class Test {
2.   public static void main(String[] args) {
3.     System.out.println(args[0] + args[1] );
4.   }
5. }
```

実行する際は次とします。

```
java Test 1 2
```

コンパイル、実行した結果として正しいものは次のどれですか。1つ選択してください。

- ○ A. コンパイルエラーになる
- ○ B. コンパイルはできるが、実行時エラーが発生する
- ○ C. 実行結果は 3 と出力する
- ○ D. 実行結果は 12 と出力する
- ○ E. 実行結果は 1 2 と出力する

問題 2-13

次のコードがあります。

```
1. class Test {
2.   public static void main(String[] args) {
3.     System.out.println(args[1]);
4.   }
5. }
```

実行する際は次とします。

```
java Test args[1] = 4
```

コンパイル、実行した結果として正しいものは次のどれですか。1つ選択してください。

- ○ A. コンパイルエラーになる
- ○ B. コンパイルはできるが、実行時エラーが発生する
- ○ C. 4 と出力される
- ○ D. = と出力される
- ○ E. 何も出力されない

解答・解説

問題 2-1　正解：C、E

Javaの基本データ型は、byte、short、int、long、float、double、char、booleanの8種類です。選択肢Cは小文字のsから始まるstringとあるため、型として提供されていません。大文字のSから始まるStringであれば、参照型のクラスとして提供されています。また、選択肢Eは、クラスライブラリの中にBooleanというクラスがあるのですが、クラスは参照型であるため、誤りです。

問題 2-2　正解：C

4行目の変数bはshort型で宣言されており、扱える値は-32768～32767であるため、50000は代入できません。

問題 2-3　正解：C、D

選択肢Aはboolean型で変数を宣言しており、trueもしくはfalseしか扱えないため、誤りです。

選択肢Bはfloat型で変数を宣言しており、リテラルにfもしくはFを指定する必要があるため、誤りです。

選択肢Cはdouble型で宣言された変数に0.0を代入していますが、格納可能であるため、正しいです。

選択肢DはUnicode値を代入しているため、正しいです。

選択肢Eはリテラルに""が指定されていることにより文字列として扱われるため、誤りです。

問題 2-4　正解：A、B、D、G

char型はUnicode（16ビット）で表現できる1文字であり、文字列とは区別されます。char型の値を表すには、シングルクォート（'）で囲む必要があります。ダブルクォート（"）で囲んだ場合は文字列となり、char型の変数への代入はできません。Unicode値を代入するには、「¥u」の後に4桁の文字コード（16進数）を指定し、シングルクォートで囲みます。また、「¥」は制御コードを表す場合にも使用され、「¥t」（タブ文字）や「¥n」（改行）のように指定します。

問題 2-5　正解：A、C、E、F

整数を扱うデータ型はbyte（8ビット）、short（16ビット）、int（32ビット）、long（64ビット）です。Java言語では、整数はすべて符号つきです。なお、1文字を扱うchar（16ビット）は整数も扱えますが、扱えるのは符号なし整数のみです。

問題 2-6　正解：D

変数宣言時にfinal修飾子を指定すると定数となります。

問題 2-7　正解：A、D、E

変数名やメソッド名、クラス名などは以下の規則に従って命名します。

- 識別子の1文字目は、英字（a～z、A～Z）、ドル記号（$）、アンダースコア（_）のみ
- 識別子の2文字目以降は数字も使用可能
- 予約語は使用不可
- 大文字、小文字は厳密に区別される
- 文字数（長さ）の制限はない

選択肢Bは「-（ハイフン）」、選択肢Cは「#」を使用しているため、誤りです。

問題 2-8　正解：A、B、C

選択肢Aは、配列の宣言、領域の確保、値の代入をまとめて記述した初期化であるため、正しいです。

選択肢Bは、宣言、領域の確保まで行っているため、正しいです。なお、配列名の宣言は、次に示す形で記述可能です。

```
int[] a;
int a[];
int []a;
```

選択肢Cは、2行に分けて記述していますが、正しいです。

選択肢Dは、newキーワードの後、要素数の指定がないため、誤りです。

選択肢Eは、[]ではなく()を使用しているため、誤りです。

また、選択肢Fのように宣言時に要素数の指定はできないため、誤りです。

問題2-9　正解：D

3行目では配列名arry1として要素数が5の配列が作成されています。また、4行目では配列名arry2として要素数が10の配列が作成されています。5～6行目ではarry2配列に要素を代入していますが、配列の大きさは変わらないため、7行目の出力は「5 10」となります。

問題2-10　正解：C

3～4行目では配列の宣言、領域の確保のみ行い、値の代入は行っていません。しかし、配列に明示的な値の代入をしなければ、デフォルト値で初期化されます。整数型は0、浮動小数点型は0.0、boolean型はfalse、char型は¥u0000、参照型はnullがデフォルト値です。したがって、選択肢Cが正しいです。

問題2-11　正解：B

問題文では実行時に2つのコマンドライン引数（1、2）を指定しています。したがって、プログラム内で取り出すコードはargs[0]および、args[1]となります。ソースコードでは、args[2]にアクセスしているため、実行時にエラーが発生します。

問題2-12　正解：D

問題2-11の類似問題ですが、このソースコードでは、args[0]および、args[1]で指定しているため、コンパイル、実行ともに成功します。ただし、文字列同士の＋演算子は、文字列結合となるため、選択肢Dのように出力されます。

問題2-13　正解：D

問題文では実行時に3つの値（args[1]　=　4）を指定しています。実行環境はどんな値であれ、すべて文字列としてプログラム側に渡されるため、プログラムでargs[1]を指定すると、2番目に指定された値である「=」が取り出されます。

Chapter 3

演算子と条件文（分岐文）

Oracle Certified Java Programmer, Bronze SE

ー本章で学ぶことー

本章では、足し算や掛け算などの計算を行う場合に使用される**演算子**を説明します。また、条件に応じて処理を変更することができる**条件文（分岐文）**も解説します。

- 演算子と優先度
- if 文・if-else 文
- switch 文

アクセスキー　A
（大文字のエー）

演算子と優先度

演算子とは

Java言語で足し算や掛け算など何かしらの計算を行う場合には、**演算子**を使用します。Java言語には多くの演算子が提供されています(**表3-1**)。

表3-1：**演算子**

種類	演算子	結合規則	
単項演算子	++ -- + - ~ ! (キャスト)	右結合	高 ↑
算術演算子	* / %	左結合	
	+ -	左結合	
シフト演算子	<< >> >>>	左結合	
関係演算子	< > <= >= instanceof	左結合	
	== !=	左結合	
ビット演算子	&	左結合	優先度
	^	左結合	
	|	左結合	
論理演算子	&&	左結合	
	||	左結合	
3項演算子	?:	右結合	
代入演算子・複合代入演算子	= *= /= %= += -= <<= >>= >>>= &= ^= |=	右結合	↓ 低

演算子には、**優先度**と**結合規則**があります。優先度とは、1行の式の中に複数の演算子があった場合、どの演算子から計算するかという順序づけです。また結合規則は、優先度が同じ演算子がある場合に、左から右へ計算する(左結合)のか、その逆(右結合)に計算するのかを表します。

たとえば、以下のような計算結果を画面に出力する文があります(**図3-1**)。

```
System.out.println( 10 + 2 * 3 );
```

①結果は6

②結果は16

図3-1：**優先度と結合規則**

println()内では、足し算（+）と掛け算（*）を行っています。表3-1で算術演算子の結合規則を確認すると左結合とあります。つまり、優先度が同じ演算子があれば、左から右へ計算することを意味します。しかし、優先度を見ると、掛け算（*）が足し算（+）より優先度が高いです。したがって、図3-1にあるとおり、まず「2 * 3」の計算が行われ、結果「6」を算出後、「10 + 6」の計算が行われ、結果は「16」となります。

なお、優先度は()を付与することで、変更することができます。**図3-2**では「10 + 2」を優先度を高くするため()を使用しています。

```
System.out.println( (10 + 2) * 3 );
```

①結果は 12

②結果は 36

図 3-2：**優先度の変更**

ここでは演算子の中でも、試験出題率の高いものを紹介します。

算術演算子

算術演算子は加減乗除を行います。Java言語がもつ算術演算子は、**表3-2**のとおりです。

表 3-2：**算術演算子**

演算子	記述例	説明
+	a + b	a と b を加算する
-	a - b	a から b を減算する
*	a * b	a と b を乗算する
/	a / b	a を b で除算する
%	a % b	a を b で除算した余りを出す

Sample3_1.javaは、算術演算子を使ったサンプルコードです。

Sample3_1.java：**算術演算子の使用例**

```
1. class Sample3_1 {
2.   public static void main(String[] args) {
3.     System.out.println(10 + 3);
4.     System.out.println(10 - 3);
```

```
5.       System.out.println(10 * 3);
6.       System.out.println(10 / 3);
7.       System.out.println(10 / 3.0);
8.       System.out.println(10 % 3);
9.     }
10. }
```

実行結果

```
13
7
30
3
3.3333333333333335
1
```

6行目と7行目に注意してください。「整数 / 整数」の結果は**整数**になるため、6行目の実行結果は3となります。また、「整数 / 浮動小数点数」の結果は**浮動小数点数**となるため、7行目の実行結果は3.33……となります。なお、「浮動小数点数 / 浮動小数点数」も同じ**浮動小数点数**になります。

8行目では%を使用しています。これは余りを求める演算子です。10/3の結果は3余り1となるため、8行目の実行結果は1となります。

また、第2章でも取り上げましたが、文字列に対して+演算子を使用すると、文字列結合になります。なお、「数字 + 文字列」でもエラーにはならず、文字列結合として処理されます（**Sample3_2.java**）。

Sample3_2.java：+演算子による数字と文字列の処理

```
1. class Sample3_2 {
2.   public static void main(String[] args) {
3.     String str = "Hello";
4.     int a = 10;
5.     int b = 20;
6.     System.out.println(str + a);
7.     System.out.println(str + a + b);
8.     System.out.println(str + (a + b));
9.     System.out.println(a + b + str);
10.   }
11. }
```

実行結果

```
Hello10
Hello1020
Hello30
30Hello
```

7行目の実行結果が「Hello30」ではなく、「Hello1020」となっていることに注意してください。算術演算子は左結合です。左から演算処理が行われるため、まずstr + aが実行され、「Hello10」となります。その次に「Hello10」+ bの処理が行われるため、結果は「Hello1020」となります。

また、8行目のように () でくくったところは、その中が先に計算されるため、結果は「Hello30」となります。

9行目では、a + bの足し算が行われてからstrの文字列を結合するため、実行結果は「30Hello」となります。

単項演算子

単項演算子は、1つの値（または変数）に使用する演算子です。Java言語がもつ主な単項演算子は、**表3-3**のとおりです。

表3-3：**単項演算子**

演算子	記述例	説明
-	-a	aの符号を反転させる
++	++a、a++	aの値に1を加える
--	--a、a--	aの値から1を引く

1を足す処理（インクリメント）には++演算子（インクリメント演算子）、1を引く処理（デクリメント）には--演算子（デクリメント演算子）を使用できます。短く書けるので便利な演算子ですが、変数の前後どちらに配置するかによって動作が異なるので注意が必要です。

図3-3は、代入演算子と併用したときの動作と結果です。前置の場合には1を足し引きした後の値が代入され、後置の場合には代入した後で1が足し引きされます。

前置（演算子を変数の前に配置）

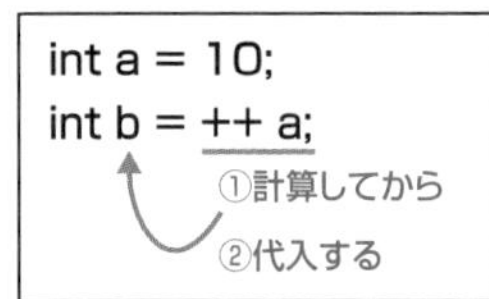

後置（演算子を変数の後に配置）

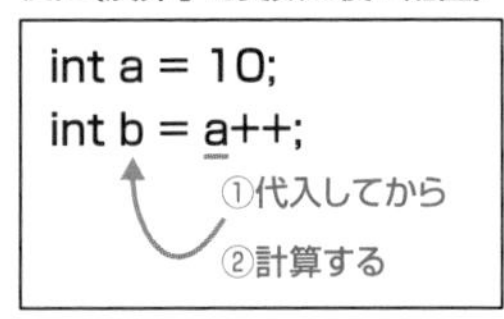

a の初期値	式	実行後の a の値	実行後の b の値
10	b = ++a;	11	11
10	b = a++;	11	10
10	b = --a;	9	9
10	b = a--;	9	10

図 3-3：++ 演算子と -- 演算子の配置と動作

サンプルコードを使って、++演算子と--演算子の動作を確認してみましょう（**Sample3_3.java**）。

Sample3_3.java：++ 演算子と -- 演算子の動作

```
 1. class Sample3_3 {
 2.   public static void main(String[] args) {
 3.     int a = 10; int b = 10; int c = 10; int d = 10;
 4.     System.out.println(a++);
 5.     System.out.println(++b);
 6.     System.out.println(c--);
 7.     System.out.println(--d);
 8.
 9.     a = 10; b = 10; c = 10; d = 10;
10.     b = ++a;  //前置
11.     System.out.println("a = " + a + " b = " + b);
12.     d = c++;  //後置
13.     System.out.println("c = " + c + " d = " + d);
14.   }
15. }
```

実行結果

```
10
11
10
9
```

```
a = 11 b = 11
c = 11 d = 10
```

4行目と6行目の実行結果は、ともに10が出力されています。これは、変数値の出力がされてからインクリメント／デクリメントが行われているからです。

一方、5行目の結果は11、7行目の結果は9です。5行目と7行目はインクリメント／デクリメントが行われてから変数値が出力されているからです。

また、10行目はa変数がインクリメントされてからその値がb変数に代入されるため、a変数、b変数ともに11になっています。逆に、12行目はc変数の値がまずd変数に代入され、その後にc変数がインクリメントされるため、c変数の値は11ですが、d変数の値は10となります。

POINT

インクリメントおよびデクリメントは出題頻度が高いため、前置・後置とその動作をしっかり押さえておきましょう。

代入演算子と複合代入演算子

代入演算子「=」は、右辺の値を左辺の変数へ代入する際に使用します。第2章で説明した変数の代入から、実は使用してきました。また、「+」や「-」などの演算子を組み合わせた**複合代入演算子**もあります。

Java言語の主な代入演算子と複合代入演算子は、**表3-4**のとおりです。

表3-4：代入演算子と複合代入演算子

演算子	記述例	説明	算術演算子での記述
=	a = b	aにbを代入する	
+=	a += b	aにbを加えた値をaに代入する	a = a + b
-=	a -= b	aからbを引いた値をaに代入する	a = a - b
*=	a *= b	aにbを乗じた値をaに代入する	a = a * b
/=	a /= b	aをbで割った値をaに代入する	a = a / b
%=	a %= b	aをbで割った余りをaに代入する	a = a % b

》関係演算子

関係演算子は、2つの値を比較し、その結果を**boolean値**であるtrueもしくはfalseを返します。trueは関係演算子による比較が成立したことを表し、falseは成立しなかったことを表します。

Java言語がもつ主な関係演算子は、**表3-5**のとおりです。

表3-5：**関係演算子**

演算子	記述例	説明
==	a==b	aとbの値が等しければtrue、異なればfalse
!=	a!=b	aとbの値が異なればtrue、等しければfalse
>	a>b	aの値がbの値より大きいならばtrue、以下ならばfalse
>=	a>=b	aの値がbの値以上であればtrue、小さければfalse
<	a<b	aの値がbの値より小さければtrue、以上ならばfalse
<=	a<=b	aの値がbの値以下であればtrue、大きければfalse

関係演算子は、ある条件にもとづいて処理を分けたい場合などに、条件文と組み合わせて使用するのが一般的です。条件文については次節で説明しますので、ここではそれぞれの関係演算子がtrueもしくはfalseを返す動作を、サンプルコードで確認しましょう（**Sample3_4.java**）。

Sample3_4.java：**関係演算子の動作**

```
 1. class Sample3_4 {
 2.   public static void main(String[] args) {
 3.     int a = 10; int b = 20; int c = 10;
 4.     System.out.println("a == b : " + ( a == b ));
 5.     System.out.println("a == c : " + ( a == c ));
 6.     System.out.println("a != b : " + ( a != b ));
 7.     System.out.println("a != c : " + ( a != c ));
 8.     System.out.println("a < b  : " + ( a < b ));
 9.     System.out.println("a <= c : " + ( a <= c ));
10.     System.out.println("a > b  : " + ( a > b ));
11.     System.out.println("a >= c : " + ( a >= c ));
12.   }
13. }
```

実行結果

```
a == b : false
a == c : true
a != b : true
a != c : false
a < b  : true
a <= c : true
a > b  : false
a >= c : true
```

4行目にあるように、両辺の値が等しいかどうかの比較には==演算子を使用します。代入演算子である「=」ではないことに注意してください。また、6、7行目で使用している!=演算子は比較する値が異なればtrueが返り、同じであればfalseが返ります。

論理演算子

論理演算子は2つ以上の条件、たとえば「**性別が男性 かつ 年齢が20歳以上**」というような条件のもとに評価を行う際に使用します。

Java言語がもつ論理演算子は**表3-6**のとおりです。

表3-6：**論理演算子**

演算子	記述例	説明
&	a & b	aとbの両方がtrueのときtrue、そうでなければfalse aがfalseであったとしてもbは評価される
&&	a && b	aとbの両方がtrueのときtrue、そうでなければfalse aがfalseならbは評価されず結果がfalseとなる aがtrueならbも評価され結果を返す
|	a | b	aとbいずれかがtrueならtrue、そうでなければfalse aがtrueであったとしてもbは評価される
||	a || b	aとbいずれかがtrueならtrue、そうでなければfalse aがtrueならbは評価されず結果がtrueとなる aがfalseならbも評価され結果を返す
^	a ^ b	aとbの値が異なるときtrue、そうでなければfalse
!	!a	aの値がtrueのときfalse、falseのときtrue

Java言語では、and条件（両辺の条件がともに成立するときにtrueを返す）の演算子として「&」と「&&」があり、or条件（両辺どちらかの条件が成立すると

きにtrueを返す）の演算子として「|」と「||」があります。&と&&、|と||はそれぞれ少し動作が異なるので、使用時には注意しましょう（**図3-4**）。

and条件：**2つの条件がともにtrueならば、trueを返す**

条件1 & 条件2	条件1 && 条件2
条件1がfalseでも条件2を必ず評価する	条件1がfalseなら条件2は評価しない

or条件：**条件のいずれかがtrueならば、trueを返す**

条件1 | 条件2	条件1 || 条件2
条件1がtrueでも条件2を必ず評価する	条件1がtrueなら条件2は評価しない

組み合わせ	&、&&	|、||
true-true	true	true
true-false	false	true
false-true	false	true
false-false	false	false

図3-4：**論理演算子**

なお、図3-4中に出てくる「**評価する**」とは、計算したり実行したりしてその値を確認するという意味です。論理演算子に限らずよく使われる表現です。

それでは、サンプルコードで論理演算子の動作を確認しましょう（**Sample3_5.java**）。

Sample3_5.java：**論理演算子の動作**

```
1. class Sample3_5 {
2.   public static void main(String[] args) {
3.     int a = 10; int b = 10; int c = 10; int d = 10;
4.     boolean result1 = a++ > 10 & ++b > 10;
5.     System.out.println("result1:" + result1 + " a:" + a  + " b:" + b);
6.     boolean result2 = c++ > 10 && ++d > 10;
7.     System.out.println("result2:" + result2 + " c:" + c  + " d:" + d);
8.   }
9. }
```

実行結果

```
result1:false a:11 b:11
result2:false c:11 d:10
```

4行目では&演算子が使用されています。そのため、a++ > 10と++b > 10の両条件が評価されます。a++ > 10からはfalse、++b > 10からはtrueが返り、その結果false & trueが評価されて、result1変数にfalseが代入されます。

そして、実行結果を見ると、a、b変数ともにインクリメントされているので、各変数値は11です。

一方、6行目では&&演算子が使用されています。左辺のc++ > 10がfalseを返した時点で右辺の++d > 10は評価されず、result2変数にfalseが代入されます。その結果、b変数の値は11ですが、d変数の値は10となります。

null比較

nullは参照型で使用されるリテラルで、何も参照していないことを表すために使用されます（リテラルの詳細は第2章を参照してください）。参照型の変数に直接代入することも可能です。変数にnullが格納されているかどうかは、関係演算子を使用して調べることができます（**Sample3_6.java**）。

Sample3_6.java：**nullかどうかを関係演算子で調べる**

```
 1. class Sample3_6 {
 2.   public static void main(String[] args) {
 3.     String str1 = null;
 4.     String str2 = "";
 5.     int[] array1 = null;
 6.     int[] array2 = new int[1];
 7.     int num = 0;
 8.     System.out.println(str1 == null);
 9.     System.out.println(str2 == null);
10.     System.out.println(array1 != null);
11.     System.out.println(array2 != null);
12.     //System.out.println(num == null); //コンパイルエラー
13.   }
14. }
```

実行結果

```
true
false
false
true
```

8、9行目は==演算子、10、11行目は!=演算子を使用してnullの比較を行っています。

str1変数はnullが代入されているため、8行目はtrueが返ります。str2変数は""（空文字）が代入されているため、9行目はfalseが返ります。空文字はnullとは異なり、メモリ領域は確保されています。array1配列は配列名の宣言のみで領域の確保が行われていません。したがって、10行目はfalseが返ります。array2配列は領域の確保がされているため、11行目はtrueが返ります。なお、12行目はコンパイルエラーです。nullは参照型のリテラルであるため、基本データ型の変数やリテラルに使用するとコンパイルエラーとなります。

if文・if-else文

制御文とは

ここまでに見てきたプログラムは、すべて記述した順番に処理が行われてきました。しかし、プログラムによっては、条件に応じて処理を変えたり、同じ処理を繰り返したりしたい場合があります。このようなときに使用するのが**制御文**です。制御文により、プログラムの流れをコントロールし、柔軟な処理を実現できます。

Java言語には**条件文**、**繰り返し文**（ループ文）、**繰り返し制御文**という3種類の制御文がありますが、本章では条件文について説明します。

条件文とは

普段の生活の中で、私たちは「晴れたら外でバーベキューをしよう」「雨が降ったら映画を見に行こう」と状況に応じて行動を決めることが多々あります。これと同じようにJava言語でも、ある条件ごとに処理する内容を分けて記述することができます。このときに使用するのが**条件文**（分岐文）です。

Java言語の条件文には、大きく分けて**if文**と**switch文**の2種類あります。

if 文

if文は、条件式をもち、その条件を評価した結果に応じた処理を行う場合に使用します。条件の結果の判定は、**boolean値**（trueまたはfalse）で行います。if文の構文は次のとおりです。

構文

```
if ( 条件式 ) {
    処理文;  // if ブロック：条件式の結果が true であれば実行
}
```

ifの後の( )には、条件式を記述します。条件式は、boolean値（trueまたはfalse）になる式でなければなりません。条件判定の結果がtrueだった場合、{ }で囲まれた処理文（**ifブロック**）が実行されます。処理文は複数行記述できます。処理する文が**1文**しかない場合は、**{ }を省略**してもかまいません。

図3-5は、if文が実行される様子を表したものです。

if 文の流れ

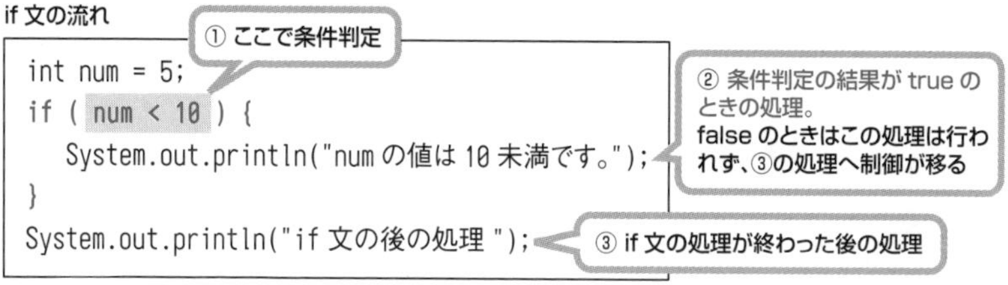

```
int num = 5;
if ( num < 10 ) {
    System.out.println("num の値は 10 未満です。");
}
System.out.println("if 文の後の処理 ");
```

① ここで条件判定

② 条件判定の結果が true のときの処理。false のときはこの処理は行われず、③の処理へ制御が移る

③ if 文の処理が終わった後の処理

図 3-5：if 文

num変数は5で初期化されていますから、num < 10という条件式はtrueを返します（①）。条件式の判定結果がtrueだったので、ifブロックの処理文が実行されます（②）。そして、if文の次行の処理へ制御が移ります（③）。もし、条件式がfalseを返していたら、ifブロックの処理文（②）は実行されず、すぐにif文の次行へ処理の制御が移ります（③）。

サンプルコードで、if文の動作を確認してみましょう（Sample3_7.java）。

Sample3_7.java：if文の動作

```
1. class Sample3_7 {
2.   public static void main(String[] args) {
3.     int num = 5;
4.     if (num < 10) {
5.       System.out.println("numの値は10未満です。");
6.     }
7.     num = 20;
8.     if (num >= 100)
9.       System.out.println("numの値は100以上です。");
10.    System.out.println("2つ目のif文の外の処理");
11.  }
12. }
```

実行結果

```
numの値は10未満です。
2つ目のif文の外の処理
```

4行目では条件式にnum < 10とあるため、trueが返って5行目が実行されます。一方、8行目の条件式はnum >= 100とあるため、falseが返って9行目は実行されません。しかし、その次の処理である10行目は実行されていることを確認してください。

POINT

試験の問題文には、Sample3_7.javaのように{ }が省略されているif文が現れます。{ }が省略されている場合は、**処理文は1行だけ**である点に注意してください。次のコードで条件式の結果がtrueだった場合、実行される文は2行目のみであり、3行目の文は条件式の結果に関係なく必ず実行されます。

```
1. if (num < 10)
2.   System.out.println("a");
3.   System.out.println("b");   ← この文はif文の外として判断される
```

》if-else文

条件式の結果がtrueだったときだけでなく、falseだったときの処理も記述したいことがあります。その場合はif-else文を使用します。構文は次のとおりです。

構文

```
if ( 条件式 ) {
  処理文 1;  // 条件式の結果が true のときに実行（if ブロック）
} else {
  処理文 2;  // 条件式の結果が false のときに実行（else ブロック）
}
```


条件式の結果がfalseだったときに実行したい処理は、elseの後に記述します。ifブロック、elseブロックとも処理文を複数記述でき、処理文が**1文**しかない場合は**{ }を省略**できます。

図3-6は、if-else文が実行される様子を表したものです。

if-else 文の流れ

```
int num = 20;
if (num < 10) {
  System.out.println("num の値は 10 未満です。");
} else {
  System.out.println("num の値は 10 以上です。");
}
```

① ここで条件判定

② 条件判定の結果が true のときの処理

③ 条件判定の結果が false のときの処理

図 3-6：**if-else 文**

num変数は20で初期化されていますから、num < 10という条件式はfalseを返します（①）。そのため、ifブロック（②）ではなく、elseブロック（③）へ制御が移ります。

サンプルコードでも、if-else文の動作を確認しましょう（Sample3_8.java）。

Sample3_8.java：**if-else 文の動作**

```
1. class Sample3_8 {
2.   public static void main(String[] args) {
3.     int num = 20;
4.     if (num < 10) {
5.       System.out.println("numの値は10未満です。");
6.     } else {
7.       System.out.println("numの値は10以上です。");
```

```
 8.     }
 9.     System.out.println("if-else文の外の処理");
10.   }
11. }
```

実行結果

```
numの値は10以上です。
if-else文の外の処理
```

4行目の条件式からfalseが返るために5行目は実行されず、制御は6行目のelseブロックに移り、7行目の処理文が実行されます。それでif-else文の処理が終了して、9行目が実行されます。

》else if 文

if-else文は条件式がtrueを返すとき、falseを返すときの2分岐処理を行いました。3分岐以上の多分岐処理を行いたいときには**else if文**を使用します（**図3-7**）。else if文では、if-else文の条件判定の結果がfalseだったときに、さらに条件判定をして分岐処理を行います。構文は次のとおりです。

構文

```
if ( 条件式 1) {
  処理文 1; // 条件式 1 の結果が true のときに実行 (if ブロック)
} else if ( 条件式 2) {
  処理文 2; // 条件式 2 の結果が true のときに実行 (else if ブロック)
} else {
  処理文3; // 条件式1および2の結果がfalseのときに実行(elseブロック)
}
```

構文の処理文1は、**条件式1がtrueを返したとき**に実行されます。処理文2は、**条件式1がfalseを返し、かつ条件式2がtrueを返したとき**に実行されます。処理文3は、**条件式1がfalseを返し、かつ条件式2もfalseを返したとき**に実行されます。

この構文にはelse if文が1つしかありませんが、複数記述することもできます。また、最後のelse文は任意で、必要なときにだけ記述します。

else if 文の流れ

```
char c = 'c';
if (c == 'a') {
  System.out.println("c の値は a です。");
} else if ( c == 'b') {
  System.out.println("c の値は b です。");
} else {
  System.out.println("c の値は a でも b でもありません。");
}
```


図 3-7：else if 文

POINT

if-else if 文は上から順に条件式が評価され、ある条件で true が返ればその処理文のみ実行されます。

次に示すサンプルコードでは、char 型の値を条件に分岐が行われています（Sample3_9.java）。

Sample3_9.java：char 型の値を条件に分岐

```
 1. class Sample3_9 {
 2.   public static void main(String[] args) {
 3.     char c = 'p';
 4.
 5.     if (c == 'a') {
 6.       System.out.println("cの値はaです。");
 7.     } else if (c == 'b') {
 8.       System.out.println("cの値はbです。");
 9.     } else {
10.       System.out.println("cの値はaでもbでもありません。");
11.       System.out.println("c の値は " + c + " です。");
12.     }
13.   }
14. }
```

実行結果

```
cの値はaでもbでもありません。
c の値は p です。
```

5行目では、c変数の値が「a」かどうかを判定しています。ここではfalseが返るため、処理は7行目に移ります。7行目ではc変数の値が「b」かどうかを判定しています。ここでもfalseが返るため、処理は9行目に移ります。そして、10〜11行目の出力処理が実行されます。

条件演算子

条件分岐は、if文だけでなく**条件演算子**を使って行うこともできます。条件演算子は3つの項目から成るので**3項演算子**に分類されます。

条件演算子の構文は次のとおりです。条件式がtrueを返した場合には式1を実行し、falseを返した場合には式2を実行します。

構文

条件式 ? 式1 : 式2

サンプルコードで、条件演算子の動作を確認しましょう（Sample3_10.java）。

Sample3_10.java：**条件演算子の動作**

```
1. class Sample3_10 {
2.   public static void main(String[] args) {
3.     int num = 20;
4.     String str = "numの値は";
5.     str += num < 10 ? "10未満" : "10以上";
6.     System.out.println(str);
7.   }
8. }
```

実行結果

```
numの値は10以上
```

5行目のnum < 10はfalseを返すため、式2が実行されます。その結果、「10以上」という文字列が返されます。そしてこの文字列が +=演算子により、str変数に格納されていた「numの値は」という文字列と結合された後、改めてstr変数に代入されます。

》 if のネスト

if文は、ブロック内にさらに別のif文を記述することができます。これをネスト（入れ子）といいます。ネストを使用すると条件を重ねることができます。サンプルコードでその動作を確認しましょう（**Sample3_11.java**）。

Sample3_11.java：**if 文のネスト**

```
1. class Sample3_11 {
2.   public static void main(String[] args) {
3.     int a = 10;
4.     if (a > 0) {
5.       System.out.println("aは正の値です。");
6.       if(a % 2 == 0) {
7.         System.out.println("aは偶数です。");
8.       }
9.     } else {
10.      if(a == 0) {
11.        System.out.println("aは0です。");
12.      } else {
13.        System.out.println("aは負の値です。");
14.      }
15.    }
16.  }
17. }
```

実行結果

```
aは正の値です。
aは偶数です。
```

4行目の条件式では、変数aが0よりも大きい数字か判定しています。trueが返ると5行目を出力した後、6行目のネストしたif文が実行されます。ここでは、a変数を2で割り、余りが0となれば偶数と判断され7行目の出力処理を実行します。また、4行目の条件式でfalseが返ると、9行目以下が実行されます。

参考

ネストの階層（重ねる深さ）に制限はありませんが、多用するとソースコードの可読性が落ちます。アルゴリズムを考慮し、適切に使用するようにしてください。

switch文

多分岐処理を行うもう1つの方法として、switch文があります。構文は次のとおりです。

構文

```
switch ( 式 ) {    // switch ブロック
  case 定数 1 :   // 式の結果が定数 1 と一致したとき、以下の処理文を
                     実行
    処理文 1;
  case 定数 2 :   // 式の結果が定数 2 と一致したとき、以下の処理文を
                     実行
    処理文 2;
  ……
  default :       // どの case にも一致しなかったとき、以下の処理文を
                     実行
    処理文 n;
}
```

switch文は**式を評価した結果**と**case**で指定した定数とを比較し、一致した場合にそのcase以降に記述した処理文を実行します。処理文は複数記述することができます。比較して一致しなかった場合は、次のcaseの定数との比較に移ります。switch文の式の結果は、データ型としてbyte、char、short、int、およびそのラッパークラス、enum、Stringのいずれかの値である必要があります。それ以外の型が指定されると**コンパイルエラー**となります。1つのcaseに対しては1つの定数のみ指定し、最後に「:」(コロン) を記述します (**図3-8**)。

どのcaseにも一致しない場合の処理は、default:を指定した後に処理文を記述します。**default:はswitch内のどこに記述してもかまいません**。default:の記述は任意で、省略することも可能です。

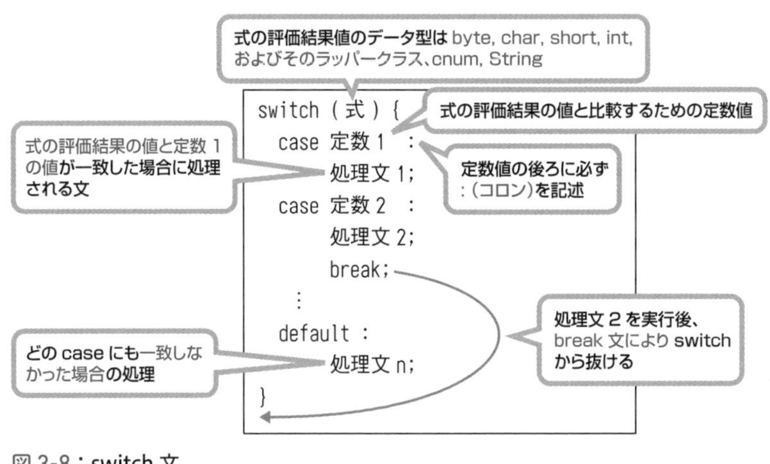

図 3-8：switch 文

参考
ラッパークラスおよび enum は本試験の範囲外のため、説明を割愛します。

caseはいくつでも指定することが可能です。1つのcaseに記述した処理文を実行した後にswitchブロックを抜けたい場合は、case内の最後の処理文として**break文**を記述します。break文の指定がない場合は、**次のcaseに記述した処理文も続けて実行**されます（**図3-9**）。

```
switch (i) {
  case 1 :
      System.out.println("1");
      break;
  case 2 :
      System.out.println("2");
  default :
      System.out.println("default");
}
```

・i が 1 の場合 → 1 を出力後、break 文により switch から抜ける

・i が 2 の場合 → 2 を出力。break 文がないため、続けて default の処理文が実行される

・default について
case が 2 の場合、break 文がないため default も実行されるが、case が 1、2 以外の場合は、default のみ実行される

図 3-9：break 文の動作

それでは、サンプルコードでswitch文の動作を確認してみましょう（**Sample 3_12.java**）。

Sample3_12.java：**switch 文の動作①**

```
1. class Sample3_12 {
2.   public static void main(String[] args) {
3.     int num = 2;
4.     switch (num) {
5.         // numの値が1の場合の処理
6.       case 1:
7.         System.out.println("numの値は1です。");
8.         break;     // breakによりswitchから抜ける
9.         // numの値が2の場合の処理
10.       case 2:
11.         System.out.println("numの値は2です。");
12.         // break文がないため、次のdefaultの処理文も実行
13.         // numの値が1以外の場合の以下が実行される
14.       default:
15.         System.out.println("defaultです。");
16.     }
17.   }
18. }
```

実行結果

```
numの値は2です。
defaultです。
```

num変数の値は2であるため、6行目のcase 1には合致しません。しかし、10行目のcase 2に合致するため、11行目が実行されます。また、case 2内ではbreak文がないため、引き続き14行目のdefault内の処理が実行されます。

もう1つ、サンプルコードを見てみましょう（**Sample3_13.java**）。

Sample3_13.java：**switch 文の動作②**

```
1. class Sample3_13 {
2.   public static void main(String[] args) {
3.     int num = 3;
4.
5.     switch (num) {
6.       case 1:
7.       case 2:
8.         System.out.println("1 または 2 ");  // num値が1か2の場合の処理
```

```
 9.          break;
10.        case 3:
11.        case 4:
12.          System.out.println("3 または 4 ");  // num値が3か4の場合の処理
13.          break;
14.        default:
15.          System.out.println("default");// num値が1から4以外の場合の処理
16.      }
17.    }
18. }
```

実行結果

```
3 または 4
```

num変数の値は3であるため、10行目のcase 3に合致します。しかし、break文がないため、引き続き11～12行目が実行されます。そして13行目にあるbreak文によりswitchブロックから抜けます。

練習問題

問題 3-1

次のコードがあります。

```
1. class Test {
2.   public static void main(String[] args) {
3.     int a = 2;
4.     int b = 4;
5.     System.out.print((10 + 3 * 2) + " ");
6.     System.out.print(++a * b++);
7.   }
8. }
```

コンパイル、実行した結果として正しいものは次のどれですか。1つ選択してください。

○ A. コンパイルエラー

○ B. 26 8

○ C. 26 15

○ D. 16 8

○ E. 16 12

○ F. 16 15

問題 3-2

次のコードがあります。

```
int n1 = 22, n2 = 67, n3 = 0, n4 = 47, n5 = 17, n6 = 50;
boolean b = true;
```

実行結果が true となるコードは次のどれですか。3 つ選択してください。

□ A. (n2 > n6) || b

□ B. (!b) && (n1 <= n4)

□ C. (n2 < n6) && (n4 >= n1)

□ D. (n3 < n5) || (n2 <= n1)

□ E. !(n1 < n3) && (n5 != n4)

問題 3-3

次の変数宣言があります。

```
char x = 5;
```

次の if 文で有効なものは次のどれですか。1 つ選択してください。

○ A. if (x == 5) { }

○ B. if (x = 5) { }

○ C. if (x == '') { }

○ D. if (char == 'x') { }

問題 3-4

次のコードがあります。

```
 1. class Test {
 2.   public static void main(String[] args) {
 3.     int x = 5;
 4.     int y = 10;
 5.     String str = (x > y ? "hello" : "bye");
 6.     System.out.println(str);
 7.   }
 8. }
```

コンパイル、実行した結果として正しいものは次のどれですか。1つ選択してください。

- ○ A.　コンパイルエラー
- ○ B.　実行時エラー
- ○ C.　hello
- ○ D.　bye
- ○ E.　何も表示されない

問題 3-5

次のコードがあります。

```
 1. class Test {
 2.   public static void main(String[] args) {
 3.     boolean b = false;
 4.     int i = 0;
 5.     if (i++ > 5 && !b)
 6.       i++;
 7.     if (i > 0)
 8.       b = true;
 9.     System.out.println("b=" + b + " i=" + i);
10.   }
11. }
```

コンパイル、実行した結果として正しいものは次のどれですか。1つ選択してください。

- ○ A.　コンパイルエラー
- ○ B.　実行時エラー
- ○ C.　b=true i=2
- ○ D.　b=false i=2

○ E.　b=false i=0

○ F.　b=true i=1

問題 3-6

次のコードがあります。

```
1. class Test {
2.   public static void main(String[] args) {
3.     boolean b = true;
4.     if (b = false)
5.       System.out.println(b);
6.       System.out.println(b);
7.   }
8. }
```

コンパイル、実行した結果として正しいものは次のどれですか。1つ選択してください。

○ A.　コンパイルエラー

○ B.　実行時エラー

○ C.　true

○ D.　false

○ E.　true
true

○ F.　false
false

問題 3-7

次のコードがあります。

```
1. class Test {
2.   public static void main(String[] args) {
3.     String s = "100";
4.     s = s + 200;
5.     System.out.println(s);
6.   }
7. }
```

コンパイル、実行した結果として正しいものは次のどれですか。1つ選択してください。

○ A. 200
○ B. 100
○ C. 300
○ D. 100200
○ E. コンパイルエラー
○ F. 実行時エラー

問題 3-8

次のコードがあります。

```
 1. class Test {
 2.   public static void main(String args[]) {
 3.     String str = "Hello!";
 4.     String str2 = "Bye!";
 5.     str += str2;
 6.     str -= str2;
 7.
 8.     if ( str == str2 ) {
 9.       System.out.println("str = str2");
10.     } else {
11.       System.out.println("str != str2");
12.     }
13.   }
14. }
```

コンパイル、実行した結果として正しいものは次のどれですか。1つ選択してください。

○ A. str = str2
○ B. str != str2
○ C. コンパイルエラー
○ D. 何も表示されない

問題 3-9

次のコードがあります。

```
 1. class Test {
 2.   public static void main(String[] args) {
 3.     int x = 5;
 4.     boolean b1 = true;
 5.     boolean b2 = false;
 6.     if ((x == 4) && !b2 )
 7.       System.out.print("1 ");
 8.       System.out.print("2 ");
 9.     if ((b2 = true) && b1 )
10.       System.out.print("3 ");
11.   }
12. }
```

コンパイル、実行した結果として正しいものは次のどれですか。1つ選択してください。

○ A. 2
○ B. 3
○ C. 1 2
○ D. 2 3
○ E. 1 2 3
○ F. コンパイルエラー
○ G. 実行時エラー

問題 3-10

次のコードがあります。

```
 1. class Test {
 2.   public static void main(String[] args) {
 3.     int i = 0;
 4.     switch(i){
 5.       default: System.out.print("default ");
 6.       case 10: System.out.print("case10 ");
 7.       case 20: System.out.print("case20 ");
 8.       case 30: System.out.print("case30 ");
 9.     }
10.   }
11. }
```

コンパイル、実行した結果として正しいものは次のどれですか。1つ選択してください。

○ A. コンパイルエラー
○ B. 実行時エラー
○ C. default case10 case20 case30
○ D. default
○ E. 何も表示されない

問題 3-11

次のコードがあります。

```
 1. class Test {
 2.   public static void main(String[] args) {
 3.     long i = 0;
 4.     switch(i){
 5.       case 10: System.out.print("case10 ");
 6.       case 20: System.out.print("case20 ");
 7.       case 30: System.out.print("case30 ");
 8.       default: System.out.print("default ");
 9.     }
10.   }
11. }
```

コンパイル、実行した結果として正しいものは次のどれですか。1つ選択してください。

○ A. コンパイルエラー
○ B. 実行時エラー
○ C. default case10 case20 case30
○ D. default
○ E. 何も表示されない

問題 3-12

次のコードがあります。

```
1. class Test {
2.   public static void main(String[] args) {
3.     String str = "abcdefghijklmn";
```

```
 4.     char c = str.charAt(7);
 5.     switch (c) {
 6.       case 'f':
 7.         System.out.println("f");
 8.         break;
 9.       case 'g':
10.         System.out.println("g");
11.         break;
12.       case 'h':
13.         System.out.println("h");
14.         break;
15.       case 'i':
16.         System.out.println("i");
17.         break;
18.     }
19.   }
20. }
```

コンパイル、実行した結果として正しいものは次のどれですか。1つ選択してください。

- ○ A. f
- ○ B. g
- ○ C. h
- ○ D. i
- ○ E. コンパイルエラー
- ○ F. 実行時エラー

解答・解説

問題3-1　正解：E

まず、5行目では「3 * 2」が処理され、「10 + 6」が実行されるため、「16」が表示されます。6行目では、「++a」により、aは3となり、その後、「a * b」（つまり「3 * 4」）が実行され「12」が表示されます。「b++」はインクリメントが後置なので、「3 * 5」の演算にはならないことに注意してください。

問題 3-2　正解：A、D、E

選択肢A：条件1である「n2 > n6」によりtrueが返ります。||のor条件の使用により、条件2「b」の評価がtrue、false如何に関わらずこの条件式の結果はtrueとなります。

選択肢B：条件1である「!b」によりfalseが返ります。&&のand条件の使用により、条件2「n1 <= n4」の評価がtrue、false如何に関わらずこの条件式の結果はfalseとなります。

選択肢C：条件1である「n2 < n6」によりfalseが返ります。&&のand条件の使用により、条件2「n4 >= n1」の評価がtrue、false如何に関わらずこの条件式の結果はfalseとなります。

選択肢D：条件1である「n3 < n5」によりtrueが返ります。||のor条件の使用により、条件2「n2 <= n1」の評価がtrue、false如何に関わらずこの条件式の結果はtrueとなります。

選択肢E：条件1である「n1 < n3」はfalseですが先頭の「!」により反転するため、trueが返ります。&&のand条件の使用により、「n5 != n4」を評価しtrueが返ります。この条件式の結果はtrueとなります。

問題 3-3　正解：A

char型は符号なし整数を扱えるため、選択肢Aは有効です。

選択肢Bは=演算子により代入が行われ、x = 5の結果がboolean値でないため、誤りです。

選択肢Cは空の文字リテラルを指定しているため、誤りです。

選択肢Dは比較対象にcharと指定しているため、誤りです。

問題 3-4　正解：D

3項演算子を使用した問題です。構文は「条件式 ? 式1 : 式2」であり、条件式の値がtrueだった場合に式1を処理し、falseだった場合に式2を実行します。このコードではx > yはfalseとなるため、「bye」がstr変数に代入されます。

問題 3-5　正解：F

5行目のif条件式にある「i++ > 5」は「0 > 5」で評価されるので、falseが返ります。&&のand条件の使用により、条件2「!b」の評価がtrue、false如何に関わらずこの条件式の結果はfalseとなります。なお、5行目の「i++ > 5」評価後、i変数はインクリメントされるため、i変数は1となります。したがって、7行目の結果はtrueとなるため、8行目が実行されます。したがって、実行結果は選択肢Fとなります。

問題 3-6　正解：D

4行目では、条件式で代入演算子を使用していますが、b変数がboolean型であるため、b = falseの結果はfalseとなります。したがってこのコードはコンパイルエラーにはなりません。また実行すると、4行目の条件がfalseとなることにより、5行目は実行されません。このif文は{ }を指定していないため、true時の対象処理文は5行目のみです。6行目はif文の条件に関係なく実行されます。

問題 3-7　正解：D

3行目でString型のs変数に代入している「100」は文字列です。そして、4行目で200という数字に対し+演算子を使用しているため、文字列結合が行われます。正しいのは選択肢Dです。

問題 3-8　正解：C

5行目は文字列結合が行われますが、-演算子は文字列に対して使用することができないため、6行目でコンパイルエラーとなります。

問題 3-9　正解：D

6行目の(x == 4)条件ではfalseとなるため、7行目は実行されません。このif文は{ }を指定していないため、true時の対象処理文は7行目のみです。8行目はif文の条件に関係なく実行されます。また、9行目の(b2 = true)条件ではtrueであり、&&のand条件以降でtrueが格納されたb1変数を指定しているので、このif条件結果はtrueを返します。そのため、10行目は実行されます。したがって、実行結果は選択肢Dとなります。

問題 3-10　正解：C

switch文の式はi変数が指定されているため0です。caseには合致する定数がないため、defaultが実行されます。また、default以降にbreak文が指定されていないため、以降の処理がすべて実行されます。したがって、実行結果は選択肢Cとなります。

問題3-11　正解：A

問題3-10の類似問題です。switch文の式はi変数が指定されていますが、i変数はlong型で宣言されているため、コンパイルエラーとなります。switch文の式の結果は、byte、char、short、int、およびそのラッパークラス、enum、Stringのいずれかのデータ型の値である必要があります。もし、i変数がint型で宣言されていればコンパイル、実行ともに成功し、defaultにあるprint()メソッドにより「default」という文字列が表示されます。

問題3-12　正解：C

charAt()メソッドは引数で指定した位置にある文字を取り出します。対象文字列は「abcdefghijklmn」であり、最初の1文字は0番目となるため、charAt(7)の結果は「h」となります。したがって、選択肢Cが正しいです。

charAt()の説明は、第2章「文字列は参照型」の項を確認してください。

Chapter 4

繰り返し文と繰り返し制御文

Oracle Certified Java Programmer, Bronze SE

―本章で学ぶこと―

手元にある5枚の福引券で、福引を5回行うとしましょう。これをプログラム的に表現すれば、「福引という1つの処理を、5回繰り返して行う」となります。プログラムで同じ処理を繰り返し行う場合には、**繰り返し文(ループ文)**を使用します。また、途中で福引を他の人と変わるには、繰り返しからいったん抜ける必要があります。プログラムには、そのための**繰り返し制御文**があります。本章では、この繰り返し文と繰り返し制御文を説明します。

- while文
- do-while文
- for文と拡張for文
- 制御文のネスト
- 繰り返し制御文

アクセスキー **8**
(数字のはち)

while文

》構文と動作

while文は、指定された条件が成立する（true）の間、繰り返し処理を行う文です。構文は次のとおりです。処理する文が1つしかない場合は、{ }を省略することができます。

構文

```
while ( 条件式 ) {
    処理文 ;      // 条件が true の場合に処理文が実行される
}
```

それでは、while文を使ったサンプルを見てみましょう（Sample4_1.java）。

Sample4_1.java：while 文の例

```
 1. class Sample4_1 {
 2.   public static void main(String[] args) {
 3.     int num = 0;
 4.
 5.     while (num < 5) {    // num の値が 5 未満の間以下を繰り返す
 6.       System.out.println("num の値は " + num + " です。");
 7.       num++;  // num の値に 1 加算
 8.     }
 9.   }
10. }
```

実行結果

```
num の値は 0 です。
num の値は 1 です。
num の値は 2 です。
num の値は 3 です。
num の値は 4 です。
```

このプログラムのwhile文は、**図4-1**のように動作しています。

```
3. int num = 0;
4.                                    ③
5. while (num < 5) {       ①
                           ②
6.     System.out.println("numの値は " + num + " です。");
7.     num++;              ②'
8. }
9. // while 文の後の処理
```

【while 文の処理の流れ】
① 条件判定
② ①の判定の結果が true の場合、処理文を実行
②' ①の判定の結果が false の場合、while 文が終了する
③ 処理文を実行後、再度条件判定に移る

図 4-1：while 文の処理の流れ

whileの後の( )の中には、条件式を記述します。条件式は、boolean値（trueまたはfalse）を返す式でなければなりません。条件判定の結果がtrueの場合、whileブロック内の処理が実行されます。処理文は複数行記述することができます。Sample4_1.javaの3行目では、num変数を0で初期化しています。5行目の条件判定では(num < 5)とあるため、0 < 5の判定となります。その結果、trueが返り（①）、6行目と7行目が実行されます（②）。

処理文を実行した後には、再び条件式に制御が移ります（③）。2回目の(num < 5)の条件判定では、1 < 5の判定となります。こうして条件判定がtrueである間、処理文が繰り返し実行されます。条件判定がfalseになった時点で、繰り返し処理は終了し、while文から抜けます。Sample4_1.javaでは、7行目のインクリメントによりnum変数の値が4まではこの繰り返し処理が実行され、println()メソッドによる出力が行われますが、5になった時点でnum < 5からfalseが返るため、while文から抜けます（②'）。

ループと無限ループ

Sample4_1.javaで、もし7行目のnum++;を記述しなかったらどうなるでしょうか？ コンパイル、実行ともに可能ですが、3行目でnum変数の値は初期化されたときの0から変わらず、5行目の条件式num < 5では常にtrueが返ることになり、6行目が実行され続けます。

このように終わることのない繰り返し処理のことを、**無限ループ**といいます。while文などを使って実行される繰り返し処理のことを、一般に**ループ**といい

ます。限りのないループということで、無限ループです。

もう1つ、サンプルを見てみましょう(Sample4_2.java)。

Sample4_2.java：条件判断の1回目でfalseが返る例

```
1. class Sample4_2 {
2.   public static void main(String[] args) {
3.     int num = 0;
4.
5.     while (num > 0) {     // num の値が 0 より大きい間以下を繰り返す
6.       System.out.println("num の値は " + num + " です。");
7.       num--;  // num の値から 1 減算
8.     }
9.   }
10. }
```

このサンプルはコンパイル、実行ともに可能ですが、実行しても何も出力されません。3行目でnum変数を0で初期化しているので、5行目の条件式num > 0でいきなりfalseが返るからです。つまり、6~7行目を一度も実行せずに、このwhile文は終了します。

3~4行目を次のように変更して、実行結果を見てみましょう。

```
3.     // int num = 0;
4.     int num = 5;  // num変数を 5 で初期化する
```

実行結果

```
num の値は 5 です。
num の値は 4 です。
num の値は 3 です。
num の値は 2 です。
num の値は 1 です。
```

この場合、5行目のnum > 0でtrueが返り、6行目で文字列が出力されます。また、7行目でnum変数がデクリメントされ、その値は4となります。実行結果からは、このままnum変数の値が1になるまで処理文が繰り返し実行された様子が見て取れます。そして、num変数の値が0になったときにnum > 0で

falseが返り、while文が終了します。

> **参考**
>
> while(true) というように、条件式を true と記述した while 文は、条件判定で常に true が返るため、無限ループになります。逆に、while(false) と記述すると、制御が処理文に移らないことがコード上でも明らかなため、コンパイルエラーになります。

> **POINT**
>
> 試験では、繰り返し文の実行結果をたずねる問題が多く出題されます。以降のサンプルでも、すぐに実行結果を見るのではなく、コードから自力で実行結果を求める練習をしてください。

do-while文

構文と動作

do-while文は、while文と同様に、指定された条件が成立する（条件式がtrueを返す）間、繰り返し処理を行います。while文との違いは、while文は最初に条件式があり、先に条件判定を行ってから繰り返し処理に入るのに対し、do-while文は、まず一度繰り返し処理を行って、それから条件判定が行われる点です。

構文

```
do {
    処理文 ;
} while ( 条件式 );
```

構文のとおり、条件式は処理文を記述する**doブロックの後**に記述します。処理する文が1つしかない場合は、{}を省略することができます。

それでは、do-while文を使ったサンプルを見てみましょう（Sample4_3.java）。

Sample4_3.java：do-while 文の例

```
1. class Sample4_3 {
2.   public static void main(String[] args) {
3.     int num = 0;
4.
5.     do {        // 繰り返し処理
6.       System.out.println("num の値は " + num + " です。");
7.       num++;  // num の値に 1 加算
8.     } while (num < 5);  // 条件判定 num が 5 未満かどうか
9.   }
10. }
```

実行結果

```
num の値は 0 です。
num の値は 1 です。
num の値は 2 です。
num の値は 3 です。
num の値は 4 です。
```

このソースコードのdo-while文は、**図4-2**のように動作しています。

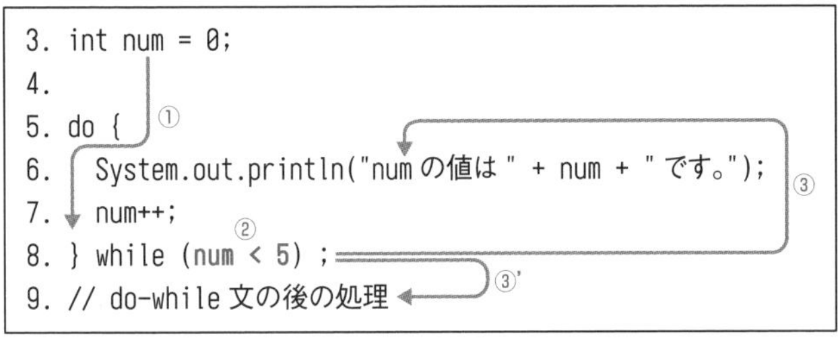

```
3. int num = 0;
4.
5. do {                                                  ①
6.   System.out.println("num の値は " + num + " です。");   ③
7.   num++;                  ②
8. } while (num < 5) ;
9. // do-while 文の後の処理                                 ③'
```

【do-while 文の処理の流れ】
① 処理文を実行
② 条件判定
③ ②の判定の結果が true の場合、再度処理文に移る
③' ②の判定の結果が false の場合、do-while 文が終了する

図 4-2：do-while 文の処理の流れ

do-while文では、doの直後に{}で囲んで処理文（**doブロック**）を記述します。そして、処理文の後ろにwhileと(条件式)を記述します。while文と同様、条件式はboolean値（trueまたはfalse）を返す式でなければなりません。条件判定

がtrueである間、繰り返し処理が実行され、条件判定がfalseになった時点で、do-whilc文は終了します。

Sample4_3.java（図4-2）では、まずdoブロック内の処理文が実行されます(①)。ここでは6行目で文字列が出力され、7行目でnum変数がインクリメントされて、その値が0から1になります。次に、条件判定（8行目）が行われてtrueが返り(②)、再びdoブロック内が実行されます(③)。

num変数の値が4までは条件判定でtrueが返り、文字列が出力されますが、5になった時点でnum < 5でfalseが返るため、do-while文は終了します(③')。

》while 文との違い

前述したとおり、while文とdo-while文の違いは、条件判定が行われるタイミングです。while文では、条件によってブロック内の処理文を一度も実行しないことがあります。これに対し、do-while文は条件判定よりも先にブロックがあるため、条件に関係なく一度は処理文が実行されることとなります。

次のサンプルコードで、while文とdo-while文の違いを確認しましょう(**Sample4_4.java**)。

Sample4_4.java：while 文と do-while 文との違い

```
 1. class Sample4_4 {
 2.   public static void main(String[] args) {
 3.     int count = 5;
 4.
 5.     // while の場合
 6.     while (count != 5 && count > 0) {
 7.       System.out.println("while    : count = " + count);
 8.       count--;
 9.     }
10.
11.     // do-while の場合
12.     do {
13.       System.out.println("do-while : count = " + count);
14.       count--;
15.     } while (count != 5 && count > 0);
16.   }
17. }
```

実行結果

```
do-while : count = 5
do-while : count = 4
do-while : count = 3
do-while : count = 2
do-while : count = 1
```

while文では、まず6行目で条件判定が行われます。count != 5からfalseが返り&&演算子によりこのwhile文の条件判定結果はfalseとなります。したがって、7〜8行目の処理文は一度も実行されません。

一方、do-while文では、まず13〜14行目の処理文が実行されます。13行目で文字列が出力され、14行目でcount変数が5から4にデクリメントされます。それから、15行目で条件判定が行われます。繰り返し1回目は、count != 5がtrue、count > 0もtrueで、&&演算子により条件式count != 5 && count > 0の結果はtrueとなります。その後、count変数の値が1になるまで繰り返し処理が実行され、count変数の値が0になり、count > 0がfalseを返したところで、do-while文は終了します。

for文と拡張for文

for 文

繰り返し処理を行う3つ目の文が、for文です。while文やdo-while文は( )内に条件式のみを記述していましたが、for文では、( )内に繰り返した回数を数えるための変数やその更新処理なども記述します。

for文の構文は次のとおりです。

構文

```
for (式1 ; 式2 ; 式3) {
    処理文 ;
}
```

式1では、カウンタ変数の宣言とその初期化を行います。カウンタ変数は、処理を繰り返した回数を数えるための変数です。

式2には、**条件式**を記述します。この条件式がtrueを返している間、forブロック内の処理が実行されます。そのため、条件式は他の繰り返し文と同様に、boolean値を返さなければなりません。

式3には、**カウンタ変数の値を更新する式**を記述します。

また、処理する文が1つしかない場合は、{}を省略することができます。

for文の処理の流れは**図4-3**のとおりです。

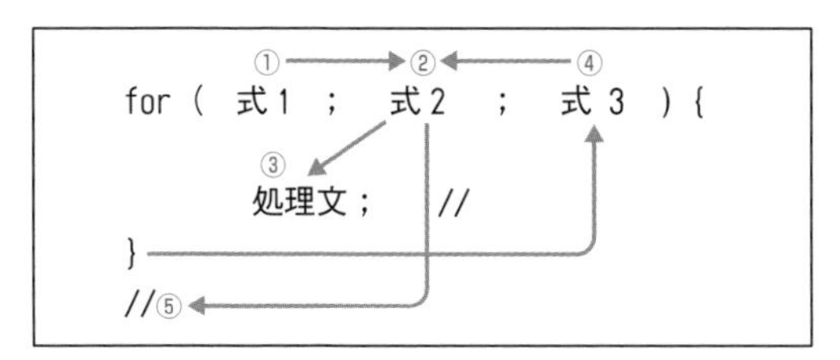

【for 文の処理の流れ】
① 「式 1」でカウンタ変数の宣言と初期化が行われる。この式が実行されるのは初回のみ
② 「式 2」で条件判定が行われる
③ ②での判定が true の場合、処理文を実行
④ ③の処理を実行した後、「式 3」でカウンタ変数の値が更新され、再び「式 2」の条件判定が行われる。
条件が成立する間、②～④までの処理が繰り返される
⑤ 「式 2」での判定が false になった時点で for 文が終了する

図 4-3：for 文の処理の流れ

それでは、for文を使ったサンプルを見てみましょう（**Sample4_5.java**）。

Sample4_5.java：**for 文の例**

```
1. class Sample4_5 {
2.   public static void main(String[] args) {
3.     for (int count = 0 ; count < 5 ; count++) {
4.       System.out.println("count = " + count);
5.     }
6.   }
7. }
```

実行結果

```
count = 0
count = 1
count = 2
```

```
count = 3
count = 4
```

3行目にあるfor文の式1「int count = 0」では、count変数を0で初期化しています。続く式2「count < 5」は繰り返しの条件判定です。繰り返し1回目ではtrueが返るため、4行目が実行されます。次に繰り返しの2回目に入りますが、2回目以降は式1は実行されず、式3「count++」が実行されます。このときにはcount変数の値が0から1になります。そして、再び式2の判定が行われます。

こうして繰り返し処理が実行され、式2がfalseを返したところで、for文は終了します。

for文の( )内に記述する式1、式2、式3は、それぞれ省略することが可能です。条件式の式2を省略した場合は、条件が常にtrueと判断され、無限ループになります。次のサンプルコードは、式1および式3を省略した場合の例です(**Sample4_6.java**)。

Sample4_6.java：**式1および式3を省略した場合**

```
 1. class Sample4_6 {
 2.   public static void main(String[] args) {
 3.     int count1 = 0;
 4.     for (; count1 < 5 ; count1++) {  // 式1を省略
 5.       System.out.print(count1);
 6.     }
 7.     System.out.println();  //改行
 8.     for (int count2 = 0 ; count2 < 5 ; ) { // 式3を省略
 9.       System.out.print(count2++); // 処理文内でカウンタ変数の更新
10.     }
11.   }
12. }
```

実行結果

```
01234
01234
```

4行目のfor文は式1を省略しています。for文内で使用しているcount1変数は、3行目で事前に初期化しています。

また、8行目のfor文では式3を省略しています。しかし、count2変数の値を更新しないと count2 < 5で常にtrueが返り無限ループとなるため、9行目の処理文内で更新しています。

なお、このサンプルコードでは、count1変数とcount2変数の値を出力する処理をSystem.out.print(……);としています。今までのサンプルコードで使用していたprintln();は出力した後に**改行**しますが、print();とすると改行はされません。

> **参考**
>
> 試験では式1や、式3が省略されたfor文に関する出題がありますが、コードの可読性が落ちます。したがって、実務では無意味に省略すべきではありません

拡張 for 文

Java言語では、for文の拡張版として**拡張for文**が用意されています。拡張for文は、配列やコレクションの全要素に対して順番に取り出して処理する場合に使用され、for文に比べて記述が簡素化されています。

> **参考**
>
> コレクションは本試験の範囲外のため、説明を割愛します。

拡張for文の構文は次のとおりです。

構文

```
for ( 変数宣言 : 参照変数名 ) {
    処理文 ;
}
```

拡張for文は、参照変数名で指定した配列などがもつ**要素の数**だけ、処理が繰り返されます。したがって、カウンタ変数は宣言しません。( )内で指定した参照変数から順に要素を取り出し、変数宣言で宣言した変数へ代入します。このため、**変数宣言で宣言する変数のデータ型を、取り出される要素のデータ型に合わせる**必要があります。

処理文では、取り出した要素を使用するのが一般的です。また、処理する文

が1文しかない場合は、{}を省略することができます。

図で、拡張for文の処理の流れを説明しましょう(**図4-4**)。

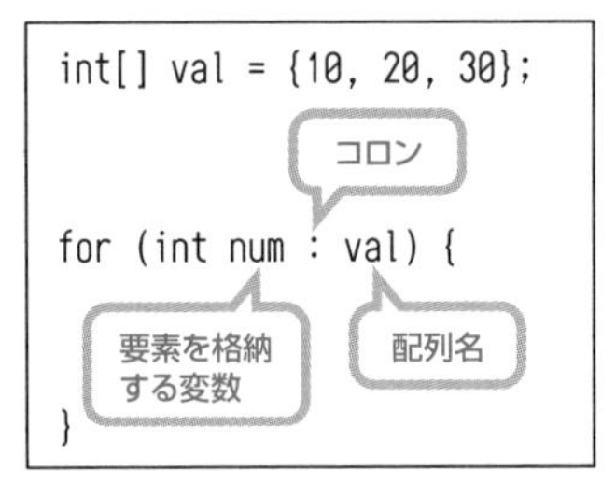

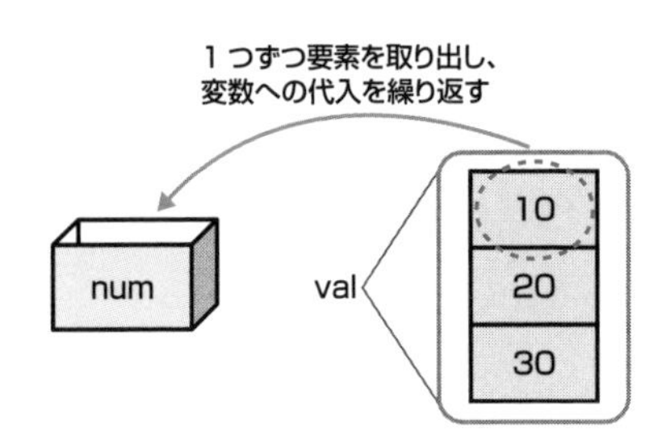

図4-4：拡張for文の処理の流れ

図4-4にあるコードは、int型のval配列の10、20、30という3つの要素を、拡張for文で順に取り出し、int型で宣言されたnum変数に代入します。1回目の繰り返し処理では、val配列から先頭の要素である10が取り出され、num変数に代入されます。それから、拡張for文の処理文が実行されます。

2回目の繰り返し処理では20が、3回目の繰り返し処理では30がnum変数に代入され、処理文が実行されます。3回目の繰り返し処理が終わり、val配列に取り出す要素がなくなった時点で、拡張for文は終了です。

次に、拡張for文を使用したサンプルを見てみましょう(**Sample4_7.java**)。

Sample4_7.java：拡張for文の例

```
 1. class Sample4_7 {
 2.   public static void main(String[] args) {
 3.     // 配列の宣言
 4.     char[] array = { 'a', 'b', 'c', 'd', 'e' };
 5.     // 配列arrayの全要素を順番に取り出し、出力する
 6.     // 拡張for文で処理する場合
 7.     for (char c : array) {
 8.       System.out.print(c + " ");
 9.     }
10.     System.out.println(); //改行
11.     // for文で処理する場合
12.     for (int count = 0; count < array.length ; count++) {
13.       System.out.print(array[count] + " ");
14.     }
15.   }
```

```
16. }
```

実行結果

```
a b c d e
a b c d e
```

このサンプルでは、同じarray配列に対し、拡張for文とfor文を使用して、全要素を出力しています。配列の要素を先頭から順に取り出す場合であれば、拡張for文を使用することでコードがシンプルになることがわかると思います。

7行目では、char型のarray配列に格納されている要素を格納するため、char型でc変数を宣言しています。もし7行目で、次のようにc変数をString型で宣言したらどうなるでしょうか。

```
7.     for (String c : array) {  // String型でc変数を宣言する
```

このときには、次のようにコンパイルエラーになります。

コンパイル結果

```
Sample4_7.java:7: エラー: 不適合な型: charをStringに変換できません:
        for (String c : array) {
                        ^
エラー1個
```

また、拡張for文では、要素を格納する変数を事前に宣言することはできません。たとえば、以下のように事前にchar型の変数を初期化して準備し、8行目の拡張for文内で使用していますが、このコードはコンパイルエラーとなります。

```
7.     char c = '¥u0000';
8.     for (c : array) {
```

コンパイル結果

```
Sample4_7.java:8: エラー: for-loopの不正な初期化子
    for (c : array) {
          ^
エラー1個
```

制御文のネスト

Java言語では、制御文の中に制御文を記述することができます。if文の説明（第3章）でも出てきましたが、これを**ネスト（入れ子）**と呼びます。たとえば、while文の中にfor文を記述したり、if文の中にwhile文を記述したりできます。

ネストの深さに制限はありませんが、入れ子にしすぎると処理の流れが複雑になり、コードが読みにくくなるので注意しましょう。

次のサンプルコードは、for文の中にif文を入れた、制御文のネストの例です（**Sample4_8.java**）。

Sample4_8.java：**ネストの例**

```
 1. class Sample4_8 {
 2.   public static void main(String[] args) {
 3.     // 外側の制御文 for
 4.     for (int i = 1; i < 10 ; i++) {
 5.       // 内側の制御文 if
 6.       if ((i % 4) == 0) {
 7.         System.out.println(i + " は 4 の倍数です。");
 8.       }
 9.     }
10.   }
11. }
```

実行結果

```
4 は 4 の倍数です。
8 は 4 の倍数です。
```

4行目のfor文で宣言されているi変数は1で初期化され、繰り返すたびにインクリメントされて（1ずつ増えて）いきます。for文を抜ける条件がi < 10であるため、i変数の値が1から9まで変化していく中で、繰り返し処理が行われます。そして、for文の中にあるif文（6行目）の条件式(i % 4) == 0では、i変数の値を4で割った余りが0の場合にtrueが返ります。したがって、実行結果は上記のとおりとなります。

繰り返し制御文

今までの繰り返し文は、条件式の判定結果がtrueである間、処理が繰り返されていました。しかし、プログラムの流れによっては、「基本的には条件判定がtrueの間は繰り返し処理を行いたいが、ある特定の条件が発生した場合には、例外的に繰り返しから抜けるようにしたい」という場合もあります。そのような制御を行うには、**繰り返し制御文**を使用します。

繰り返し制御文には、**break文**と**continue文**の2種類があります。順に説明しましょう。

break文

break文は、現在実行中の繰り返し処理を中断して抜け出すときに使用します。繰り返し文の無限ループから抜け出す場合にも使用されます。ループから抜けた後は、その繰り返し処理の次の実行文に制御が移ります（**図4-5**）。

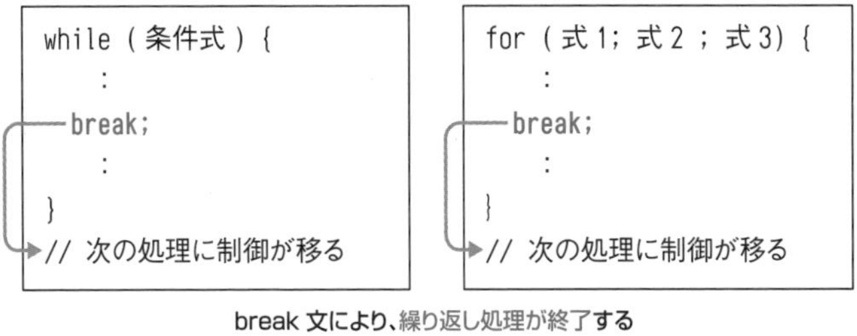

```
while ( 条件式 ) {
    :
  break;
    :
}
// 次の処理に制御が移る
```

```
for ( 式1; 式2 ; 式3) {
    :
  break;
    :
}
// 次の処理に制御が移る
```

break文により、繰り返し処理が終了する

図4-5：break文の動作

なお、break文は、while文やfor文などの繰り返し文のほか、switch文のcase内でも使用することができます（switch文は第3章を参照）。

それでは、break文を使用したサンプルを見てみましょう（Sample4_9.

java)。

Sample4_9.java：**break 文の例①**

```
1. class Sample4_9 {
2.   public static void main(String[] args) {
3.     for (int i = 0; ; i++) { // 式2が省略されているので無限ループ
4.       if (i == 3) {
5.         break;    // breakによりfor文から抜ける
6.       }
7.       System.out.println("i = " + i);
8.     }
9.     System.out.println("for文の後の処理");
10.   }
11. }
```

実行結果

```
i = 0
i = 1
i = 2
for文の後の処理文
```

このサンプルでは、for文が無限ループになっています。4行目のif文の条件判定でi変数の値が3の場合、break文が実行され、for文から抜けます。**if文から抜けるのではないことに注意**してください。

もう1つbreak文を使用した例を見てみましょう（Sample4_10.java）。この例では、for文の中にswitch文を使用しています。

Sample4_10：**break 文の例②**

```
1. class Sample4_10 {
2.   public static void main(String[] args) {
3.     int num = 0;
4.     for (int i = 0; i < 5; i++) {
5.       switch(i % 2) {
6.         case 0:
7.           num++;
8.           break;
9.         case 1:
10.          break;
```

```
11.         }
12.       }
13.       System.out.println("num : " + num);
14.     }
15. }
```

実行結果

```
num : 3
```

実行結果を見ると、num変数の値は1ではなく、3になっていることを確認してください。3行目でnum変数は0で初期化されています。4行目では、i変数は0で初期化されているので、1回目のループ内の処理であるswitch文の(i % 2)は、(0 % 2)で実行され、結果は0です。したがって6行目のcase文に合致します。そして、7行目でnum変数がインクリメントされ1となります。また、8行目でbreak文が実行されますが、これは**switch文に対して実行されます**。つまりfor文の処理は引き続き実行されます。その結果、i変数が0、2、4のときにnum変数のインクリメントが行われるため、13行目のnum変数値の出力結果は3です。

continue 文

continue文は、現在実行中の繰り返し処理を中断するのではなく、ブロック内の残りの処理をスキップして条件式に制御を移し、さらに繰り返し処理を続けたいときに使用します（**図4-6**）。continue文は、while文やfor文などの繰り返し文内で使用することができます。

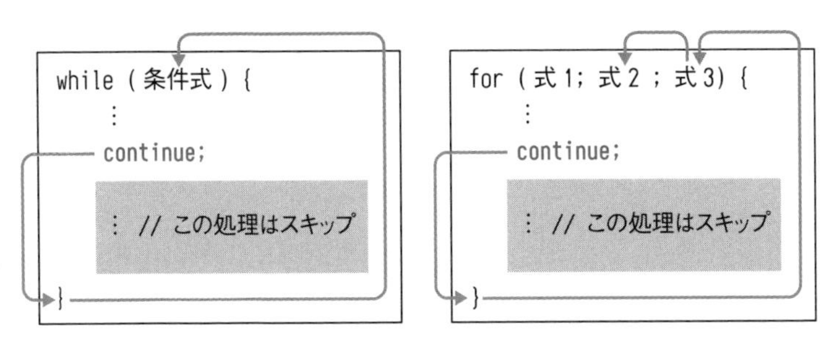

図 4-6：continue 文の動作

continue文の動作をサンプルコードで見てみましょう(**Sample4_11.java**)。

Sample4_11.java：**continue 文の例**

```
 1. class Sample4_11 {
 2.   public static void main(String[] args) {
 3.     for (int i = 1; i < 10 ; i++) {
 4.       if ((i % 3) == 0) {
 5.         System.out.println("処理をスキップします");
 6.         continue;    // continueによりfor文の式3へ制御を移す
 7.       }
 8.       System.out.println("i = " + i);
 9.     }
10.     System.out.println("for文の後の処理");
11.   }
12. }
```

実行結果

```
i = 1
i = 2
処理をスキップします
i = 4
i = 5
処理をスキップします
i = 7
i = 8
処理をスキップします
for文の後の処理
```

このサンプルコードでは、i変数の値が1から9の間、繰り返し処理が実行されます。そして、4行目のif文により、i変数を3で割った余りが0の場合のみcontinue文が実行されます。これにより、continue文以降に書かれた処理文(つまり8行目の処理)がスキップされ、制御は3行目のfor文の先頭に移ります。

》ラベル

繰り返し文がネストしている場合、内側の繰り返し文の中に記述したbreak文やcontinue文は、**その内側の繰り返し文からしか抜けたりスキップしたりできません**。外側の繰り返し文からも抜けたりスキップしたりするには、ラベルを使用します。

ラベルは、break文やcontinue文で対象となる繰り返し文につける名前です。**図4-7**は、break文でラベル名を指定したときとしないときの違いを表しています。

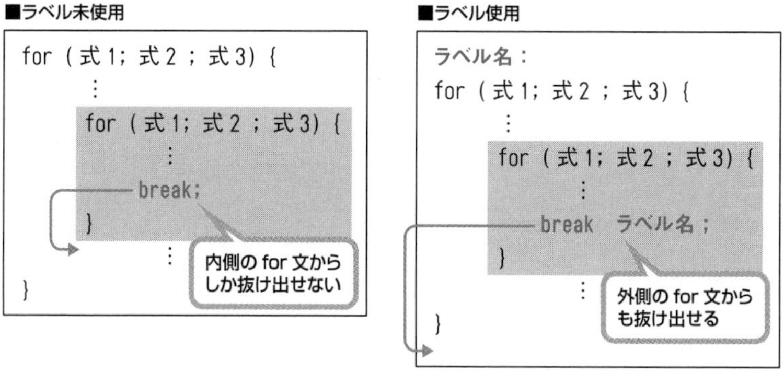

■ラベル未使用

```
for ( 式1; 式2 ; 式3) {
      ⋮
    for ( 式1; 式2 ; 式3) {
          ⋮
        break;
    }
      ⋮
}
```

内側のfor文からしか抜け出せない

■ラベル使用

```
ラベル名：
for ( 式1; 式2 ; 式3) {
      ⋮
    for ( 式1; 式2 ; 式3) {
          ⋮
        break  ラベル名；
    }
      ⋮
}
```

外側のfor文からも抜け出せる

図4-7：ラベル

ラベルは、繰り返し文の先頭につけます。ラベルを指定されたbreak文やcontinue文は、そのラベルがついた繰り返し文まで抜けたりスキップしたりします。

ラベル名は、識別子の規則に従って任意に指定できます。また、ラベルの最後には「:」（コロン）をつけます。

Sample4_12.javaは、ラベルを使用したサンプルコードです。x変数とy変数の値を出力していきます。

Sample4_12.java：ラベルの例

```
 1. class Sample4_12 {
 2.   public static void main(String[] args) {
 3.     loop1:
 4.     for (int x = 0; x < 3; x++) {
 5.       for (int y = 0; y < 3; y++) {
 6.         System.out.println("x = " + x + " : y = " + y);
 7.         if (x == 1 && y ==1) {
 8.           System.out.println("break文の実行");
 9.           break loop1;
10.         }
11.       }
```

```
12.     }
13.     System.out.println("------------------------------");
14.     loop2:
15.     for (int x = 0; x < 3; x++) {
16.       for (int y = 0; y < 3; y++) {
17.         System.out.println("x = " + x + " : y = " + y);
18.         if (x == 1 && y ==1) {
19.           System.out.println("continue文の実行");
20.           continue loop2;
21.         }
22.       }
23.     }
24.   }
25. }
```

実行結果

```
x = 0 : y = 0
x = 0 : y = 1
x = 0 : y = 2
x = 1 : y = 0
x = 1 : y = 1
break文の実行
------------------------------
x = 0 : y = 0
x = 0 : y = 1
x = 0 : y = 2
x = 1 : y = 0
x = 1 : y = 1
continue文の実行
x = 2 : y = 0
x = 2 : y = 1
x = 2 : y = 2
```

POINT

試験では、ネストされた繰り返し文や条件文の実行結果をたずねる問題が多く出題されます。コードから実行結果を導き出せるようにしてください。

4～12行目にある外側のfor文には、loop1というラベルがつけられています。9行目にあるbreak loop1;は、7行目でx変数とy変数が1の場合に、5～11行目にある内側のfor文を越え、さらに外側のfor文まで終了させています。実行結果を見ると、「x = 1 : y = 1」という出力までで終了していることから、そのことを確認できます。

また、15～23行目にある外側のfor文には、loop2というラベルがつけられています。20行目にあるcontinue loop2;は、18行目でx変数とy変数が1の場合に、16～22行目にある内側のfor文の残りの処理をスキップして、外側のfor文へ制御を移します。実行結果を見ると、「x = 1 : y = 1」の次に出力されるべき「x = 1 : y = 2」が出力されていません。ここから、continue loop2;によって「x = 1 : y = 2」と出力する処理がスキップされたことを確認できます。

練習問題

問題 4-1

次のコードがあります。

```
1. class Test {
2.   public static void main(String[] args) {
3.     int i = 1;
4.     while (i-- < 1) {
5.       System.out.println("i : " + i);
6.     }
7.   }
8. }
```

コンパイル、実行した結果として正しいものは次のどれですか。1つ選択してください。

○ A. i : 1
○ B. i : 0
○ C. i : -1
○ D. 何も出力しない
○ E. コンパイルエラー

問題 4-2

次のコードが指定されているとします。

```
 3. int a = 0;
 4. int b;
 5. while ( a < 3 ) {
 6.   a++;
 7.    // ここにコードを挿入
 8.     System.out.println("a = " + a + " : b = " + b);
 9.   }
10. }
```

7行目に挿入した際に次の出力を生成するコードは次のどれですか。1つ選択してください。

```
a = 1 : b = 1
a = 1 : b = 2
a = 2 : b = 1
a = 2 : b = 2
a = 3 : b = 1
a = 3 : b = 2
```

○ A. while (++b < 3) {
○ B. while (++b < 2) {
○ C. for(b = 1 ; b < 3 ; b++){
○ D. for(b = 0 ; b < 3 ; b++){
○ E. for(b = 1 ; b < 2 ; b++){

問題 4-3

次のコードが指定されているとします。

```
10. int x = 0;
11. int y = 10;
12. do {
13.   y--;
14.   ++x;
15. } while (x < 5);
16. System.out.print(x + "," + y);
```

実行した結果として正しいものは次のどれですか。１つ選択してください。

○ A. 5,6
○ B. 5,5
○ C. 6,5
○ D. 6,6

問題 4-4

次のコードがあります。

```
 1. class Test {
 2.   public static void main(String[] args) {
 3.     int x = 4;
 4.     do {
 5.       ++x;
 6.       System.out.print(x + " ");
 7.     } while ( x == 5 );
 8.     System.out.println();
 9.   }
10. }
```

コンパイル、実行した結果として正しいものは次のどれですか。１つ選択してください。

○ A. コンパイルエラー
○ B. 実行時エラー
○ C. 4
○ D. 5
○ E. 4 5
○ F. 5 6

問題 4-5

次のコードがあります。

```
1. class Test {
2.   public static void main(String[] args) {
3.     for ( int i = 4; i < ++i; i++) {
4.       System.out.print(i + " ");
```

```
5.       }
6.       System.out.println();
7.     }
8. }
```

コンパイル、実行した結果として正しいものは次のどれですか。1つ選択してください。

- ○ A. コンパイルエラー
- ○ B. 実行時エラー
- ○ C. 何も表示されない
- ○ D. 無限ループとなる
- ○ E. 4
- ○ F. 4 5

問題 4-6

次のコードがあります。

```
1. class Test {
2.     public static void main(String[] args) {
3.         int num = 1;
4.         for (num = 0; num < 3; ++num) {
5.             num *= 2;
6.         }
7.         System.out.println("num = " + (num++));
8.     }
9. }
```

コンパイル、実行した結果として正しいものは次のどれですか。1つ選択してください。

- ○ A. num = 5
- ○ B. num = 4
- ○ C. num = 3
- ○ D. num = 2
- ○ E. コンパイルエラー

問題 4-7

次のコードがあります。

```
1. class Test {
2.   public static void main(String[] args) {
3.     for (int i = 0; i < 2; i++) {
4.       for (int j = 5; j <= 8; ++j) {
5.         System.out.print(" j=" + j);
6.       }
7.     }
8.   }
9. }
```

コンパイル、実行した結果として正しいものは次のどれですか。1つ選択してください。

○ A. j=0 j=1 j=0 j=1
○ B. j=0 j=1 j=2 j=0 j=1 j=2
○ C. j=5 j=6 j=7 j=5 j=6 j=7
○ D. j=5 j=6 j=7 j=8 j=5 j=6 j=7 j=8
○ E. コンパイルエラー

問題 4-8

次のコードがあります。

```
1. class Test {
2.   public static void main(String[] args) {
3.     for (int x = 0; x < 3; x++) {
4.       for (int y = 0; y < x; ++y)
5.         System.out.print("a");
6.         System.out.print("b");
7.     }
8.   }
9. }
```

実行した結果として正しいものは次のどれですか。1つ選択してください。

○ A. 無限ループとなる
○ B. 何も表示されない
○ C. aaabbb
○ D. ababab
○ E. babaab

○ F. bababa

問題 4-9

次のコードがあります。

```
1. class Test {
2.   public static void main(String[] args) {
3.     for (int i = 0; i <= 10; i++) {
4.       if (i > 6) break;
5.     }
6.     System.out.println(i);
7.   }
8. }
```

コンパイル、実行した結果として正しいものは次のどれですか。1つ選択してください。

○ A. 6
○ B. 7
○ C. 10
○ D. 11
○ E. コンパイルエラー
○ F. 実行時エラー

問題 4-10

int型の配列saがあります。拡張for文の構文として正しいものは次のどれですか。1つ選択してください。

○ A. for (s ; sa) { }
○ B. for (int s ; sa) { }
○ C. for (int s : sa) { }
○ D. for (sa : s) { }
○ E. for (sa : int s) { }

問題 4-11

次のコードがあります。

```
 1. class Test {
 2.   public static void main(String[] args) {
 3.     int sa[] = {2, 4, 6, 8};
 4.     int s = 0;
 5.     for (s : sa)
 6.       System.out.print(s + " ");
 7.   }
 8. }
```

コンパイル、実行した結果として正しいものは次のどれですか。1つ選択してください。

○ A. コンパイルエラー
○ B. 実行時エラー
○ C. 何も表示されない
○ D. 2 4 6 8
○ E. 2

問題 4-12

次のコードがあります。

```
 1. class Test {
 2.   public static void main(String[] args) {
 3.     int a = 0;
 4.     boolean b = false;
 5.     while((a++ < 3) && !b){
 6.       System.out.print("x ");
 7.       if(a == 2) {
 8.         System.out.print("y ");
 9.       }
10.     }
11.   }
12. }
```

コンパイル、実行した結果として正しいものは次のどれですか。1つ選択してください。

○ A. x x
○ B. x y
○ C. x x y

○ D. x x y x

○ E. 何も表示されない

○ F. コンパイルエラー

問題 4-13

次のコードがあります。

```
 1. class Test {
 2.   public static void main(String[] args) {
 3.     boolean var = false;
 4.     if(var = true){
 5.       while(var) {
 6.         System.out.print("a ");
 7.         var = false;
 8.       }
 9.     }else {
10.       System.out.print("b ");
11.     }
12.   }
13. }
```

コンパイル、実行した結果として正しいものは次のどれですか。1つ選択してください。

○ A. a

○ B. b

○ C. a b

○ D. 4行目に問題があるためコンパイルエラーとなる

○ E. 5行目に問題があるためコンパイルエラーとなる

○ F. 無限ループとなる

問題 4-14

次のコードがあります。

```
1: class Test {
2:   public static void main(String[] args) {
3:     char arry[] = {'a', 'A', 'B', 'T'};
4:       for (char c : arry) {
```

```
 5:         switch (c) {
 6:           case 'A':
 7:             System.out.print("A ");
 8:             break;
 9:           case 'a':
10:             System.out.print("a ");
11:             break;
12:           case 'x':
13:             System.out.print("x ");
14:             break;
15:           case 'T':
16:             System.out.print("T ");
17:             break;
18:         }
19:       }
20:       System.out.println();
21:   }
22: }
```

コンパイル、実行した結果として正しいものは次のどれですか。１つ選択してください。

- ○ A. a A T
- ○ B. A A T
- ○ C. a a T
- ○ D. A a x T
- ○ E. コンパイルエラー
- ○ F. 実行時エラー

問題 4-15

次のコードがあります。

```
1. class Test {
2.   public static void main(String[] args) {
3.     String str = "abcde";
4.     for (int i = 2; i < 4; i++) {
5.       char c = str.charAt(i);
6.       if (c != -1) {
7.         switch (c) {
8.           case 'a':
```

```
9.              System.out.print("a");
10.             break;
11.           case 'b':
12.             System.out.print("b");
13.             break;
14.           case 'c':
15.             System.out.print("c");
16.             break;
17.           case 'd':
18.             System.out.print("d");
19.             break;
20.           case 'e':
21.             System.out.print("e");
22.             break;
23.         }
24.       }
25.     }
26.   }
27. }
```

コンパイル、実行した結果として正しいものは次のどれですか。1つ選択してください。

- ○ A. コンパイルエラー
- ○ B. 実行時エラー
- ○ C. bc
- ○ D. bcd
- ○ E. cd
- ○ F. cde

問題 4-16

次のコードがあります。

```
1. class Test {
2.   public static void main(String[] args) {
3.     int i = 23; int j = 5;
4.     Loop:for (; j < i; i++) {
5.       do {
6.         i += j;
7.         if (--j == 0) break Loop;
```

```
 8.           System.out.print("i=" + i + "j=" + j + " ");
 9.         } while (i < 30);
10.     }
11.   }
12. }
```

コンパイル、実行した結果として正しいものは次のどれですか。1つ選択してください。

- ○ A. コンパイルエラー
- ○ B. 実行時エラー
- ○ C. i=28j=4 i=33j=3
- ○ D. i=28j=4 i=32j=3
- ○ E. i=28j=4 i=32j=3 i=36j=2 i=39j=1

解答・解説

問題4-1　正解：D

4行目では、デクリメント演算子が後置であるため、i<1（つまり1<1）の比較が行われてからデクリメントされます。したがって、結果はfalseとなり、5行目は1度も実行されません。

問題4-2　正解：C

a変数は宣言時に初期化（3行目）していますが、b変数は宣言時（4行目）初期化していません。したがって、使用する前に初期化する必要があります。

選択肢A、Bはwhile文を使用していますが、b変数を初期化せずに使用しているため、コンパイルエラーです。また、問題文の実行結果を見ると、b変数の出力は1と2のみです。つまり、7行目にはb変数を1で初期化し、3に達したら繰り返し処理を終了する文が必要です。したがって、選択肢Cが正しいです。なお、選択肢Dは、0で初期化しているため、0、1、2を出力します。選択肢Dの実行結果は次のとおりです。

実行結果

```
a = 1 : b = 0
```

```
a = 1 : b = 1
a = 1 : b = 2
a = 2 : b = 0
a = 2 : b = 1
a = 2 : b = 2
a = 3 : b = 0
a = 3 : b = 1
a = 3 : b = 2
```

なお、選択肢Eは、1で初期化していますが、繰り返し条件がb < 2となっているため、1の出力のみです。選択肢Eの実行結果は次のとおりです。

実行結果

```
a = 1 : b = 1
a = 2 : b = 1
a = 3 : b = 1
```

問題4-3　正解：B

問題文のdo-while文は、x変数が5に達するまで処理が行われます（**表4-1**）。つまりyは9、8、7、6、5となり、xは1、2、3、4、5となります。そして、xが5のときに、x < 5でfalseとなるため、繰り返し処理が終了します。したがって、正解の実行結果は選択肢Bです。

表4-1：**実行時の各変数の推移**

	x変数	y変数
初期値	0	10
1回目	1	9
2回目	2	8
3回目	3	7
4回目	4	6
5回目	5	5

x変数が5のときにdo-while文が終了

問題4-4　正解：F

問題文のdo-while文の条件式を見ると、(x == 5)とあるため、x変数が5であればdoブロック内の処理が行われます。したがって、1回目のdoブロックが実行された後、x == 5でtrueとなり、もう一度doブロックが実行されます。しかし、2回目のx == 5はfalseとなるため、繰り返し処理が終了します。したがって、正解の実行結果は選択肢Fです。

問題4-5　正解：D

問題文のfor文の条件はi < ++iとあります。ここでのインクリメントは前置であるため、現在のi変数値と、インクリメントしたi変数値との比較となり、常にtrueが返ります。したがって、実行結果は5 7 9 11 13 15……と出力が続き、無限ループとなります。なお、途中でループを終了するには、[Ctrl] キーを押しながら[C]キーを押してください。

問題4-6　正解：C

問題文のfor文では、次のように処理が進みます。

 # 繰り返し1回目
カウンタ変数num：初期化 → 0
条件判定：num < 3 → true
5行目の実行結果：num → 0

 # 繰り返し2回目
カウンタ変数num：++num → 1
条件判定：num < 3 → true
5行目の実行結果：num変数 → 2

 # 繰り返し3回目
カウンタ変数num：++num → 3
条件判定：num < 3 → false
⇒ for文が終了

7行目では、numにインクリメントを後置で行っているため、出力処理の後にインクリメントされます。したがって、正解の実行結果は選択肢Cです。

問題4-7　正解：D

外側（3〜7行目）のfor文の条件式から、繰り返し処理が2回行われることがわかります。その処理内容は内側（4〜6行目）のfor文であり、ここでは5から8まで出力します。したがって、正解の実行結果は選択肢Dです。

問題4-8　正解：E

内側のfor文は{ }が省略されています。したがって、内側のfor文の処理文は「a」を出力する5行目のみです。「b」を出力する6行目は外側のfor文の処理文なので、注意しましょう。

実行時における各変数の変化と出力は**表4-2**のとおりです。したがって、正解は選択肢Eです。

表4-2：実行時の各変数の推移

外側の for 文			内側の for 文			出力
x	x++	x < 3	y	++y	y < x	
x 値：0		0 < 3 (true)	y 値：0		0 < 0 (false)	
			−	−	−	b
	x 値：1	1 < 3 (true)	y 値：0		0 < 1 (true)	ba
				y 値：1	1 < 1 (false)	↓
			−	−	−	bab
	x 値：2	2 < 3 (true)	y 値：0		0 < 2 (true)	baba
				y 値：1	1 < 2 (true)	babaa
				y 値：2	2 < 2 (false)	↓
			−	−	−	babaab
	x 値：3	3 < 3 (false)	−	−	−	

問題4-9　正解：E

6行目にi変数を出力するコードがありますが、i変数は3行目のfor文内で宣言されているため、有効範囲は3行目から5行目までです。したがって、6行目では、i変数を参照することができないことにより、コンパイルエラーとなります。

問題 4-10　正解：C

拡張for文の構文は、「for (変数宣言 : 参照変数名) { }」です。変数宣言と参照変数名の区切りには「:」(コロン) を使用します。したがって、選択肢Cが正しいです。

問題 4-11　正解：A

拡張for文では、取り出した要素を代入する変数は( )内で宣言しなければなりません。したがって、問題文のように事前に宣言したs変数を、拡張for文で要素を代入する変数として使用することはできないため、この問題文のコードはコンパイルエラーです。4行目の変数宣言をコメントアウトし、5行目を次のように変更すれば、コンパイルに成功します。実行結果は「2 4 6 8」となります。

```
for (int s : sa) {
```

問題 4-12　正解：D

5行目では、「a < 3」→「a++」の順番で実行され、「!b」により「true」が返るため6行目は3回実行されます。なお、aが「2」のときに、8行目が実行されるため、選択肢Dが正しいです。

問題 4-13　正解：A

var変数は、boolean型であるため、4行目、5行目は問題なく、条件式として評価されます。4行目により、if文の条件式で「true」が返るため、5行目に制御が移ります。6行目が実行された後、7行目によりvar変数には「false」が代入されます。制御は5行目に戻りますが、whileの条件式で「false」が返るため繰り返し処理が終了し、if文の処理も終了するため、実行結果は選択肢Aとなります。

if-elseは2分岐処理です。ifブロック内の処理が実行されれば、elseブロックは実行されない点に注意してください。

問題 4-14　正解：A

4行目のfor文より配列内の要素を1つずつ取り出し、switch文の式で使用しています。「a」「A」「T」については合致するcaseがあるため出力されますが、

「B」は合致するcaseがないため出力されません。なお、問題文で使用しているbreak文は、switch文から抜けているだけで、for文から抜けているわけではありません。したがって、for文は要素の数分（つまり4回）繰り返し処理を行っています。

問題4-15　正解：E

問題文のfor文の条件（4行目）では、i変数の値が2と3であるときのみ、処理文が実行されます。5行目にある処理文では、変数iの値が2のとき、c変数には「c」が代入され、i変数の値が3のとき、c変数には「d」が代入されます。したがって、正解の実行結果は選択肢Eです。

問題4-16　正解：E

問題文のfor文にはLoopというラベル（4行目）が指定されています。また7行目には、j変数の値が0のときにbreak Loop;を実行しLoopラベルのついたfor文の処理を終了するように記述されています。

実行時の各変数の推移は**表4-3**のとおりです。したがって、正解は選択肢Eです。

表4-3：実行時の各変数の推移

for文		do-while文			
j < i	i++	i += j	- -j	i < 30	
5 < 23		i 値：28	j 値：4	結果：true	
		i 値：32	j 値：3	結果：false	do-while文
	i 値：33				
3 < 33		i 値：36	j 値：2	結果：false	do-while文
	i 値：37				
2 < 37		i 値：39	j 値：1	結果：false	do-while文
	i 値：40				
1 < 40		i 値：41	j 値：0		break Loopの実行 ↓ 出力はなし

※表内の色のついた字が出力される値

Chapter 5

オブジェクト指向コンセプト

Oracle Certified Java Programmer, Bronze SE

ー本章で学ぶことー

システム開発にJavaが広く採用されている理由の１つに、Java言語がオブジェクト指向言語であることが挙げられます。本章では、Java言語を理解するための基礎知識として、**オブジェクト指向の特徴やメリット**などについて説明します。

- なぜオブジェクト指向か
- オブジェクト指向言語の機能
- クラスと継承
- インタフェースとポリモフィズム

アクセスキー m
（小文字のエム）

なぜオブジェクト指向か

システム開発における課題

近年のシステム開発では、次に挙げる2つの点が大きな問題とされています。

・開発期間の短縮

顧客の要求や提供したいサービスは、早いサイクルで変化します。そのため、システム開発に多くの時間をかける余裕がありません。それどころか、開発が進んでいる最中に、要求やサービスの内容が変わっても期間内の対応が求められます。

・システムの仕様変更に伴うコストの削減

前述のとおり、開発途中で顧客の要求する内容が変わることがありますが、そのたびに最初から作成していては期間が延びるだけでなく、費用がかさみます。顧客は最小限のコストで最大限の成果を期待します。

このような問題点に対応するためには、システム開発において、次のことを実現すべきとされています。

- 以前に作成したプログラムを再利用する
- 大勢のエンジニアで共同開発を行う
- プログラムの変更箇所をいち早く特定し対応する
- あるプログラムの変更が他のプログラムに影響しないようにする

もし、システムを巨大な1本のプログラムとして構築したら、これらを実現するのは困難です。しかし、システムを管理しやすい単位で分割し、それらを組み合わせる形式で構築すれば、これらを実現することができます。

この分割の単位をオブジェクトとするのが、オブジェクト指向による開発です。

オブジェクトとは

それでは、システムの分割単位であるオブジェクトとは、いったいどのようなものなのでしょうか。ここでは「エアコン」を制御するプログラムを例に、それを見ていきます。

図5-1は、エアコンがもつ情報（状態）や機能を書き出したものです。「電源」は電源の**情報（状態）**、「設定温度」や「運転モード」は使う人が操作した**情報（状態）**、「現在の室温」はエアコンが設置されている部屋の**情報（状態）**を示すものです。

一方、「電源をON（あるいはOFF）にする」「運転モードを切り替える」「設定温度を変更する」などは、エアコンを**操作**するための機能です。

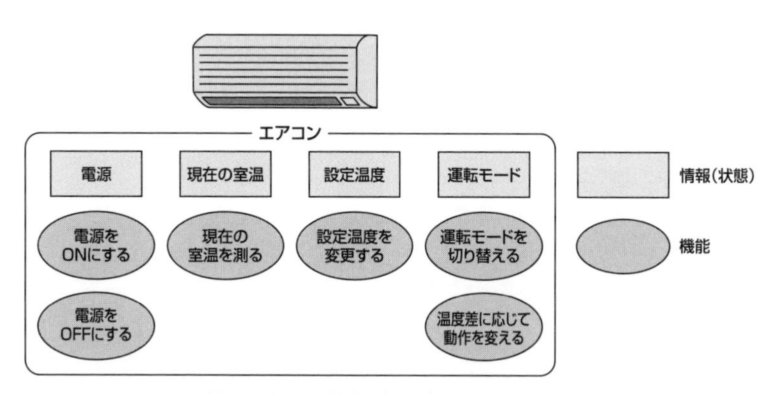

図5-1：エアコンの制御に必要な情報（状態）と機能

エアコンを制御するプログラムは、こうした情報（状態）を保持し参照しつつ、使う人の操作に応じてエアコンを動作させます。ポイントは、情報（状態）と機能は密接に結びついて1つの**係・役割**を担い（**表5-1**）、それ以外の情報（状態）と機能から互いに**独立**していることです。

表5-1：密接に結びつく情報（状態）と機能

係	情報（状態）	機能
電源係	電源	電源を ON にする
	ー	電源を OFF にする
温度係	設定温度	設定温度を変更する
	現在の室温	現在の室温を測る
運転係	運転モード	運転モードを切り替える
	ー	温度差に応じて動作を変える

そして、エアコンが操作されると、それぞれの係は互いに要求を出し、**連携して動作**します。たとえば、運転モードを“冷房”から“ドライ”に変更する操作が行われたら、「運転係」から「温度係」へ設定温度を変更する要求が出るはずです。また、「運転係」は現在の室温と設定温度を確認しないと動作（冷やす、暖めるなど）を決められないので、「温度係」にそれらの情報（状態）を問い合わせます。この場合の**「係」に相当するのが、システムにおけるオブジェクト**です。

また、「温度係」が電源のON/OFFを切り替えたり、「運転係」が設定温度を変更したりはしません。それぞれの係は自分のすべきことが明確に分かれています（独立性）。

この係の独立性のおかげで、オブジェクト指向による開発では、作業もオブジェクトごとに独立して進めることができます。開発し終えたオブジェクトは、他のオブジェクトから簡単に利用することができます。また、おかしな動作をする箇所が出ても、オブジェクト単位で調査・修正するので、利用しているオブジェクトへの影響を軽減することができます。これにより、先に挙げた4つの実現すべき点をかなえることができます。

オブジェクト指向言語の機能

属性と操作

Java言語を使用した場合、オブジェクトをどのように表現するのか見ていきましょう。ここでもエアコンの制御プログラムを例に確認します。先ほどの表5-1（エアコン制御プログラムの係、情報（状態）、機能をまとめた表）を見ながら読み進めてください。

前節では、係がオブジェクトに相当すると説明しました。さらにオブジェクト指向では、表5-1にある情報（状態）のことを**属性**と呼び、機能のことを**操作**と呼びます。たとえば、電源係（＝電源オブジェクト）は「電源」という属性と、「電源をONにする」「電源をOFFにする」という操作が1つのセットになってできています。温度係（＝温度オブジェクト）も運転係（＝運転オブジェクト）も同様です。つまり、オブジェクトは**属性と操作を一体化**することで表現されます。

属性と操作について、もう少し詳しく見ていきましょう。属性は、オブジェクトの性質や状態を表します。Java言語では、属性は**変数**として表現され、名前と値をもちます。

【例】温度オブジェクトの属性
- 属性「室内温度」⇒ 値「30℃」
- 属性「設定温度」⇒ 値「27℃」など

操作は、他のオブジェクトや自分自身（自オブジェクト）から呼び出されることにより動作し、そのオブジェクトの状態を変えたり、さらにそこから他のオブジェクトの操作を呼び出したりできます。

図5-2では、温度オブジェクトに「設定温度を変更する」という操作（メソッド）が定義されています。エアコンの設定温度を変更したい場合には、属性へ直接アクセスするのではなく、この**操作を呼び出し**ます。

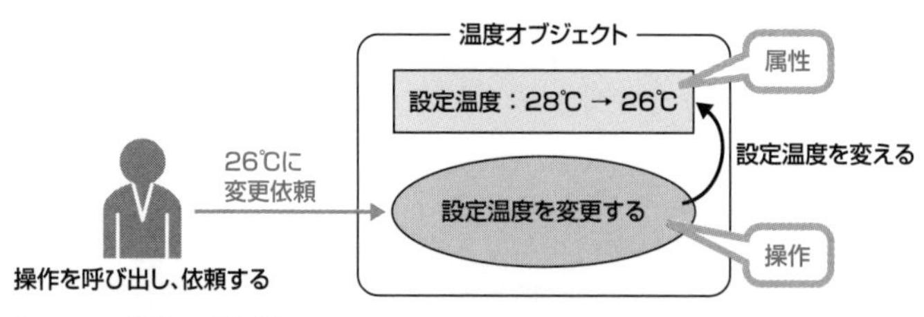

図 5-2：**操作の呼び出し**

カプセル化とデータ隠蔽

オブジェクト指向ではそのオブジェクトがもつ属性と操作を一体化して表現すると説明しましたが、これを**カプセル化**と呼びます。

カプセル化には、次のようなメリットがあります。

① オブジェクトの内部構造を知る必要がない
② 属性値の変更は操作経由に制限できる
③ 操作名が同じなら、内部構造が変わっても利用する側にそれを意識させない
④ 属性に不整合な値が入らないよう、操作でチェックできる

エアコンの温度オブジェクトで、カプセル化のメリットを見てみましょう。

私たちがエアコンの設定温度を変更する場合、リモコンなどから、エアコンの「設定温度を変更する」機能を呼び出します。このとき、エアコンの内部構造や制御プログラムなどを知る必要はありませんし（①）、それらに直接触れることもありません。ただ、リモコンなどで操作するだけです（②）。

もし、後継機種などで「設定温度を変更する」機能の仕組みが変わっても、操作方法が同じなら、そのことで困ることはないでしょう（③）。

さらに、設定温度を100℃にしたり、零下40℃にしたりはできません。「設定温度を変更する」機能が100℃や零下40℃という設定を受け入れないからです（④）。

また②や④により、属性を外部から保護することをデータ隠蔽と呼びます（**図5-3**）。

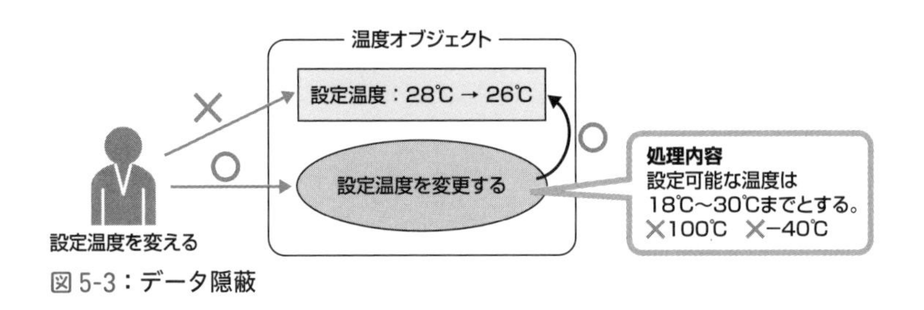

図5-3：データ隠蔽

クラスと継承

クラス

今度は、電源オブジェクトについてもう少し詳しく見ていきましょう。前述では、電源オブジェクトの情報（状態）として「電源」、機能として「電源をONにする」と「電源をOFFにする」を取り上げました。しかし、エアコンの種類によっては、電源をつけると電気代を表示する機能や、フィルタの汚れ具合を確認し掃除ランプを表示する機能がついているものもあります。

これらすべてを電源オブジェクトとして表現したとき、「共通している属性や機能」と「独自にもっている属性や機能」とに分けられます。

まず、この**共通している部分に着目**し、土台となる雛形を作成します。この作業を抽象化と呼びます。また、抽象化した結果、オブジェクトを作成するための土台となる雛形をクラスと呼びます。

> **参考**
>
> 抽象化とは辞書では「いくつかの事物に共通なものを抜き出して、それを一般化して考えること」とあります。オブジェクトを抽象化した枠組みがクラスです。

図5-4は、電源オブジェクトAや電源オブジェクトBの属性、機能をそれぞれ洗い出した結果、共通項目が見つかった様子を表しています。こうしたオブジェクトの共通項目を集め、定義したものが一般的な「電源」クラスとなります。

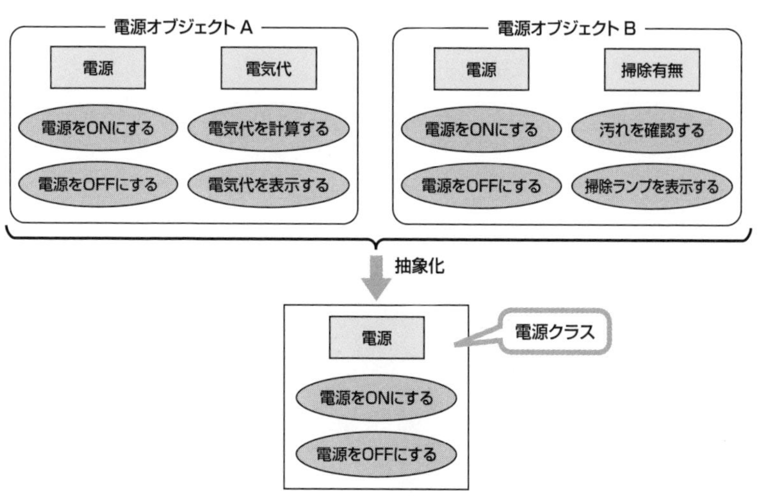

図5-4：**クラスの成り立ち**

インスタンス化

クラスは、オブジェクトを作成するための雛形です。つまり設計図にすぎません。「電源」の設計図ができても、私たちが使える「モノ」ではないのです。この設計図であるクラスをもとにして、実際に使うことができる「モノ」にすることを**インスタンス化**と呼びます。

たとえば、**図5-5**のようにエアコンを表現するには、電源クラス、温度クラス、運転クラスが必要です。そして、それらをまとめるクラスとして、エアコンクラスが必要です。各クラスをもとにインスタンス化することで、それぞれオブジェクトが作成され、実際のエアコンを表現することができます。

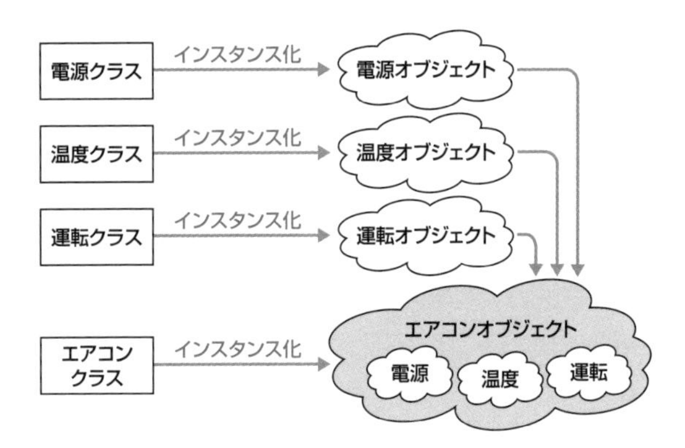

図 5-5：インスタンス化

また、クラスをもとに複数のインスタンス化を行えば、複数のオブジェクトを作成することができます。**図5-6**は、2つのエアコンオブジェクトが作成された様子を表した図です。

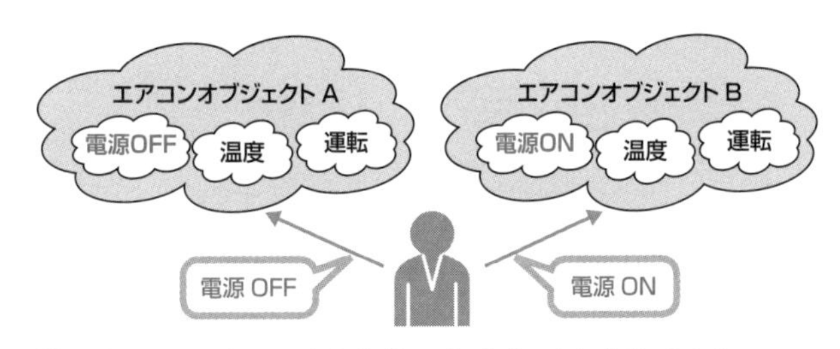

図 5-6：1 つのクラスから複数のオブジェクトを作成する

これらのオブジェクトは同じクラスから作成されているため、同じ属性、同じ操作をもちます。しかし、エアコンオブジェクトAは、「電源をOFFにする」操作の呼び出しにより「電源」の状態はOFFです。また、エアコンオブジェクトBは「電源をONにする」操作の呼び出しにより、「電源」の状態はONです。

つまり、2つのオブジェクトの違いは、属性にセットされている**属性値**です。属性値はオブジェクトごとに異なります。

このように、オブジェクトはクラスをインスタンス化することで作成され、オブジェクトが保持するデータ（属性）はオブジェクトごとに保持されるため、異なる値をもつことができます。

継承

前掲した図5-4では、「電源」クラスを定義していました。しかし、このクラスをインスタンス化しても、一般的な「電源」オブジェクトは作成できるものの、そのオブジェクトには電気代を表示する機能はついていません。なぜならば、「電気代を表示する」機能が「電源」クラスに定義されていないからです。とはいえ、「電気代を表示する機能つき電源」クラスを最初から定義するのも無駄な作業です。

実は、一から作成せずとも、すでに定義してあるクラスを拡張して、新しいクラスを定義することができます。これを**継承**と呼びます（**図5-7**）。

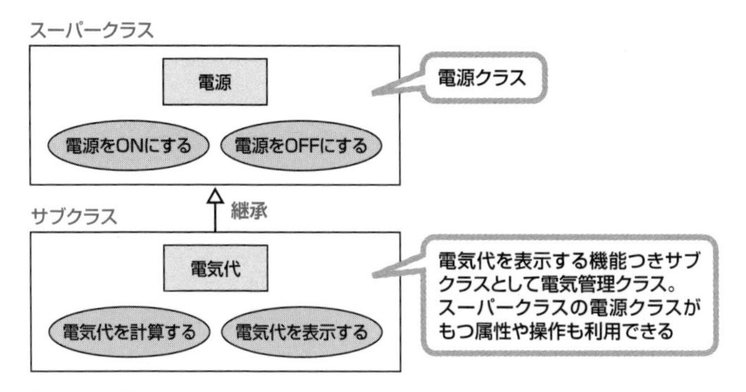

図 5-7：継承

オブジェクト指向では、継承のもととなるクラスを**スーパークラス**、それを拡張して新しく作成したクラスを**サブクラス**と呼びます。継承により定義されたサブクラスは、**スーパークラスの属性、操作を引き継ぎ**ます。そのため、サブクラスでは独自にもつ属性、操作のみを定義するだけで済みます。サブクラスをインスタンス化すれば、スーパークラスの属性や操作を引き継いだオブジェクトが生成されます。

> **POINT**
>
> サブクラスの特徴は次のとおりです。覚えておきましょう。
>
> **・クラス定義における特徴**
> スーパークラスがもっていない独自の属性、操作を定義する。
>
> **・オブジェクトの特徴**
> サブクラスをインスタンス化すると、独自機能以外に、スーパークラスの属性、操作も保持してオブジェクトが生成される。

インタフェースとポリモフィズム

私たちは日常でも、たくさんのオブジェクト（モノ）を利用しています。それらの中には、まったくモノは別だが、同じ操作方法で利用できるモノがあります。

たとえば、携帯電話はメーカー各社からたくさんの製品が開発・発売されていますが、「電話をかける」や「電源を切る」という操作は、マニュアルを見なくてもできるのではないでしょうか。また、MDコンポ、CDコンポ、MP3プレーヤーは、それぞれ内部構造も再生する媒体も異なる機器ですが、「再生」「停止」などの操作に迷わないと思います。

つまり、共通の操作方法を提供すれば、実際の振る舞いや動きが異なるオブジェクトでも、利用者はそれを意識せずに操作できるわけです。

このように、オブジェクトを利用する側に公開すべき操作をまとめたクラスの仕様のことを**インタフェース**と呼びます（**図5-8**）。

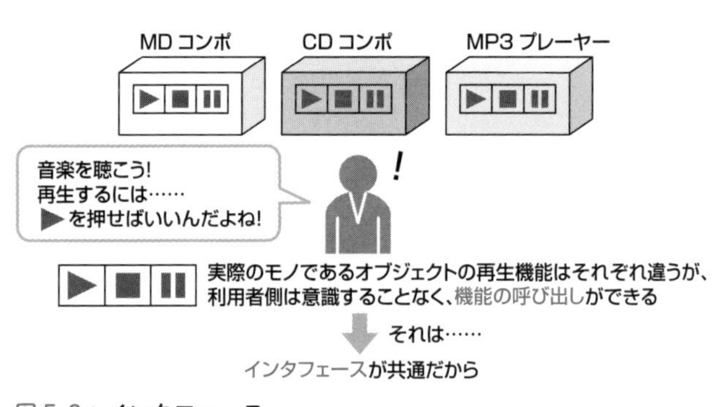

図5-8：インタフェース

また、共通のインタフェースをもつ操作でも、実際にはオブジェクトごとに振る舞いや動作が異なることを**ポリモフィズム（多態性、多相性）**といいます。同じ「再生」ボタンでも、MDコンポ、CDコンポ、MP3プレーヤーの内部で行われることはそれぞれ違います。

もし、MDコンポとCDコンポでインタフェースが統一されていないとしたらどうでしょう。利用者（機能を利用する側）は音楽を聴くためのオブジェクトを変えるたび、違う操作をしなくてはいけません。これではたいへん面倒で、使いづらいでしょう（**図5-9**）。

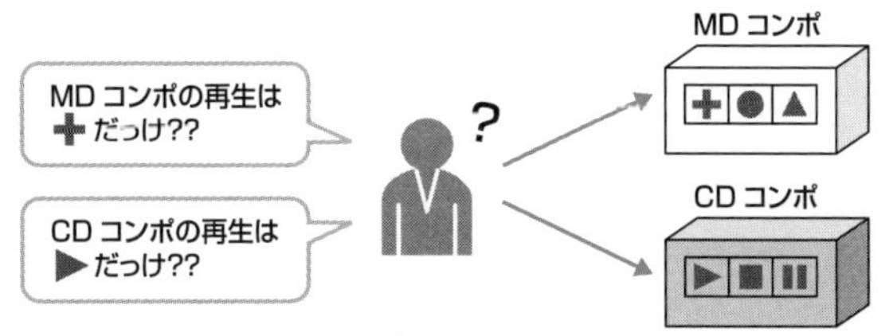

図 5-9：インタフェースが統一されていないと……

プログラムの作成でも同じことがいえます。処理内容は異なるが目的は同じという機能であれば、オブジェクトに対して共通のインタフェースを定義し、ポリモフィズムを実現することで、操作方法が統一され、利便性を高めることができます。他のプログラムから再度利用することも容易です。

また、後でプログラムを手直ししても、機能を呼び出す方法が変わらなければ、それを呼び出すプログラムには何も影響しません。これも、インタフェースを使用するメリットの1つです。

POINT

ポリモフィズムを活用することにより、プログラムの再利用性が向上します。

練習問題

問題 5-1

オブジェクト指向の特徴について、正しい説明は次のどれですか。1つ選択してください。

○ A. 開発対象となるシステム化対象領域を、機能に着目してオブジェクト単位で分割する

○ B. 開発対象となるシステム化対象領域を、データ構造に着目してオブジェクト単位で分割する

○ C. 開発対象となるシステム化対象領域を、目に見える「モノ」に着目してオブジェクト単位で分割する

○ D. 開発対象となるシステム化対象領域を、「モノ」に着目してオブジェクト単位で分割する

問題 5-2

カプセル化の説明として正しいものはどれですか。1つ選択してください。

○ A. オブジェクトの属性と操作をそれぞれ別にまとめることである

○ B. 操作および属性をすべて非公開にし、他のクラスからの利用を許可しないことである

○ C. 属性を読み取り専用に設定することである

○ D. 非公開部分と公開部分をもたせることで、オブジェクトの安全性を向上させることである

問題 5-3

オブジェクト指向におけるデータ隠蔽の説明として正しいものはどれですか。1つ選択してください。

○ A. 外部のオブジェクトに対し、操作を経由しなくても内部の状態を直接参照できるようにする

○ B. 外部のオブジェクトに対し、操作を経由しないと内部の状態を参照できないようにする

○ C. 外部のオブジェクトに対し、内部の状態を直接的にも間接的にも参照できないようにする

○ D. 許可を与えた特定のオブジェクトに対しては、内部の状態を直接参照できるようにする

問題 5-4

カプセル化の利点として正しい説明は次のどれですか。2つ選択してください。

□ A. 他のオブジェクトからオブジェクトの属性に直接アクセスでき、アクセスメソッドを介することによるオーバーヘッドがないため、コードがより効率的になる

□ B. 他のオブジェクトからオブジェクトの属性が直接変更されないよう保

護されるため、コードがより再利用可能になる

- □ C. 他のオブジェクトからオブジェクトの属性の読み取りおよび書き込みが可能になるため、コードがより有用になる
- □ D. 他のオブジェクトからオブジェクトの属性を直接変更されることがないため、コードがより安全になる
- □ E. 他のパッケージ内のコードからオブジェクトの属性を直接変更できるため、コードがより柔軟になる

問題 5-5

多相性（ポリモフィズム）の利点として正しい説明は次のどれですか。1つ選択してください。

- ○ A. あるクラスを特化して他のクラスを定義することを防ぐことができる
- ○ B. Java コードの柔軟性と再利用性を向上することができる
- ○ C. オブジェクト間に集約関係をもたせることができる
- ○ D. Java プログラムを高速に実行することができる

解答・解説

問題 5-1　正解：D

オブジェクト指向では、オブジェクト（モノ）に着目し、システム化対象領域をオブジェクト単位で分割します。オブジェクトには、目に見えるものや、目に見えない概念的なものも含まれます。したがって、選択肢Cは不正解です。選択肢Aは、機能に着目したプロセス中心的なアプローチ、選択肢Bは、データ構造に着目したデータ中心的なアプローチの説明です。

問題 5-2　正解：D

カプセル化は、オブジェクトの属性と操作を一体化して表現することです。基本的には、属性を非公開にし、その属性にアクセスするための操作を公開することで、属性に不正な値が入ることを防止し、オブジェクトの安全性を向上させます。

カプセル化は、属性と操作を別々にまとめることではなく、属性と操作をオブジェクトとして一体化させることなので、選択肢Aは誤りです。

また、すでに説明したように、カプセル化では操作と属性をすべて非公開にするのではなく、属性にアクセスするための操作は公開します。したがって、選択肢Bは誤りです。

さらに、属性を読み取り専用にすることは可能ですが、カプセル化の説明としては正しくないため、選択肢Cは誤りです。

問題5-3　正解：B

データ隠蔽は、オブジェクトの属性に外部から直接アクセスすることを許可せず、操作を経由することでのみアクセスできるようにすることです。これにより、属性に不正な値が入ることを防止できます。

選択肢Aは、「内部の状態を直接参照できる」としているので誤りです。データ隠蔽をすると、外部から内部の状態を直接参照することはできなくなりますが、操作を経由すれば参照が可能です。

選択肢Cは、「内部の状態を間接的にも参照できないようにする」としているので誤りです。

データ隠蔽では、特定のオブジェクトだけに許可を与えるという考え方ではないため、選択肢Dは誤りです。

問題5-4　正解：B、D

問題5-2および問題5-3の解説にあるとおりです。

問題5-5　正解：B

多相性（ポリモフィズム）とは、同じ操作の呼び出しをしても、オブジェクトごとに動作が異なることです。呼び出しの方法が同じであることによって、利用する側は、内部構造の違いを意識することなく異なるオブジェクトを柔軟に利用できるようになり、オブジェクトの再利用性が向上します。

選択肢AとCは、多相性とは無関係の説明なので、誤りです。また、多相性はパフォーマンスを向上させるための考え方ではないので、選択肢Dは誤りです。

Chapter 6

クラス定義とオブジェクトの生成・使用

Oracle Certified Java Programmer, Bronze SE

─ 本章で学ぶこと ─

本章では、**クラス**、**変数**、**メソッド**の定義方法、および定義したクラスの利用方法を説明します。また、第 5 章で説明した**カプセル化**や**データ隠蔽**を実現するために、**アクセス修飾子**を利用したコードも確認します。

- クラスとオブジェクト
- コンストラクタ
- オーバーロード
- static 変数と static メソッド
- メンバ変数の初期化
- アクセス修飾子とカプセル化
- ガベージコレクタ

アクセスキー **H**
（大文字のエイチ）

クラスとオブジェクト

クラスの定義

第5章では、オブジェクトを作成するための土台となる雛形が**クラス**であると説明しました。本章では、Java言語を用いたクラスの定義方法を確認します。

Java言語では、**1つのソースファイルに、必ず1つ以上のクラスを定義する**ことが決まりです。またクラスには、属性となる**変数**と、操作となる**メソッド**を定義します（**図6-1**）。

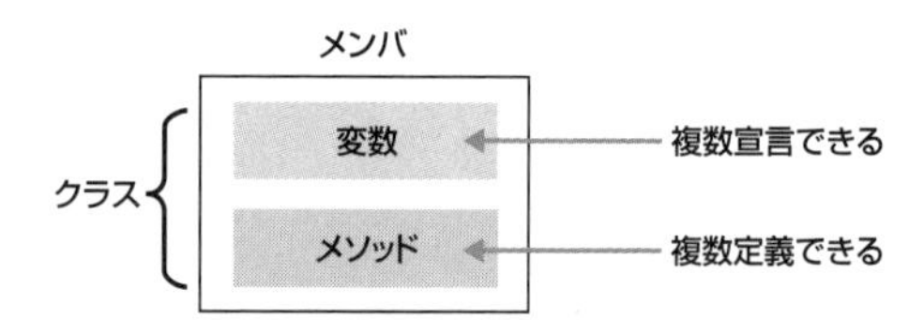

図6-1：**クラスの定義**

表6-1：**クラスで定義する属性と操作**

属性	そのクラスを元に生成された実体の特性を表す。データにあたるもの。Java 言語では、変数として表現する
操作	そのクラスを元に生成された実体の動作を表す。属性を処理するもの。Java 言語では、メソッドとして表現する

Javaでは、このクラスの直下に用意された変数やメソッドを総称して**メンバ**と呼びます。まずはクラス自体を定義する構文を見てみましょう（**表6-2**）。

構文

```
[ 修飾子 ] class クラス名 {  }
```

（例）
```
class Employee {  }
```

表6-2：**クラスの定義で指定する項目**

修飾子	修飾子はクラスの公開範囲やクラスの特性を指定する。このクラス定義では修飾子は未使用（修飾子の詳細は後述）
クラス名	class キーワードの後にクラス名を指定する

classキーワードの後には、**クラス名**を指定します。この例では、社員クラスということで、Employeeというクラス名を指定しています。また、先頭にある修飾子とは、クラスの公開範囲やクラスの特性を指定するためのものです。例のように指定しなくても、エラーにはなりません。修飾子については後述します。

次のサンプルコードのように、1つのソースファイルに複数のクラスを定義することもできます(Sample6_1.java)。

Sample6_1.java：1つのソースファイルに2つのクラス定義

```
class Employee {  }        // ①
class Item { }             // ②
```

2つのクラスを定義したソースファイルをコンパイルすると、2つのクラスファイルが生成されます(**図6-2**)。

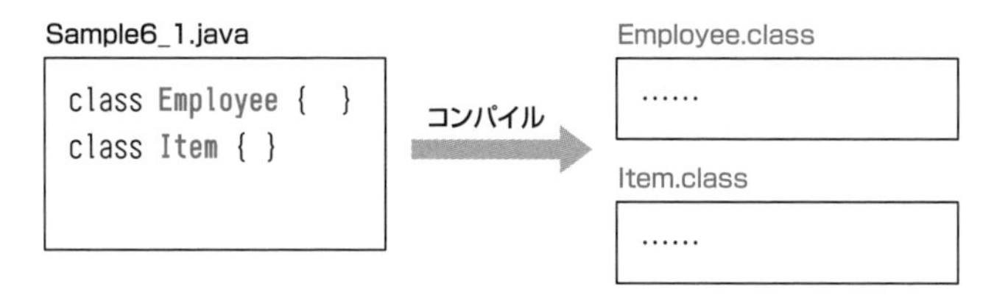

図6-2：**定義したクラスの数だけクラスファイルが生成される**

コンパイルによって生成されたクラスファイルの名前を確認してください。「Employee.class」と「Item.class」です。このように、クラスファイル名には**ソースファイル内で定義した**クラス名が使用されます。

》変数の宣言

この変数はメンバ変数と呼ばれ、そのクラスがもつべき属性を表現するために使用します。メンバ変数はフィールドとも呼ばれます。メンバ変数には、インスタンス変数とstatic変数の2種類があります(**表6-3**)。

表6-3：**メンバ変数の種類**

インスタンス変数	オブジェクトごとに存在する変数
static 変数	クラスに対して存在する変数（static 変数の詳細は後述）

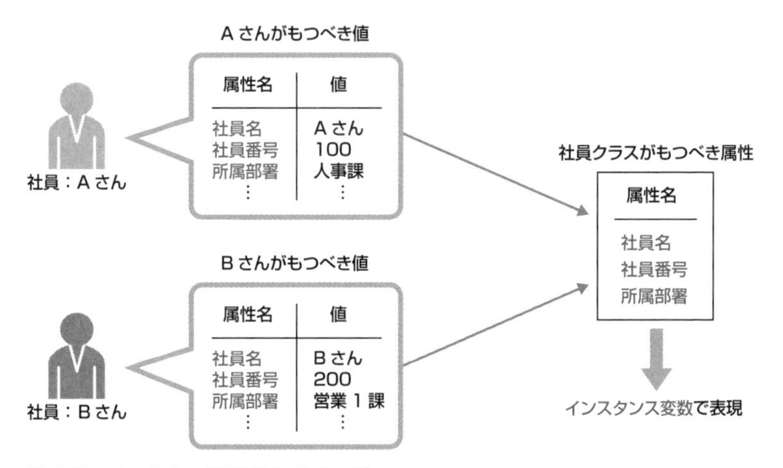

図6-3：インスタンス変数のイメージ

ここでは、インスタンス変数の宣言方法を構文とともに確認します（**表6-4**）。

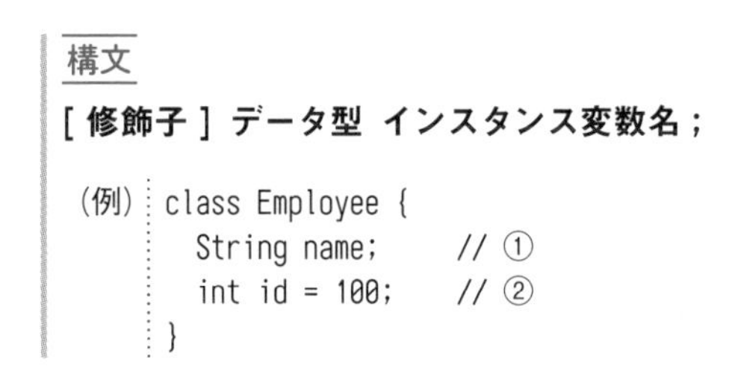

構文

[修飾子] データ型 インスタンス変数名 ;

（例）
```
class Employee {
  String name;      // ①
  int id = 100;     // ②
}
```

表6-4：インスタンス変数の宣言で指定する項目

修飾子	修飾子は変数の公開範囲や変数の特性を指定する。この変数宣言では修飾子は未使用（修飾子の詳細は後述）
データ型	基本データ型または、別のオブジェクトを参照する参照型を指定する
インスタンス変数名	宣言する変数の名前

インスタンス変数の宣言方法は第2章で学んだ変数宣言と同じです。しかし、オブジェクトの属性であるインスタンス変数に格納される値は、オブジェクトごとに異なる（**図6-3**）ため、各オブジェクトの雛形であるクラスには、属性名（つまり変数名）のみ指定し、値は後から格納することが多いです。構文の①のようにインスタンス変数を宣言する場合は、データ型を決めてから変数の名前を記述します。ただし、②のように、データ型および名前を宣言した時点で値

を代入し、明示的な初期化をすることも可能です。

メソッドの定義

次に、クラスの中に必要なメソッドを定義します。Java言語ではメソッドを、そのクラスがもつべき操作や機能を表現するために使用します。

たとえば、社員（Employee）クラスのオブジェクトには、社員番号（ID）をもつための変数が必要でしょう。さらに、社員オブジェクトを利用する他のオブジェクト（人事担当者オブジェクトや先輩オブジェクトなど）から、社員番号を格納したり参照したりする手段も必要です。そこで、社員番号を格納するsetId()メソッドや、社員番号を返すgetId()メソッドを定義しておきます（**図6-4**）。

■例1：setId() メソッド

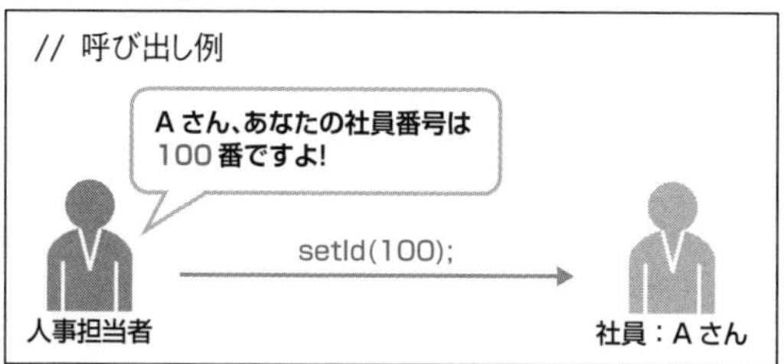

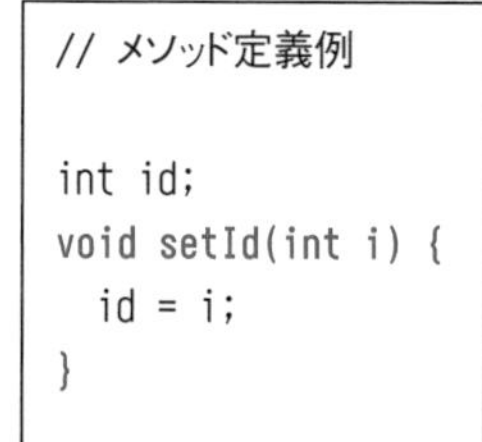


```
int id;
void setId(int i) {
  id = i;
}
```

■例2：getId() メソッド

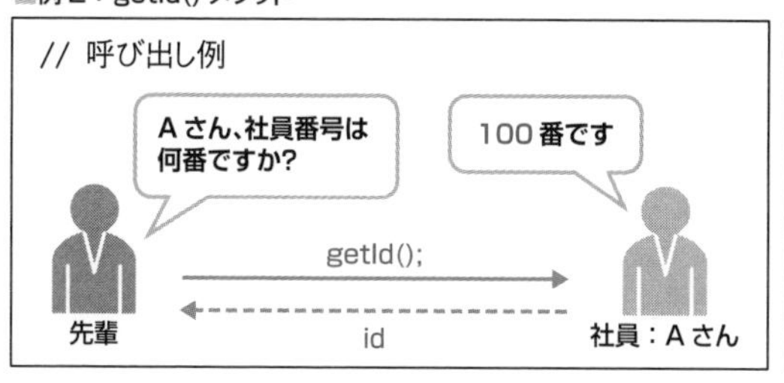

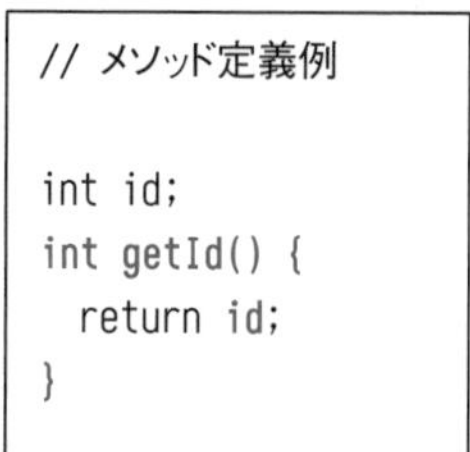


```
int id;
int getId() {
  return id;
}
```

図6-4：メソッドのイメージ

メソッド定義の構文は、次のとおりです（**表6-5**）。

構文

[修飾子] 戻り値の型　メソッド名 (引数リスト) { }

表 6-5：メソッドの定義で指定する項目

修飾子	修飾子はメソッドの公開範囲やメソッドの特性を指定する。図 6-4 のメソッド定義では修飾子は未使用（修飾子の詳細は後述）
戻り値の型	メソッドは、メソッドの呼び出しの結果として任意に値を返せる。返されるデータの型（int や String など）は、戻り値の型で決定する。返す値がない場合は、void と記述する
メソッド名	メソッド名はメソッドを識別しメソッドを呼び出すときに使用される
引数リスト	引数リストとは、メソッドの呼び出し元から渡されるデータを格納するための変数のリストである。引数リストには 0 個以上の変数をカンマ区切りで宣言できる

図6-5は、図6-4の「例1：setId()メソッド」を詳しく見たものです。setId()メソッドの**引数リスト**には、int型の変数が1つ指定されています。これによりsetId()メソッドは、呼び出し元から整数値を1つ受け取ります。setId()メソッドの呼び出し元（呼び出す側）では、100を渡しています。

また、setId()メソッドは、戻り値の型としてvoidの指定がされています。呼び出し元に値を返す必要がないメソッドには、**戻り値の型**として**void**を指定します。

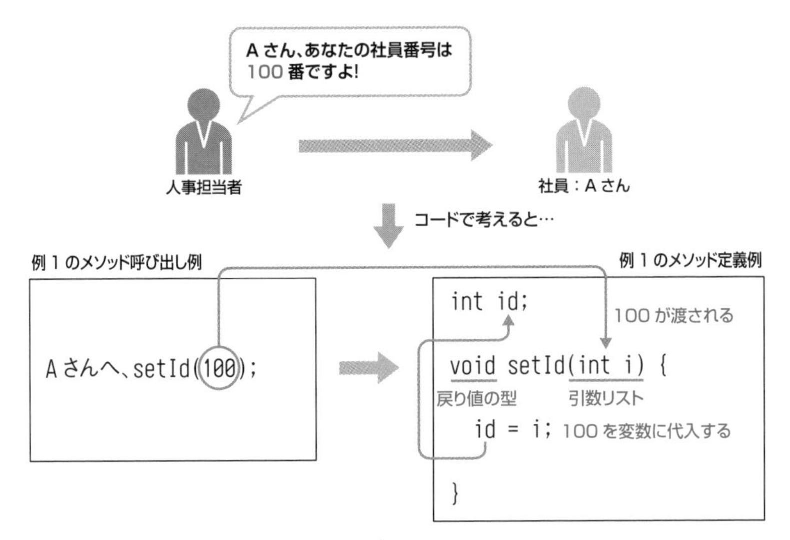

図 6-5：setId() メソッドの定義と呼び出し

一方、図6-4の「例2：getId()メソッド」は、呼び出し時に何も渡していませんが、呼び出し元へid変数の値を返す処理が記述されています。戻り値を返すには、処理の最後でreturn文を記述します。

構文

```
return 戻り値;
```


なお、戻り値を複数返すことはできません。そのため、return文に指定できる戻り値は1つだけです。

以上のように、メソッドの定義は**戻り値の型や引数リストの組み合わせ**により、いろいろな記述があります。以下はメソッドの定義例です。

メソッドの定義例

・引数にString型とint型の値を受け取り、戻り値は返さない例

```
void methodA(String n, int i){ }
```

・引数にint型の配列を受け取り、戻り値は返さない例

```
void methodB(int[] i){ }
```

・引数はなく、戻り値としてint型の配列を返す例

```
int[] methodC(){ return <int型の配列値> }
```

・引数にint型の値を受け取り、戻り値としてString型の値を返す例

```
String methodD(int i){ return <String型の値> }
```

・引数はなく、戻り値は返さない例

```
void methodF(){ }
```

なお、図6-4の「例1：setId()メソッド」では、引数リストで受け取った値をインスタンス変数idに代入していますが、このとき、引数リストで指定している変数名（i）と、インスタンス変数（id）の名前とを異なるものにしています。両者を同じ変数名にしては、区別できないからです（**図6-6**）。

①引数で指定した名前と、
インスタンス変数の名前が違う場合

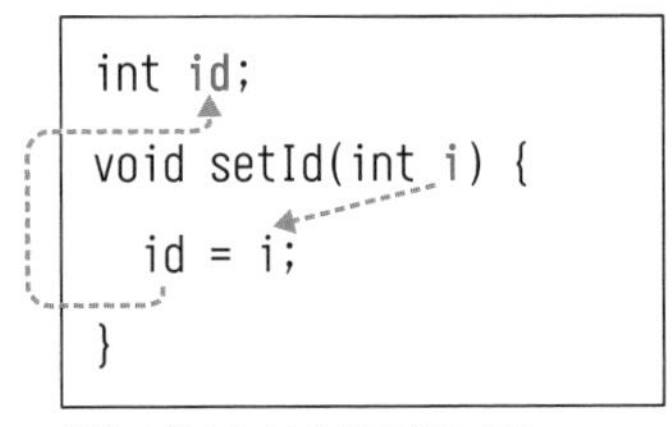

引数の値iを、id変数に代入する

②引数で指定した名前と、
インスタンス変数の名前が同じ場合

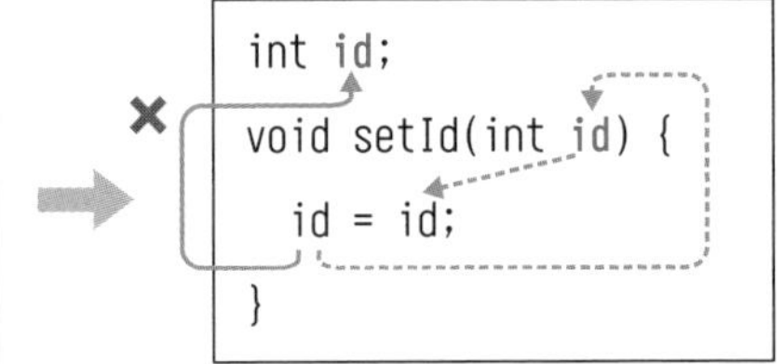

メソッドの引数であるidへ再代入してしまい、
インスタンス変数に代入されない

図6-6：**インスタンス変数名と引数リストで使用する変数名**

参考

インスタンス変数を利用する際に**this**キーワードを指定すると、図6-6の問題を解決することができます。thisについては第7章で紹介します。

インスタンス化

クラスを定義し、必要なインスタンス変数やメソッドを定義することでAさんやBさんオブジェクトの雛形となる社員クラスを作成することができました。では、作成したクラスをもとに実際のAさんオブジェクトを作成します。クラスをもとにオブジェクトを作成することを**インスタンス化**といいます。

インスタンス化にはnewキーワードを使用します。構文は次のとおりです。

構文

```
データ型 変数名 = new クラス名();
```

（例）
```
Employee a = new Employee();
```

図6-7を見てください。

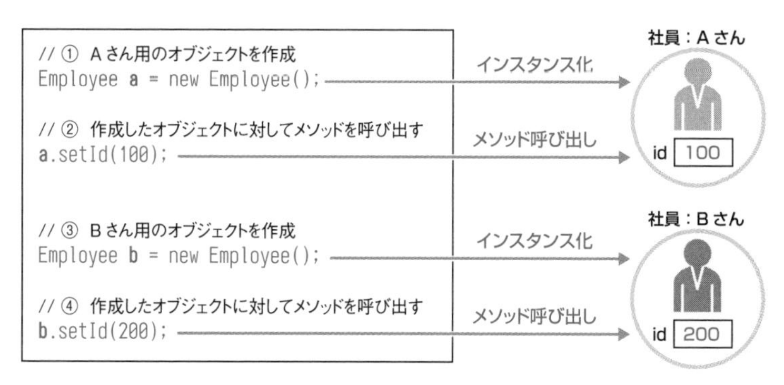

図6-7：インスタンス化

この図では、1つのクラス（Employeeクラス）から、2つのオブジェクトを生成しています。そして生成後、2つのオブジェクトに対して、メソッドの呼び出しを行っています。

オブジェクトは、「new クラス名()」によって生成されます。生成されたオブジェクトは変数に代入して扱います。オブジェクトを代入する変数は、通常の変数と同じく「データ型 変数名」によって宣言します。ただし、**データ型にはクラス名を指定**します。

> **参考**
>
> 変数に代入する値の型が、基本データ型ではなく、オブジェクトのような参照型の場合、オブジェクト自体が変数に直接格納されるわけではありません。オブジェクトはメモリ上のある場所に置かれ、変数はその場所を指し示します。そのため、**参照型**と呼ばれます。

また、オブジェクトに対してメソッドを呼び出すには、次の構文を使用します。

構文

変数名 . メソッド名 ();

（例） a.setId(100);

どのオブジェクトに対してメソッドを呼び出したいのかを表すため、メソッド名の前に、オブジェクトを代入した変数の名前を指定します。変数名により、どのクラスに定義されているメソッドなのか、またメソッド名によりどのメソッドを呼び出したいのか、()内の引数により、引数の有無が判断できます。

呼び出し側と定義側で、メソッド名と引数リストが合致したメソッドが呼び出されます。

なお、**メソッド名と引数リスト**をまとめて**シグニチャ**と呼ばれています。変数名を経由してメソッドを呼ぶので、1つのクラスから複数のオブジェクトを生成しても、それぞれのオブジェクトに対してメソッドを呼び出すことができます。

Sample6_2.javaは、本章でここまでに学んだことをサンプルコードとしてまとめたものです。

Sample6_2.java：**クラス定義の例**

```
1. class Employee {
2.   int id;
3.   void setId(int i) {
4.     id = i;
5.   }
6.   int getId() {
7.     return id;
8.   }
9. }
10. class Sample6_2 {
11.   public static void main(String[] args) {
12.     // Aさん用オブジェクトを作成
13.     Employee a = new Employee();
14.     // IDをセットする
15.     a.setId(100);
16.
17.     // Bさん用オブジェクトを作成
18.     Employee b = new Employee();
19.     // IDをセットする
20.     b.setId(200);
21.
22.     // それぞれのIDの表示
23.     System.out.println("Aさん： " + a.getId());
24.     System.out.println("Bさん： " + b.getId());
25.   }
26. }
```

実行結果

```
Aさん： 100
Bさん： 200
```


変数のスコープ

変数宣言は、その変数を使用する前であればどこで行ってもかまいません。しかし、宣言をする場所によって、変数の呼び名やその変数を使用できる範囲が変わります。

クラス定義の直下で宣言する変数は、オブジェクトの属性として扱われるため**メンバ変数**と呼ばれます。一方、if文やfor文など、あるブロックの中で宣言された変数やメソッドの引数リストで宣言された変数は、**ローカル変数**と呼ばれます。

どちらの変数も宣言方法は同じです。しかし、変数にアクセスできる範囲が異なります。この範囲のことを**変数のスコープ**と呼びます。メンバ変数は、クラス内のどこからでもアクセスできますが、ローカル変数は、宣言したブロック内でしかアクセスできません。

図6-8は、メンバ変数とローカル変数のスコープを表したものです。

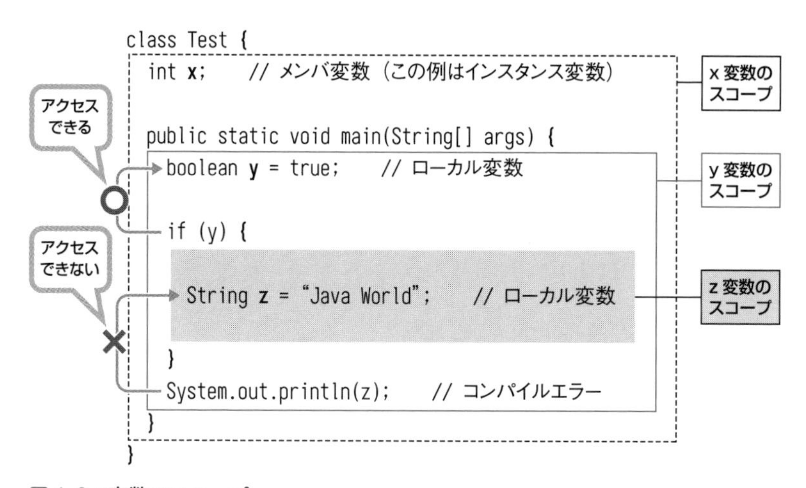

図6-8：変数のスコープ

x変数は、クラス定義の直下で宣言されている**メンバ変数**です。

y変数は、main()メソッド内で宣言されている**ローカル変数**です。メソッド内で定義したifブロックからもアクセス可能です。

ifブロック内で宣言されている**z変数**も**ローカル変数**ですが、ifブロック内でしかアクセスできません。そのため、外側のスコープであるmain()メソッドにあるSystem.out.println(z);からはアクセスできず、コンパイルエラーとなります。

コンストラクタ

コンストラクタの定義

クラスには、メンバ変数やメソッドの他に、**コンストラクタ**を定義することができます。コンストラクタとは、インスタンス化のときに最初に呼び出されるブロックを定義するものです。定義方法はメソッドの定義方法と似ていますが、コンストラクタには2つの決まりがあります。

- 名前がクラス名と同じである
- 戻り値をもたない

コンストラクタの構文は次のとおりです。

構文

[修飾子] コンストラクタ名 (引数リスト) { }

(例)
```
class Employee {
  int id;

  //コンストラクタの定義
  Employee(int i) {
    this.id = i;
  }
}
```

この例では、Employeeクラスに明示的にコンストラクタを定義しています。**名前がクラス名と同じであること、戻り値の型やreturn文がない**ことを確認してください。

なお、コンストラクタはメソッドと同様に引数リストをもつことができます。

コンストラクタの呼び出し

コンストラクタは、次の構文で呼び出します。

構文

new コンストラクタ名()

new コンストラクタ名(引数リスト)

(例)
```
Employee e = new Employee();        // ①
Employee e = new Employee(100);     // ②
```

今まで、newキーワードの後は「クラス名()」としてきましたが、実はこれでコンストラクタを呼び出していました。この例の①は、今までどおりの記述です。一方②では、コンストラクタを呼び出す際に、引数として100を渡しています。

それでは、明示的にコンストラクタを定義することで、どのようなメリットがあるのでしょうか？

コンストラクタには、インスタンス化と同時に、生成されるオブジェクトに対して行っておきたい処理を記述します。たとえば、インスタンス変数に初期値を代入することができます。

例として、「Employeeクラスをインスタンス化したオブジェクトに社員番号をセットする」という処理を考えてみましょう(**図6-9**)。

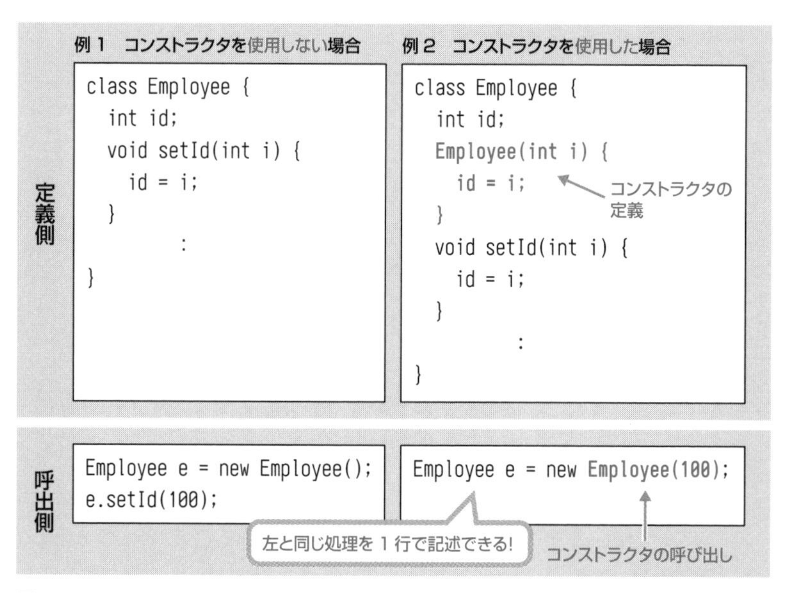

図6-9：**コンストラクタの利用**

例1では、インスタンス化をしてから、メソッドを利用して値をオブジェクトに渡しています。一方、例2では、インスタンス化と同時に値をオブジェクトに渡しているため、例1では2行で行っていた処理が1行で済んでいます。

このようにコンストラクタは、オブジェクトを生成したときに自動的に呼び出される特別なブロックです。コンストラクタを使用することにより、オブジェクトの初期化作業などを行うことができます。

デフォルトコンストラクタ

クラスには、明示的にコンストラクタを定義することができます。しかし、サンプルSample6_2.javaでは、コンストラクタを定義していないにもかかわらず、「new Employee()」と記述できていました。

実は、コンストラクタを明示的に定義しなかった場合、自動的にコンストラクタが追加される仕組みになっています。自動的に追加されたコンストラクタは、引数をもたず、実装も空です。このコンストラクタのことをデフォルトコンストラクタと呼びます（**図6-10**）。

●コンストラクタを明示的に定義しているとき

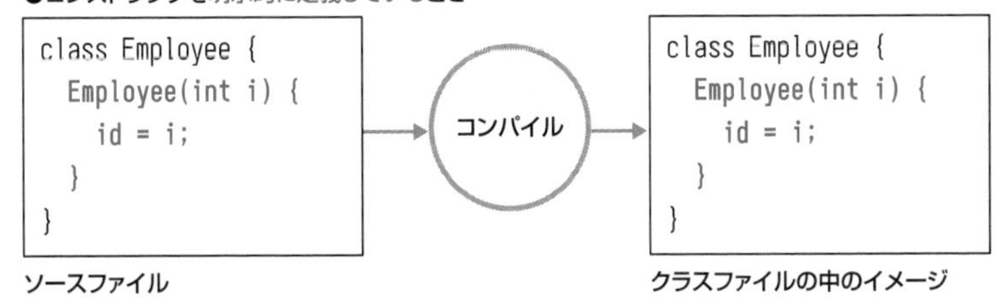

●コンストラクタを明示的に定義していないとき

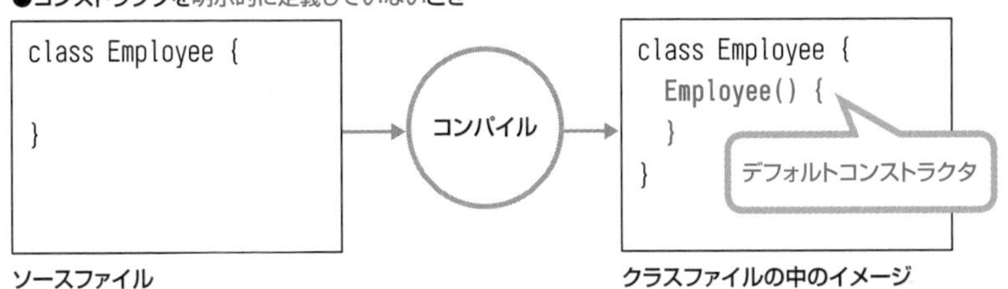

図6-10：デフォルトコンストラクタ

デフォルトコンストラクタは、**クラスに1つもコンストラクタを定義しなかった場合のみ**、コンパイルのタイミングで追加されます。したがって、明示的にコンストラクタを定義している場合、デフォルトコンストラクタは追加されません。

オーバーロード

オーバーロードとは

メソッド呼び出しで引数を渡す場合、呼び出し側とメソッド定義側で**引数の型を合わせる**必要があります。**図6-11**を見てください。

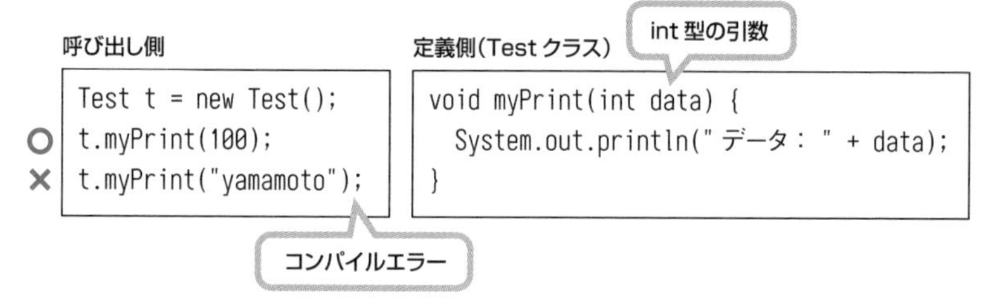

図 6-11：引数の型の違い

Testクラス側では、int型の引数を1つとるmyPrint()メソッドが定義されています。これにより、メソッドを呼び出す際はint型の引数を渡す必要があります。つまり、引数に文字列を指定したり、引数を指定せずにこのメソッドを呼び出すことはできません。たとえ処理内容が同じであったとしても、引数の型や数が異なる場合、それぞれメソッドを定義する必要があるわけです。

しかし、目的は同じにもかかわらず引数の型が違うだけでメソッド名を変えてしまうとたくさん使い分けなければならず、メソッドを利用する側はとても不便です。

引数に合わせてメソッド名を変えた場合

```
void myPrintInt(int iData) { …… }
void myPrintString(String sData) { …… }
void myPrint() { …… }
```

便利なことに、Java言語では1つのクラス内に、同じ名前のメソッドやコンストラクタを複数定義することができます。これを**オーバーロード**と呼びます。

ただし、それぞれのメソッドが別物であることを判断するため、次に示すように**引数の並び、型、数が異なっていること**が必要です。

なお、**戻り値**および後述する**アクセス修飾子**は、条件に含まれません。つまり、同じであっても異なっていても良いということです。

メソッドのオーバーロード例

```
void myPrint(){ }
void myPrint(int a) { }
void myPrint(int a, int b) { }
void myPrint(String s) { }
```

次のサンプルコード（**Sample6_3.java**）を見てみましょう。1〜8行目のTestクラス内では、myPrint()メソッドがオーバーロードされています。これらのメソッドの呼び出し側である9〜18行目のSample6_3クラスでは、型や数が異なる引数を渡しています。実行結果を見ると、引数によってそれぞれのメソッドが呼び出されていることが確認できます。

Sample6_3.java：**オーバーロードの例**

```
 1. class Test {
 2.   void myPrint(){ System.out.println("myPrint()"); }
 3.   void myPrint(int a) { System.out.println("myPrint(int a)"); }
 4.   void myPrint(int a, int b){
 5.                           System.out.println("myPrint(int a, int b)"); }
 6.   void myPrint(String s) {
 7.                           System.out.println("myPrint(String s)"); }
 8. }
 9. class Sample6_3 {
10.   public static void main(String[] args) {
11.     //Testクラスのインスタンス化
12.     Test t = new Test();
13.     t.myPrint();      //2行目が呼ばれる
14.     t.myPrint(100);  //3行目が呼ばれる
15.     t.myPrint(100, 200);   //4行目が呼ばれる
16.     t.myPrint("yamamoto"); //6行目が呼ばれる
17.   }
18. }
```

実行結果

```
myPrint()
myPrint(int a)
myPrint(int a, int b)
myPrint(String s)
```

もう1つ、オーバーロードのサンプルコードを見てみましょう（**Sample6_4.java**）。

Sample6_4.java：**正しいオーバーロード／エラーになるオーバーロード**

```
 1. class Test {
```

```
2.    String myPrint(int a, String b){ return "test"; }      //①
3.    String myPrint(int a, int b){ return "test"; }         //②
4.    String myPrint(String a, int b){ return "test"; }      //③
5.    //void myPrint(int a, String b){ }                     //④
6.    //String myPrint(int x, String y){ return "test"; }    //⑤
7. }
```

①で定義したメソッドに対し、②〜⑤でオーバーロードを試みています。

- ②は、2つ目の引数の型が異なるため、適切なオーバーロードです。
- ③は、引数の並びが異なるため、適切なオーバーロードです。
- ④は、引数の型、並び、数が同じであり、戻り値だけ異なっています。これはオーバーロードとはみなされず、コメント（//）をはずすとコンパイルエラーとなります。
- ⑤は、引数の変数名は変えています。しかし、型、並び、数が同じであるため、オーバーロードとはみなされず、コメント（//）をはずすとコンパイルエラーになります。

コンストラクタのオーバーロード

オーバーロードはコンストラクタにも適用可能です。メソッドのオーバーロードと同じく、引数の並び、型、数が異なっていれば、複数のコンストラクタを定義することが可能です。

コンストラクタのオーバーロード例

```
class Employee {
  Employee() { }
  Employee(int id) { }
  Employee(int id, String name) { }
```

コンストラクタのオーバーロードにより、コンストラクタに渡す引数の数や型、並びに応じて、柔軟にインスタンス化できるようになります（**Sample6_5.java**）。

Sample6_5.java：コンストラクタのオーバーロード

```
1. class Employee {
2.    int id;    String name;
```

```
 3.   Employee() {
 4.              System.out.println("Employee()");}
 5.   Employee(String name) {
 6.              System.out.println("Employee(String name)");}
 7.   Employee(int id) {
 8.              System.out.println("Employee(int id)");}
 9.   Employee(int id, String name) {
10.              System.out.println("Employee(int id, String name)");}
11. }
12. class Sample6_5 {
13.   public static void main(String[] args) {
14.     Employee a = new Employee();
15.     Employee b = new Employee("yamamoto");
16.     Employee c = new Employee(100);
17.     Employee d = new Employee(100, "yamamoto");
18.   }
19. }
```

実行結果

```
Employee()
Employee(String name)
Employee(int id)
Employee(int id, String name)
```

Sample6_5.javaの1〜11行目で定義したEmployeeクラスでは、Employee()コンストラクタがオーバーロードされています。これらのコンストラクタの呼び出し側であるSample6_5クラスでは、型や数が異なる引数を渡してインスタンス化しています。実行結果を見ると、引数によってそれぞれのコンストラクタが呼び出されていることが確認できます。

static変数とstaticメソッド

static変数とは・staticメソッドとは

クラス定義の直下に宣言するメンバ変数には2種類あります。ここまで使用してきたメンバ変数は、オブジェクトが個別に値をもつので**インスタンス変数**

と呼ばれます。もう1つのメンバ変数は、**static変数**です。クラスで変数を宣言するときにstatic修飾子を指定することで、static変数として扱われます。

メソッドにもstatic修飾子を指定することができます。メソッド定義でstatic修飾子を指定すると、**staticメソッド**として扱われます。

以上をまとめると、**表6-6**のようになります。

表6-6：メンバの種類

	メンバ変数	メンバメソッド
インスタンスメンバ	インスタンス変数 (非static変数)	インスタンスメソッド (非staticメソッド)
staticメンバ	static変数	staticメソッド

static修飾子の効果を、サンプルコードで確認しましょう（**Sample6_6.java**、途中まで)。

以下は、Sample6_6.javaファイルに定義したTestクラスです。

Sample6_6.java：staticメンバの例

```
1. class Test {
2.   int instanceVal = 100;
3.   static int staticVal = 200;
4.   void methodA() { System.out.println("methodA(): " + instanceVal);}
5.   static void methodB() {
6.                   System.out.println("methodB(): " + staticVal);}
7. }
```

instanceValはインスタンス変数、staticValはstatic変数です。また、methodA()は非static（インスタンス）メソッド、methodB()はstaticメソッドです。staticキーワードが指定されると、実行した際に領域の確保方法が変わります。

インスタンスメンバは、そのクラスをインスタンス化すると、各オブジェクトの中に個々の領域として用意されます。しかし、staticメンバは複数インスタンス化されても1箇所で領域が確保されます。つまり、1つのstaticメンバに対し、領域は1つしか用意されません（**図6-12**)。

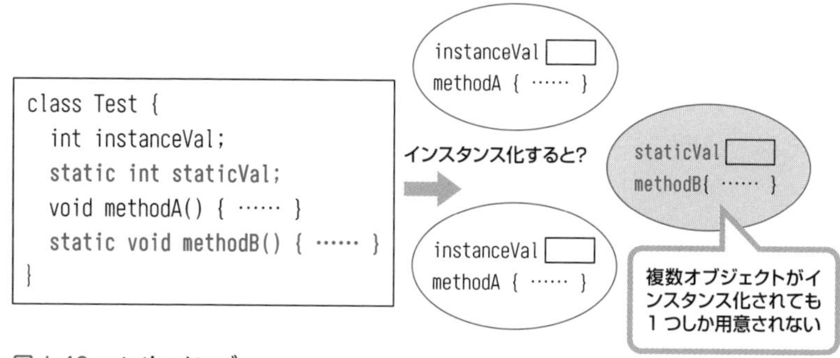

図 6-12：static メンバ

メンバ変数の初期化

Sample6_6.javaで定義したTestクラスのメンバ変数（インスタンス変数、およびstatic変数）は明示的に初期化していましたが、変数宣言のみ行った場合は、自動的にデフォルト値で初期化されます。

初期化時に使用されるデフォルト値は、第2章で紹介した配列の初期値と同じです。初期値の表を再掲します（**表6-7**）。

表 6-7：**メンバ変数の初期値**

データ型	値
byte、short、int、long	0
float、double	0.0
char	¥u0000
boolean	false
参照型	null

たとえば、以下にあるFooクラスでは、インスタンス変数としてnum、static変数としてstrが宣言されています。

```
1. class Foo {
2.    int num;
3.    static String str;
4. }
```

このコードは明示的に初期化していませんが、デフォルト値で初期化されます。つまりnum変数には0、str変数にはnullが代入されます。なお、注意する点として、**ローカル変数は暗黙で初期化されることはありません**。ローカル変数は使用する前に明示的に初期化しておく必要があります。

たとえば、以下のコードを確認してください。main()メソッド内でint型のローカル変数であるnumを宣言し、出力しようとしていますが、このコードはコンパイルエラーとなります。

```
1. public static void main(String[] args) {
2.     int num;
3.     System.out.println(num);
4. }
```

ローカル変数は明示的な初期化が必要であるため、2行目を「int num = 0;」のように記述すればコンパイル、実行は成功します。

static変数とstaticメソッドの呼び出し

static変数やstaticメソッドもインスタンス化してから呼び出すことができます。しかし、static変数やstaticメソッドは、複数インスタンス化しても領域としては1箇所しか用意されないため、インスタンス化しなくても呼び出せるようになっています。呼び出す際には、「**クラス名.static変数名**」や「**クラス名.staticメソッド名()**」と記述します。

Testクラスの各変数、メソッドを呼び出すSample6_6クラスを見てみましょう。

Sample6_6.java：static変数・staticメソッドの呼び出し例

```
1. class Test {
2.     int instanceVal = 100;
3.     static int staticVal = 200;
4.     void methodA() { System.out.println("methodA(): " + instanceVal);}
5.     static void methodB() {
6.                         System.out.println("methodB(): " + staticVal);}
7. }
8. class Sample6_6 {
```

```
 9.   public static void main(String[] args) {
10.     //System.out.println(Test.instanceVal);      //① NG
11.     System.out.println(Test.staticVal);        //② OK
12.     //Test.methodA();                          //③ NG
13.     Test.methodB();                            //④ OK
14.     System.out.println("-----------------");
15.     Test t = new Test();
16.     System.out.println(t.instanceVal);         //⑤ OK
17.     System.out.println(t.staticVal);           //⑥ OK
18.     t.methodA();                               //⑦ OK
19.     t.methodB();                               //⑧ OK
20.   }
21. }
```

実行結果

```
200
methodB(): 200
-----------------
100
200
methodA(): 100
methodB(): 200
```

先ほど確認したTestクラスを利用しているSample6_6クラスを確認します。

非static（インスタンス）メンバは、必ずインスタンス化しなければ呼び出せません。したがって、10行目はクラス名.インスタンス変数、12行目はクラス名.インスタンスメソッド名()としているため、コメントをはずすとコンパイルエラーとなります。また、11、13行目のように通常、staticメンバはクラス名.メンバ名で呼び出しますが、17、19行目のように、インスタンス化した後、参照変数を使用して呼び出すことも可能です。

インスタンスメンバとstaticメンバのクラス内でのアクセス

前項では、あるクラスで定義した非static（インスタンス）メンバとstaticメンバを、他クラスからアクセスする方法を確認しました。

また、Sample6_6.javaのTestクラスでは、クラス内でstaticメソッドからstatic変数にアクセスし、非static（インスタンス）メソッドからインスタンス変数にアクセスすることのみ確認しました。では、他の組み合わせではどうなるでしょうか。メンバ間のアクセスには、次のルールがあります。

メンバ間アクセスのルール

- クラス内で定義したインスタンスメンバ同士、static メンバ同士は直接アクセスできる
- クラス内で定義したインスタンスメンバは、クラス内で定義した static メンバに直接アクセスできる
- クラス内で定義した static メンバは、クラス内で定義したインスタンスメンバに直接アクセスできない。
  アクセスする場合は、インスタンス化してからアクセスする

このルールに従い、次のサンプルコードを確認します（**Sample6_7.java**）。このクラスはmain()メソッドを定義していないため、実行確認は行いません。コンパイルの確認のみ行います。

Sample6_7.java：**メンバ間アクセスのルールを確認**

```
 1. class Sample6_7 {
 2.   int instanceVal;             //インスタンス変数
 3.   static int staticVal;        //static 変数
 4.
 5.   int methodA() { return instanceVal; }          //① OK
 6.   int methodB() { return staticVal; }            //② OK
 7.   //static int methodC() { return instanceVal; } //③ NG
 8.   static int methodD() { return staticVal; }     //④ OK
 9.   static int methodE() {                         //⑤ OK
10.     Sample6_7 obj = new Sample6_7();
11.     return obj.instanceVal;
12.   }
13. }
```

- ①は、インスタンスメソッド→インスタンス変数なので、問題ありません
- ②は、インスタンスメソッド→ static 変数なので、問題ありません
- ③は、static メソッド→インスタンス変数なので、コメント（//）をはずすとコンパイルエラーです
- ④は、static メソッド→ static 変数なので、問題ありません
- ⑤は、static メソッド内で自クラスをインスタンス化し、変数 obj. インスタンス変数でアクセスしているので、問題ありません

今までの説明にありましたが、インスタンスメンバの呼び出しは、どのオブジェクトに対して行うのかを明示する必要があるため、「参照変数名.インスタンスメンバ」としていました。

これは、呼び出し側のクラスと呼び出される側のクラスが別であり、当然、確保される領域も別だからです。

同じクラス内にインスタンスメンバとstaticメンバを定義しても、実行時には別の領域に確保されます。したがって、Sample6_7.javaの7行目の呼び出しはコンパイルエラーとなりますが、10、11行目のように、自分自身（Sample6_7クラス）をインスタンス化し、参照変数名を使用することでどのオブジェクトに対する呼び出しなのかが特定できるため、呼び出しが可能となります。
1つのクラス内でインスタンスメンバとstaticメンバが混在している場合は、アクセス方法に注意してください（**図6-13**）。

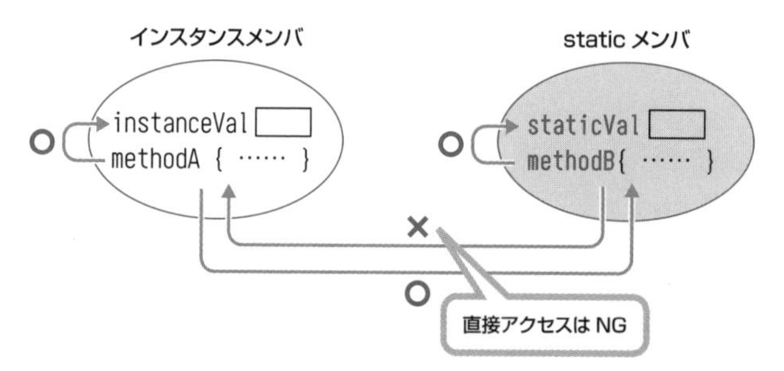

図 6-13：1 つのクラス内にインスタンスメンバと static メンバが混在

アクセス修飾子とカプセル化

アクセス修飾子

ここまでで紹介したコードではアクセス修飾子を使用していませんでした。ここでは、アクセス修飾子について説明します。

Java言語では、クラス、コンストラクタ、メンバ変数、メソッドに対し、他のクラスからのアクセスを許可するか／しないかなどを、**アクセス修飾子**を使って指定できます。アクセス修飾子には**表6-8**に挙げたものがあります。

表 6-8：アクセス修飾子

アクセス修飾子	適用場所				説明
	クラス	コンストラクタ	メンバ変数	メソッド	
public	○	○	○	○	どのクラスからでも利用可能
protected	×	○	○	○	このクラスを継承したサブクラス、もしくは同一パッケージ内のクラスから利用可能
デフォルト（指定なし）	○	○	○	○	同一パッケージ内のクラスからのみ利用可能
private	×	○	○	○	同一クラス内からのみ利用可能

広い ↑ 公開範囲 ↓ 狭い

protected修飾子とprivate修飾子は、**クラスに指定することはできない**ので注意しましょう。また、メンバ変数に対してはアクセス修飾子を適用できますが、ローカル変数には適用できません。

なお、表中にある「継承」については第7章で、「パッケージ」については、第8章で説明します。

ここでは、public修飾子とprivate修飾子を使用したサンプルコードを見てみます（**Sample6_8.java**）。

Sample6_8.java：**public 修飾子と private 修飾子の例**

```
 1. class Employee {
 2.   private int id;  //インスタンス変数にprivateを指定
 3.   public Employee(int i) { id = i; } //コンストラクタにpublicを指定
 4.   public int getId() { return id; }  //メソッドにpublicを指定
 5. }
 6. public class Sample6_8 {
 7.   public static void main(String[] args) {
 8.     Employee emp = new Employee(100);
 9.     //private 指定されたメンバは、他クラスからアクセス不可
10.     //System.out.println(
11.     // "private 指定のインスタンス変数へアクセス : " + emp.id);
12.     //public指定されたメンバは、他クラスからアクセス可
13.     System.out.println(
14.       "public指定のメソッドへアクセス : " + emp.getId());
15.   }
16. }
```

実行結果

```
public指定のメソッドへアクセス : 100
```

このサンプルコードでは、Employeeクラスのインスタンス変数idにprivate修飾子を指定し、コンストラクタとgetId()メソッドにpublic修飾子を指定しています。他クラスであるSample6_8クラスでは、このEmployeeクラスをインスタンス化しメソッドを呼び出しています。しかし、10〜11行目のコメント(//)をはずすと、private修飾子が指定されたインスタンス変数へアクセスしようとするため、コンパイルエラーとなります。privateメンバは、同一クラス内からのみ利用可能です。したがって他クラス(この例では、Sample6_8クラス)からアクセスすることはできません。

アクセス制御の推奨ルール

第5章でオブジェクト指向では、属性と操作を一体化させて表現することを**カプセル化**と説明しました。Java言語では、クラス内にオブジェクトごとにもつ属性をインスタンス変数として定義し、操作をメソッドとして定義することで、カプセル化を実現しています。そして、カプセル化されたクラスにおいて、実データであるインスタンス変数が他クラスからむやみに変更されることを防ぐために、一般的には次のルールでアクセスを制御することが推奨されています。

推奨されているアクセス制御ルール

- インスタンス変数は、アクセスをprivateにする(private修飾子を指定する)
- メソッドは、アクセスをpublicにする(public修飾子を指定する)

これにより、外部から属性への直接的なアクセスを避け、操作経由でのみアクセスを許可することで属性を保護(データ隠蔽)しています。

なお、1つのソースファイル(.javaファイル)に、複数のクラスを定義することは可能ですが、**publicなクラスは、1つのソースファイルにつき、1つしか記述できません**。また、publicなクラスを定義した場合、**そのソースファイル名はpublicなクラスの名前と同じ**でなければいけません。

ガベージコレクタ

ガベージコレクタとは

第1章で説明しましたが、Java言語で作成されたプログラムはJVM（Java仮想マシン）上で実行されます。JVMはプログラム実行の制御やメモリ管理を行っているため、プログラマがメモリ領域の確保や解放を行うためのコードを記述する必要はありません。

メモリ領域の解放は、JVM上で稼働している**ガベージコレクタ**と呼ばれるプログラムが行っています。ガベージコレクタは、プログラムが使用しなくなったメモリ領域を検出し、解放します。

たとえば、あるクラスにint型のインスタンス変数を宣言したとします。このクラスがインスタンス化されると、int型のデータサイズである32ビット分のメモリ領域が使用されることになります。そしてこのオブジェクトを利用している間は、この領域が確保されていますが、このオブジェクトが使用されなくなった（つまり参照がなくなった）とき、ガベージコレクタによってこのオブジェクトが使用していたメモリ領域を解放します。

注意すべき点は、ガベージコレクタがあっても、コードの書き方によってはメモリ不足が発生するということです。ガベージコレクタは、プログラマが強制的に実行させることはできませんが、必要に応じてオブジェクトをガベージコレクタの対象にすることは可能です。

オブジェクトをガベージコレクタの対象にする

オブジェクトはどこからか参照されている間は、ガベージコレクタの対象になることはありません。プログラムの中で明示的に「この変数はオブジェクトを参照しない」ということを表現するにはnullを代入します（**図6-14**）。

①e1 変数は、Employee オブジェクトを参照している

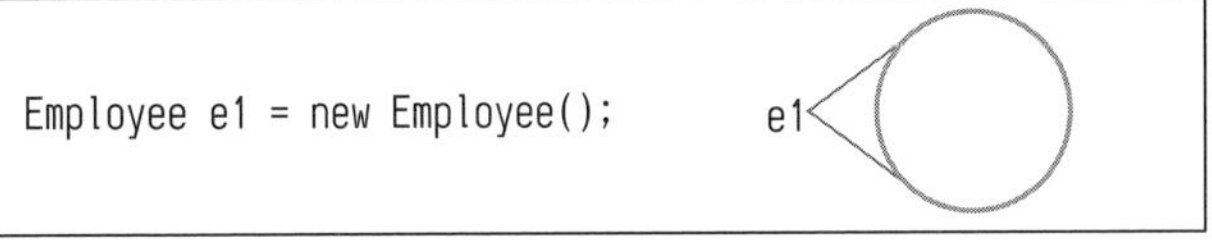

②e2 変数は、e1 変数が参照しているのと同じオブジェクトを参照する

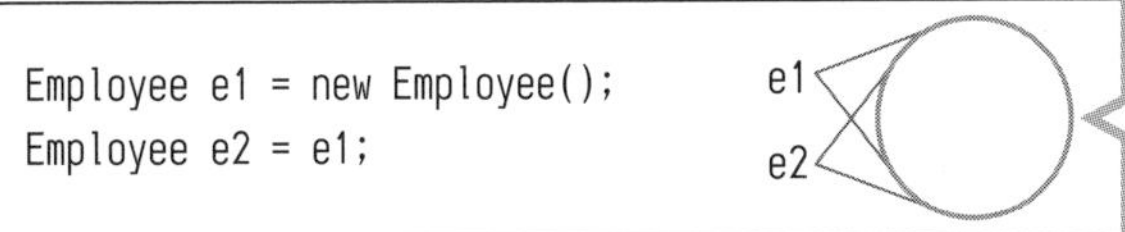

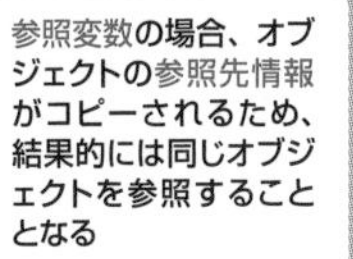

③null を代入することで、「その変数は何も参照していない」という意味になる

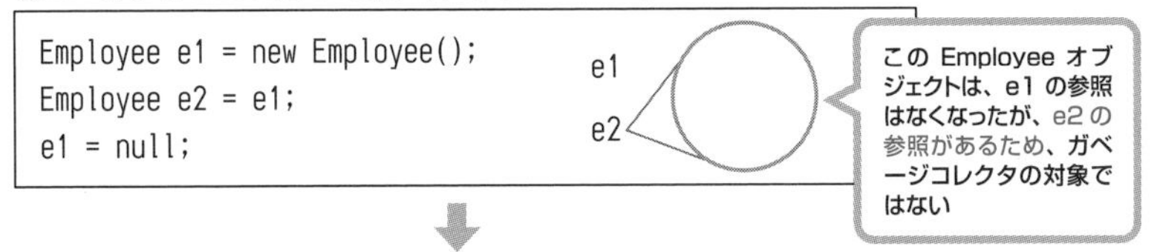

④どこからも参照されていないオブジェクトはガベージコレクタの対象となる

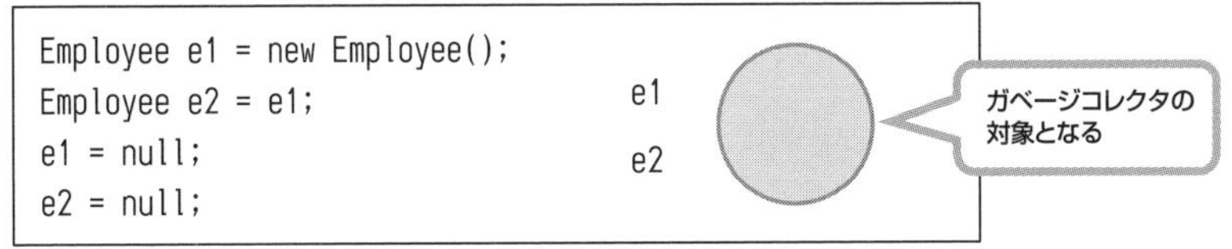

図 6-14：ガベージコレクタの働き

練習問題

問題 6-1

クラスの定義として、正しい説明は次のどれですか。2 つ選択してください。

- □ A.　main() メソッドは必ず含める必要がある
- □ B.　1 つのソースファイルには 1 つのみクラス定義ができる
- □ C.　public クラス名とソースファイル名は同じでなければならない

☐ D. クラスは基本データ型である

☐ E. 変数のみ記述したクラスを定義できる

問題 6-2

次のコードがあります。

```
 1. class Test {
 2.   boolean var;
 3.   public static void main(String[] args) {
 4.     Test obj = new Test();
 5.     // ここにコードを挿入
 6.       System.out.println("true");
 7.     }else{
 8.       System.out.println("false");
 9.     }
10.   }
11. }
```

5行目に挿入した際に、コンパイル、実行ともに成功するコードは次のどれですか。1つ選択してください。

○ A. if(obj.var = "true"){

○ B. if(obj.var == "true"){

○ C. if(obj.var == true){

○ D. if(obj.var.equals("true")){

○ E. if(obj.var.equals(true)){

問題 6-3

次のコードがあります。

```
1. class Test {
2.   String name = "hana";
3.   public static void main(String[] args) {
4.     String name = args[1];
5.     Test obj = new Test();
6.     System.out.println(obj.name);
7.   }
```

```
 8. }
```

実行する際は次とします。

```
java Test kei bill
```

コンパイル、実行した結果として正しいものは次のどれですか。1つ選択してください。

- ○ A. null
- ○ B. hana
- ○ C. kei
- ○ D. bill

問題 6-4

次のコードがあります。

```
 1. class Foo {
 2.   // ここにコードを挿入
 3.     int[] data = {a, b};
 4.     return data;
 5.   }
 6. }
 7. class Test {
 8.   public static void main(String[] args) {
 9.     Foo obj = new Foo();
10.     int[] array = obj.method(100, 200);
11.     System.out.println(array[0] + " " + array[1]);
12.   }
13. }
```

2行目に挿入した際に、コンパイル、実行ともに成功するコードは次のどれですか。1つ選択してください。

- ○ A. int method(int a, b) {
- ○ B. int method(int a, int b) {
- ○ C. int[] method(int a, b) {
- ○ D. int[] method(int a, int b) {
- ○ E. int, int method(int a, int b) {

○ F. int, int method(int a, b) {

問題 6-5

次のコードがあります。

```
 1. class Test {
 2.   public static void main(String[] args) {
 3.     int x = 5;
 4.     Test t = new Test();
 5.     t.go(x);
 6.     System.out.print(" main:x =" + x);
 7.   }
 8.   void go(int x) {
 9.     System.out.print(" go:x =" + x++);
10.   }
11. }
```

コンパイル、実行した結果として正しいものは次のどれですか。1つ選択してください。

○ A. コンパイルエラー
○ B. 実行時エラー
○ C. go:x =6 main:x =6
○ D. go:x =6 main:x =5
○ E. go:x =5 main:x =6
○ F. go:x =5 main:x =5

問題 6-6

次のコードがあります。

```
 1. class Test {
 2.   int x = 50;
 3.   int y = 100;
 4.   public static void main(String[] args) {
 5.     int x = 0, y = 10;
 6.     Test t = new Test();
 7.     while (x < 3) {
 8.       x++; y--;
 9.     }
```

```
10.       System.out.println("x = " + x + " , y = " + y);
11.    }
12. }
```

コンパイル、実行した結果として正しいものは次のどれですか。1つ選択してください。

○ A. x = 3 , y = 7
○ B. x = 53 , y = 97
○ C. 5行目にエラーがあるため、コンパイルエラーが発生する
○ D. 6行目にエラーがあるため、コンパイルエラーが発生する
○ E. 7行目にエラーがあるため、コンパイルエラーが発生する
○ F. 8行目にエラーがあるため、コンパイルエラーが発生する

問題 6-7

次のコードがあります。

```
1. class MyClass {
2.    public int myMethod (double a, int i) { return 0; }
3.    // ここにコードを挿入
4. }
```

3行目に挿入した際に、コンパイルが成功するコードは次のどれですか。4つ選択してください。

□ A. public int myMethod(int i, double a) { return 0; }
□ B. public double myMethod(double b, int j) { return 0.0; }
□ C. public int myMethod(double a, double b, int i) { return 0; }
□ D. public int yourMethod(double a, int i) { return 0; }
□ E. int myMethod(double a, int i) { return 0; }
□ F. int myMethod(double a) { return 0; }
□ G. public int myMethod(double x, int y) { return 0; }

問題 6-8

次のコードがあります。

```
1. class Test {
```

```
2.    static void func(int a, int b) { System.out.print(a + b); }
3.    static void func(String a, String b) { System.out.print(a + b); }
4.    public static void main(String[] args) {
5.      func(10, 20); func("a", "b");
6.    }
7. }
```

コンパイル、実行した結果として正しいものは次のどれですか。1つ選択してください。

○ A. 2行目にエラーがあるため、コンパイルエラーが発生する
○ B. 3行目にエラーがあるため、コンパイルエラーが発生する
○ C. 30ab
○ D. 1020ab

問題 6-9

次のコードがあります。

```
1. class Foo {
2.    void Foo() { System.out.println("Hello"); }
3.    void Foo(String str) { System.out.println("Bye"); }
4. }
5. class Test {
6.    public static void main(String[] args) {
7.      Foo f = new Foo();
8.    }
9. }
```

コンパイル、実行した結果として正しいものは次のどれですか。1つ選択してください。

○ A. コンパイルエラー
○ B. 実行時エラー
○ C. 何も出力しない
○ D. Hello
○ E. Bye

問題 6-10

次のコードがあります。

```
1. class Foo {
2.   Foo() { System.out.println("Hello"); }
3.   private Foo(String str) { System.out.println("Bye"); }
4. }
5. class Test {
6.   public static void main(String[] args) {
7.     Foo f = new Foo();
8.   }
9. }
```

コンパイル、実行した結果として正しいものは次のどれですか。1つ選択してください。

○ A. コンパイルエラー
○ B. 実行時エラー
○ C. 何も出力しない
○ D. Hello
○ E. Bye

問題 6-11

デフォルトのアクセス修飾子の説明として正しいものは次のどれですか。1つ選択してください。

○ A. このクラスを継承したサブクラス、もしくは同一パッケージ内のクラスから利用可能を表す
○ B. 同一パッケージ内のクラスからのみ利用可能を表す
○ C. 同一クラス内からのみ利用可能を表す
○ D. どのクラスからでも利用可能を表す
○ E. Java ではデフォルトのアクセス修飾子はなく、public、protected、private のいずれかを指定する必要がある

問題 6-12

次のコードがあります。

```
1. public class Car{
2.     // ここにコードを挿入
3.   public void setGas(int v){
```

```
4.        gas = v;
5.    }
6. }
```

2行目に挿入した際に有効なカプセル化を実現するコードは次のどれですか。1つ選択してください。

○ A. struct int gas;
○ B. public int gas;
○ C. private int gas;
○ D. protected int gas;

問題 6-13

private 修飾子を使用可能なメンバは次のどれですか。3つ選択してください。

□ A. クラス
□ B. インスタンス変数
□ C. ローカル変数
□ D. 制御文
□ E. static メソッド
□ F. コンストラクタ

問題 6-14

クラス内に定義したメンバの説明として正しいものは次のどれですか。2つ選択してください。

□ A. インスタンスメソッドから static メソッドを直接呼び出せる
□ B. static メソッドからインスタンスメソッドを直接呼び出せる
□ C. static 変数はオブジェクト間で共有される
□ D. インスタンス変数はオブジェクト間で共有される

問題 6-15

次のコードがあります。

```
1. class Test {
```

```
 2.   private static int a;
 3.   private int b;
 4.   public static int methodA(){
 5.     return ++a;
 6.   }
 7.   public int methodB(){
 8.     return methodA();
 9.   }
10.   public static void main(String[] args) {
11.     Test obj = new Test();
12.     System.out.print(obj.methodB() + " ");
13.     System.out.print(obj.methodA());
14.   }
15. }
```

コンパイル、実行した結果として正しいものは次のどれですか。1つ選択してください。

○ A. 12行目に問題があるためコンパイルエラーとなる

○ B. 13行目に問題があるためコンパイルエラーとなる

○ C. 1 2と出力する

○ D. 1 1と出力する

○ E. 1の出力後、実行時エラーとなる

問題 6-16

次のコードがあります。

```
 1. class Test {
 2.   public static void main(String[] args) {
 3.     int num;
 4.     num = 10;
 5.     calc(num);
 6.     System.out.println("num = " + num);
 7.   }
 8.   static void calc(int num) {
 9.     num += 100;
10.   }
11. }
```

コンパイル、実行した結果として正しいものは次のどれですか。1つ選択してください。

○ A. num = 10
○ B. num = 110
○ C. num = 100
○ D. 3行目にエラーがあるため、コンパイルエラーが発生する
○ E. 8行目にエラーがあるため、コンパイルエラーが発生する

問題 6-17

次のコードがあります。

```
1. class Test {
2.   static int num;
3.   void methodA() { num++; }
4.   static void methodB() { num++; }
5.   public static void main(String[] args) {
6.     methodA(); methodB();
7.     System.out.println(num);
8.   }
9. }
```

コンパイル、実行した結果として正しいものは次のどれですか。1つ選択してください。

○ A. コンパイルエラー
○ B. 実行時エラー
○ C. 2
○ D. 1
○ E. 0

問題 6-18

次のコードがあります。

```
1. class Test {
2.   static String lang = "C";
3.   public String operation = "Unix";
4.   Test() { }
5.   Test(String str) {
6.     operation = str;
7.   }
```

```
 8.   public static void main(String args[]) {
 9.     Test obj1 = new Test();
10.     Test obj2 = new Test("Solaris");
11.     obj2.lang = "Java";
12.     System.out.println(obj1.lang + "¥t" + obj1.operation);
13.     System.out.println(obj2.lang + "¥t" + obj2.operation);
14.   }
15. }
```

コンパイル、実行した結果として正しいものは次のどれですか。1つ選択してください。

○ A. コンパイルエラー
○ B. 実行時エラー
○ C. C　Unix
　　 C　Solaris
○ D. C　Unix
　　 C　Unix
○ E. Java　Unix
　　 Java　Solaris
○ F. Java　Solaris
　　 Java　Solaris

解答・解説

問題6-1　正解：C、E

本章内で定義したEmployeeクラスのようにmain()メソッドをもたないクラスも定義可能であるため、選択肢Aは誤りです。また、1つのソースファイル内に複数のクラス定義も可能であるため、選択肢Bは誤りです。ただし、選択肢Cのようにpublicなクラスの名前はソースファイル名と同じにしなければならないため、1つのソースファイルにpublic指定されたクラスを複数定義することはできません。クラスは参照型の1つであるため、選択肢Dは誤りです。メソッドを定義しない変数のみのクラスも言語仕様上は問題ないため、選択肢Eは正しいです。

問題 6-2　正解：C

var変数は基本データ型であるboolean型で宣言されているため、値の比較には、「==」を使用します。また、「""」で囲むと文字列として扱われるためtrueリテラルをそのまま使用している選択肢Cが正しいです。なお、選択肢Cを5行目に挿入し、コンパイル、実行した場合の実行結果はfalseと出力します。2行目のvar変数は明示的に初期化していませんが、インスタンス変数であるため、falseで初期化されています。そのため選択肢Cの条件文ではfalseが返るため、8行目が出力されます。

問題 6-3　正解：B

4行目で宣言したname変数には、billが代入されます。しかし、6行目では、obj変数が参照するオブジェクトのインスタンス変数であるname（つまり、2行目で宣言した変数）にアクセスするため、選択肢Bの「hana」が出力されます。

問題 6-4　正解：D

10行目では、Fooクラスのオブジェクトに対し、method()メソッドを呼び出しています。その際、引数としてint型の値を2つ渡しています。またmethod()メソッドを実行した結果、4行目ではint型の配列を返しています。したがって、メソッドの定義は選択肢Dが正しいです。

問題 6-5　正解：F

4行目では、Testクラスをインスタンス化し、5行目でx変数を引数にgo()メソッドを呼び出しています。8行目では引数である5を受け取り、9行目が実行されます。しかし、x++とあるため、5を出力した後、インクリメントされます。注意する点は、このx変数は8行目から10行目までが有効範囲であることです。したがって、制御が6行目に戻って「x」の値を出力していますが、この「x」は3行目で宣言されたx変数であるため、出力結果は5です。

問題 6-6　正解：A

2〜3行と5行目でそれぞれx変数とy変数が宣言されています。8行目ではwhile文で3回インクリメントとデクリメントを行っていますが、対象は5行目で宣言した変数となります。したがって、ループ処理が終了した後の実行結果は選択肢Aとなります。

問題 6-7　正解：A、C、D、F

オーバーロードはメソッド名が同じであるが、引数の並び、型、数が異なっていることが条件です。選択肢A、C、Fは、適切にオーバーロードされます。選択肢Dは、メソッド名が違うのでオーバーロードではなく、単純に異なるメソッドとなり、定義可能です。選択肢B、E、Gは、引数の型、数、並びが同じなので、正常なオーバーロードとみなされません。

戻り値およびアクセス修飾子は、オーバーロードの条件に含まれません。よって、選択肢B、E、Gは問題文の2行目と同じシグニチャをもつメソッドとして判定されて、同じメソッドがすでに定義されているという理由で3行目に記述するとコンパイルエラーとなります。

問題 6-8　正解：C

5行目にある func(10, 20) の呼び出しにより、2行目が実行されます。引数で受け取った値を足し算していますが、int型で受け取っているため、出力結果は 30です。また、続けて func("a", "b") の呼び出しにより、3行目が実行されます。文字列に対して+ 演算子を使用しているため、文字列結合となります。したがって、実行結果は選択肢 C となります。

問題 6-9　正解：C

Fooクラスの2行目、3行目は戻り値が指定されているため、コンストラクタではなくメソッドとして扱われています。したがって、Fooクラスをコンパイルすると、デフォルトコンストラクタが追加されます。

また、Testクラス側ですが、7行目でFooクラスをインスタンス化しています。このとき、Fooクラスのコンストラクタを呼び出していますが、これは、2行目ではなく、デフォルトコンストラクタを呼び出します。したがって問題文のソースコードはコンパイル、実行ともに成功しますが、何も出力しません。

問題 6-10　正解：D

問題6-9の類似問題です。2〜3行目はコンストラクタとして定義されているため、コンパイル、実行ともに成功します。したがって、7行目のインスタンス化により2行目が実行されます。もし、7行目が「Foo f = new Foo("a");」となっていた場合はどうなるでしょうか。これは、コンパイルエラーとなります。3行目にあるprivate指定されたコンストラクタは定義可能であるため、Fooクラスの定義としては問題ありません。しかし、他クラスであるTestクラスからはprivateメンバはアクセスができないため、Testクラス側でコンパイルエラーとなります。

問題6-11　正解：B

各アクセス修飾子の意味は次のとおりです。

public：どのクラスからでも利用可能
protected：このクラスを継承したサブクラス、もしくは同一パッケージ内のクラスから利用可能
デフォルト（指定なし）：同一パッケージ内のクラスからのみ利用可能
private：同一クラス内からのみ利用可能

なお、「継承」については第7章で、「パッケージ」については、第8章で説明します。

問題6-12　正解：C

一般的に、インスタンス変数はprivateにし、メンバメソッドはpublicにすることを推奨されています。したがって、選択肢Cが適切な変数宣言です。

問題6-13　正解：B、E、F

publicおよびデフォルトは、クラス、コンストラクタ、変数、メソッドに指定可能ですが、protectedおよびprivateはコンストラクタ、変数、メソッドに指定可能です。クラスには指定できないので注意してください。なお、ローカル変数や制御文にアクセス修飾子は指定できないため、選択肢C、Dは誤りです。

問題6-14　正解：A、C

staticメソッドからインスタンスメソッドを直接呼び出すことができないため、選択肢Bは誤りです。なお、staticメソッド内で、クラスをインスタンス化

し「参照変数名.メソッド名()」とすれば、インスタンスメソッドを呼び出すことは可能です。また、インスタンス変数はオブジェクトごとに用意されるため、選択肢Dは誤りです。

問題 6-15 正解：C

まず、インスタンスおよびstaticメンバ間のアクセス可否を確認します。4行目のmethodA()はstaticメソッドです。5行目でstatic変数であるa変数へのアクセスなので問題ありません（**図6-15**内の①）。また、7行目のmethodB()はインスタンスメソッドです。8行目でmethodA()メソッドにアクセスしていますが、インスタンスメソッド→staticメソッドの直接アクセスは許可されているので問題ありません（図6-15内の②）。

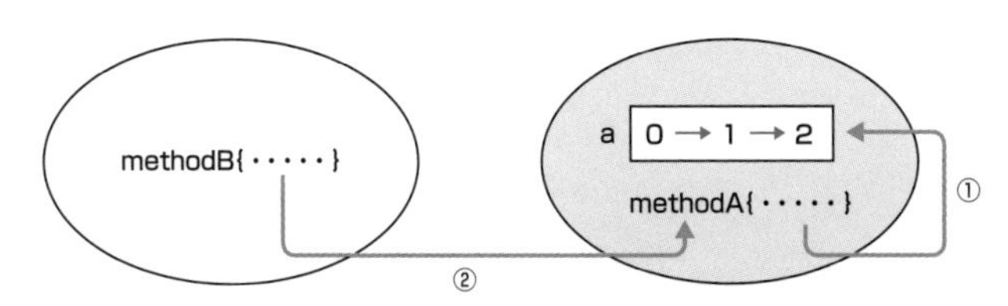

図 6-15：**インスタンスおよび static メンバ間のアクセス**

では、10行目のmain()メソッドを確認します。11行目でTestクラスをインスタンス化した後、12行目でobj変数を使用してmethodB()メソッドを呼び出しています。8行目のmethodA()を呼び出し、5行目によりインクリメントされたaの値（0→1)が返ります。したがって出力結果は1です。続いて、13行目で、methodA()メソッドを呼び出しています。まず、staticメソッドは、通常クラス名.メソッド名()（この場合であれば、Test.methodA()）と呼び出しますが、インスタンス化した変数を使用した呼び出し（この場合であれば、obj.methodA()）も可能です。したがって13行目は、methodA()が呼び出されます。5行目によりインクリメントされたaの値（1→2)が返ります。したがって出力結果は2です。

問題 6-16 正解：A

5行目で引数にnum変数を指定し8行目のcalc()メソッドを呼び出していますが、このcalc()メソッドは戻り値の型はvoidであるため、呼び出しもとには値は返しません。つまり、9行目の10＋100＝110の値はmain()メソッド側に戻らないため、6行目の実行結果は10となります。

問題 6-17　正解：A

staticなmain()メソッドからインスタンスメソッドであるmethodA()を直接呼び出すことはできません。したがって、コンパイルエラーとなります。methodA()メソッドをstaticメソッドに変更すると、コンパイル、実行ともに成功し、出力は2となります。また、main()メソッド内を次のように変更しても、同様の結果を得られます。

```
public static void main(String[] args) {
  Test t = new Test();
  t.methodA(); t.methodB();
  System.out.println(num);
}
```

問題 6-18　正解：E

Testクラスでは、2つの変数を宣言していますが、lang変数はstatic変数であり、operation変数はインスタンス変数です。インスタンス化した際、確保される領域の違いに注意してください（図6-16）。

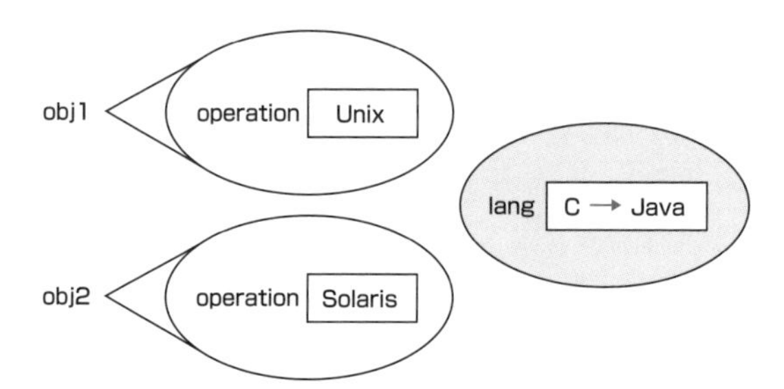

図 6-16：問題文の Test クラスをインスタンス化した際の概要図

9行目により、obj1オブジェクトのlang変数の値は「C」、operation変数の値は「Unix」です。また10行目により、obj2オブジェクトのlang変数の値は「C」、operation変数の値は「Solaris」です。そして、11行目によりobj2オブジェクトのlang変数の値は「Java」となります。しかし、lang変数はstatic変数であるため、obj1オブジェクトも同じデータを参照しています。したがって、実行結果は選択肢Eとなります。

Chapter 7

継承

Oracle Certified Java Programmer, Bronze SE

― 本章で学ぶこと ―

本章では、あるクラスをもとに新たなクラスを作成する**継承**を使用したクラス作成を説明します。また、継承関係がある場合に活用される**メソッドの再定義であるオーバーライド**も確認します。

- 継承
- オーバーライド
- this
- super

アクセスキー E
(大文字のイー)

継承

継承関係のあるクラスの作成

本書の第5章で、オブジェクト指向の世界では、すでに定義されたクラスを拡張して新しいクラスを定義できること、またそれを継承と呼ぶことを説明しました。本章では、Java言語を用いた継承の実装方法を学びます。継承を利用してクラスを定義する際、そのもととなるクラスをスーパークラス、新たに作成したクラスをサブクラスと呼びます。

サブクラスを定義する際には、extendsキーワードを使用します。

構文

[修飾子] class サブクラス名 extends スーパークラス名 { }

（例）
```
class Employee { }                      //スーパークラス
class Sales extends Employee { }        //サブクラス
```

サブクラスには、サブクラス独自にもたせたい変数やメソッドのみを宣言あるいは定義します。ただし、**サブクラスをインスタンス化すると**、スーパークラスで定義した変数やメソッドは、すべて**サブクラスに引き継がれます**。**図7-1**は、Employee（社員）クラスを継承してSales（営業社員）クラスを定義し、Testクラスでそれを利用している様子を表しています。

なお、サブクラスが引き継ぐのは、スーパークラスで定義した変数とメソッドです。コンストラクタは、引き継がれないことに注意してください。

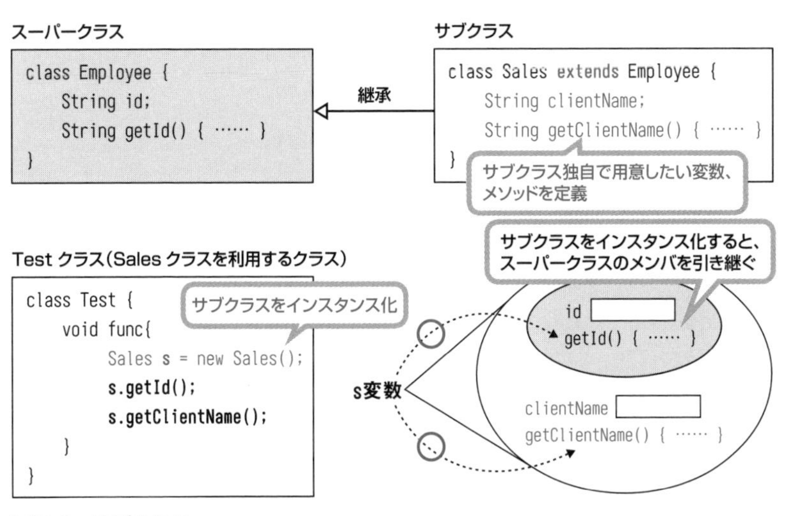

図 7-1：サブクラス

また、Java言語は単一継承のみサポートしているため、extendsキーワードの後に指定できるクラスは**1つ**だけです。また、あるクラスをもとに定義したサブクラスから、さらにサブクラスを定義することも可能です(**図7-2**)。

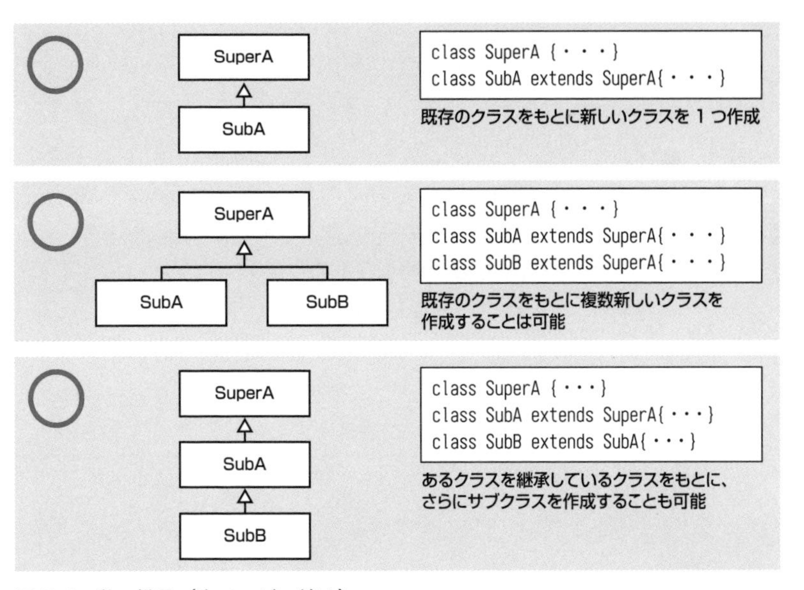

図 7-2：単一継承（次ページへ続く）

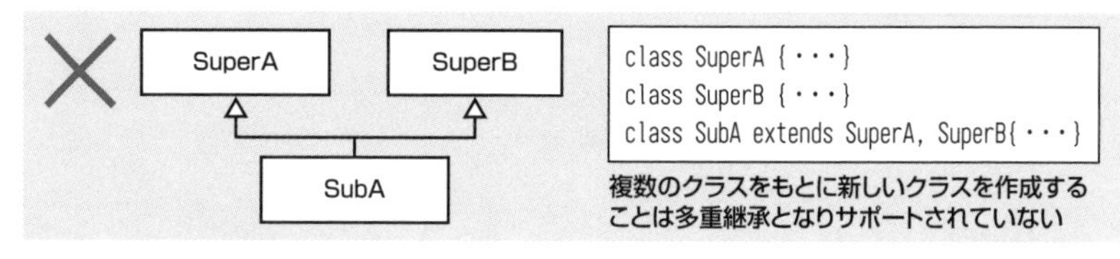

図 7-2：単一継承（続き）

それでは、クラスの継承とその動作をサンプルコードで確認してみましょう（Sample7_1.java）。

Sample7_1.java：クラスの継承の例

```
 1. class Employee {   //スーパークラスの定義
 2.   private String id = "100";
 3.   public String getId() {
 4.     return id;
 5.   }
 6. }
 7. class Sales extends Employee {   //サブクラスの定義
 8.   private String clientName = "SE";
 9.   public String getClientName() {
10.     return clientName;
11.   }
12. }
13. class Sample7_1 {  //サブクラスを利用しているクラス
14.   public static void main(String[] args) {
15.     Sales s = new Sales(); //サブクラスをインスタンス化
16.     // サブクラスで定義したメソッドの呼び出し
17.     System.out.println("clientName : " + s.getClientName());
18.     // スーパークラスで定義したメソッドの呼び出し
19.     System.out.println("id         : " + s.getId());
20.   }
21. }
```

実行結果

```
clientName : SE
id         : 100
```

7～12行目では、1～6行目で定義したスーパークラス(Employeeクラス)をもとに、サブクラス(Salesクラス)を定義しています。13〜21行目は、Salesクラスをインスタンス化して利用するSample7_1クラスの定義です。15行目では、サブクラスをインスタンス化しています。17行目では、サブクラスで定義したgetClientName()メソッドを呼び出しています。

また、19行目では、サブクラスのオブジェクトに対してgetId()メソッドを呼び出しています。サブクラスに**getId()メソッドは定義されていません**が、**スーパークラスのEmployeeクラスで定義されている**ため、呼び出すことが可能です。

java.lang.Object クラス

Sample7_1.javaで定義したEmployeeクラスは、extendsキーワードを使用していませんでしたが、スーパークラスをもたないのではありません。Javaライブラリで提供されている**java.lang.Object クラス**をスーパークラスにもちます。

私たちが作成したクラスで、明示的にextendsキーワードを使用しなかった場合、コンパイラによってjava.lang.Objectクラスを継承するクラスとしてクラスファイルが作成されます。

このことにより、AクラスはObjectクラスのメンバ（変数やメソッド）を引き継ぐことになります。また、Aクラスを継承して定義したBクラスも、Aクラスのメンバだけでなく、Objectクラスのメンバを引き継ぐことになります。

参考

java.lang.Object クラスには、スレッドの制御やオブジェクトのコピーを行うといった、すべてのオブジェクトに共通で提供すべきメソッドが提供されています。それらメソッドの使用方法は、Bronze 試験では問われません。しかし、「すべてのクラスは java.lang.Object クラスをスーパークラスにもつ」ことが、8 章の「参照型の型変換」を理解する上で重要となるため、覚えておきましょう。

オーバーライド

オーバーライドとは

たとえば、Employeeクラスに「計算する」というメソッドが定義されていたとします。Employeeクラスを継承したSalesクラスは「計算する」メソッドを引き継ぎますが、Salesクラスではその処理内容を変更したいと考えました。

処理内容が異なれば、スーパークラスのメソッドをそのまま使うことができないため、当然メソッドを新たに定義する必要があります。しかし、このときに「計算する2」というようにメソッド名を変えてしまうと、Employeeオブジェクトに対しては「計算する()」、Salesオブジェクトに対しては「計算する2()」という呼び出しになることをクラスの利用者が意識しなくてはなりません。

このように継承関係があり、目的が同じで処理が異なるメソッドをサブクラスに定義する場合、スーパークラスで定義されたメソッド名とまったく同じ名前で再定義することができます。これをオーバーライドと呼びます(**図7-3**)。

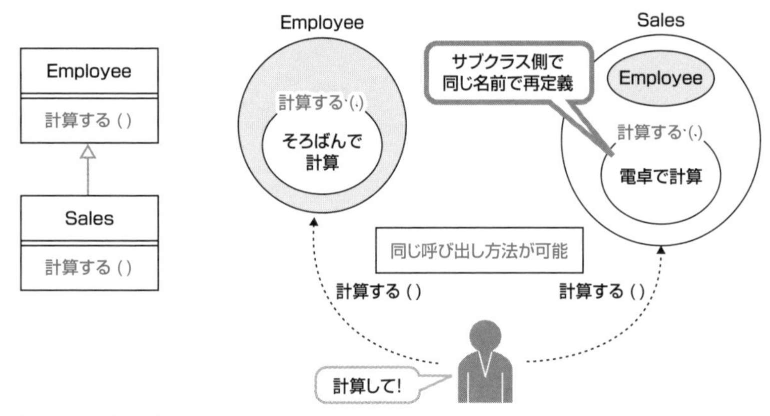

図7-3：**オーバーライド**

オーバーライドのルールは以下のとおりです。

- メソッド名、引数リストがまったく同じメソッドをサブクラスで定義する
- 戻り値は、スーパークラスで定義したメソッドが返す型と同じか、その型のサブクラス型とする

- アクセス修飾子は、スーパークラスと同じものか、それよりも公開範囲が広いものであれば使用可能である

図7-4では、Superクラス（スーパークラス）で定義したmethod()メソッドをSubクラス（サブクラス）でオーバーライドする際にどのように記述できるかを記載しています。

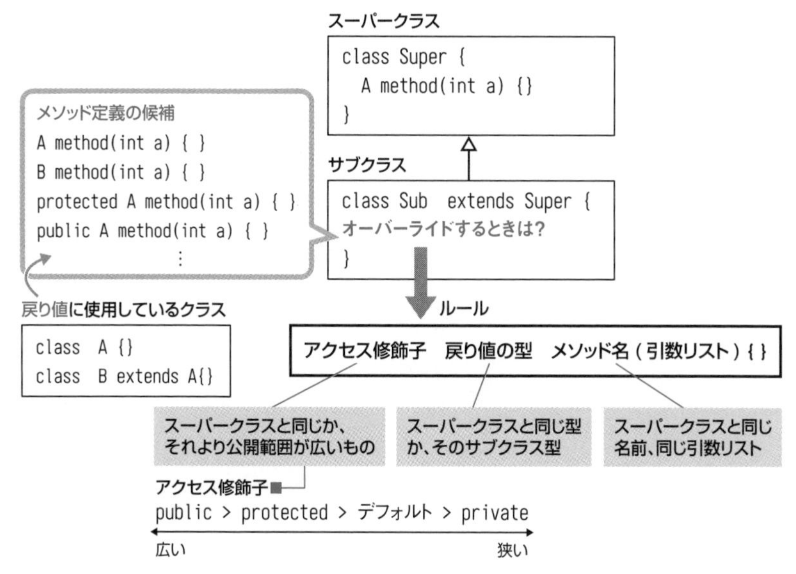

図 7-4：オーバーライドするメソッドの定義規則

特に注意する点は、引数と戻り値です。引数は、スーパークラスと同じでなくてはなりません。図7-4では、引数が1つ（int型）のみですが、複数ある場合は、数、並びもまったく同じでなくてはいけません。また戻り値は、スーパークラスで定義したメソッドが返す型と同じか、その型のサブクラス型でなくてはいけません。つまり、スーパークラスのメソッドがvoid型であれば、オーバーライドしたメソッドはvoid型とします。スーパークラスのメソッドがString型であれば、オーバーライドしたメソッドはString型とします。図7-4では、スーパークラスのメソッドがA型とあるため、オーバーライドしたメソッドはA型となります。しかし、A型をスーパークラスにもつB型がある場合、オーバーライドしたメソッドはB型でも指定可能です。

それでは、オーバーライドの動作をサンプルコードで確認しましょう（Sample7_2.java）。

Sample7_2.java：オーバーライドの例

```
 1. class Super {    // スーパークラス
 2.   public void print(String s) {
 3.     System.out.println("Super print : " + s);
 4.   }
 5.   public void method(){ }
 6. }
 7. class Sub extends Super {  // サブクラス
 8.   public void print(String s) {
 9.     s = "渡された文字列は " + s + " です";
10.     System.out.println("Sub print   : " + s);
11.   }
12.   //void method(){ } //コンパイルエラー
13. }
14. class Sample7_2 {
15.   public static void main(String[] args) {
16.     Super s1 = new Super();
17.     s1.print("Java");    // 2行目が呼び出される
18.     Sub s2 = new Sub();
19.     s2.print("Java");    // 8行目が呼び出される
20.   }
21. }
```

実行結果

```
Super print : Java
Sub print   : 渡された文字列は Java です
```

16～17行目では、スーパークラスをインスタンス化し、print()メソッドを呼び出しています。18～19行目では、サブクラスをインスタンス化し、print()メソッドを呼び出しています。実行結果を見ると、17行目では2行目で定義したprint()メソッドが呼び出され、19行目ではサブクラスでオーバーライドしたprint()メソッド（8行目）が呼び出されていることが確認できます。

また、5行目では、定義したmethod()メソッドを12行目でオーバーライドしようとしています。スーパークラスのmethod()メソッドにはpublic修飾子を指定していますが、サブクラスのmethod()メソッドにはアクセス修飾子を指定していません。これでは、オーバーライドをしているサブクラスのmethod()のほうがアクセスできる範囲が狭くなるため、コメント（//）をはずすとコンパイルエラーとなります。

以下のコンパイル結果は、12行目のコメントをはずしてコンパイルした結果です。

コンパイル結果

```
Sample7_2.java:12: エラー: Subのmethod()はSuperのmethod()をオーバー ➡
ライドできません
  void method(){ } //コンパイルエラー
       ^
  (public)より弱いアクセス権限を割り当てようとしました
エラー1個
```

サブクラスはスーパークラスのメンバをすべて引き継ぐので、オーバーライドは**このメソッドについてはサブクラス側で処理を変えたい**という場合に有効です。

なお、サブクラスでは、スーパークラスで定義したメンバ変数と同じ名前をもつメンバ変数も宣言が可能です。

final 修飾子

第2章では、変数にfinal修飾子をつけて定数を定義することを説明しました。final修飾子は変数だけでなく、クラスやメソッドにも適用することができます。ただし、final修飾子の働きはクラス、変数、メソッドで異なります（**図7-5**）。

final 修飾子をつけた場合の効果

- 変数に final 修飾子をつけた場合は、第 2 章で説明したとおり、定数になります
- メソッドに final 修飾子をつけた場合、サブクラス側でそのメソッドをオーバーライドできなくなります
- クラスに final 修飾子をつけた場合、そのクラスをもとにサブクラスを定義できなくなります

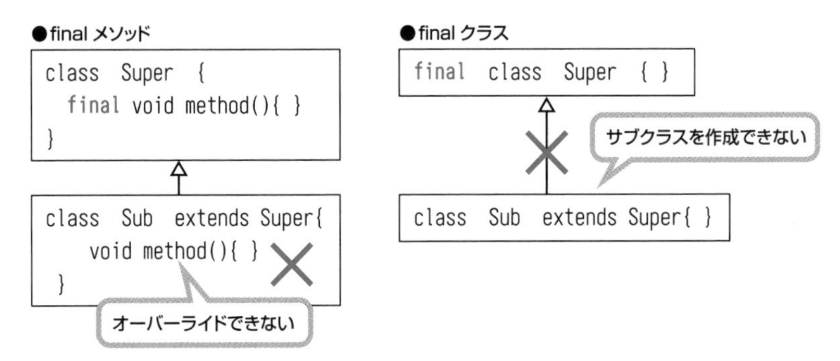

図 7-5：final 修飾子をつけたメソッドとクラス

それでは、メソッドにつけるfinal修飾子と、クラスにつけるfinal修飾子の構文と、そのサンプルコード（Sample7_3.java）を見てみましょう。

メソッドに適用

構文

[アクセス修飾子] final 戻り値の型 メソッド名 (引数リスト) { }

（例）public final void method() { }

クラスに適用

構文

[アクセス修飾子] final class クラス名 { }

（例）public final class Super { }

Sample7_3.java：クラスとメソッドに final 修飾子をつける例

```
1. class SuperA { }                          // スーパークラスA
2. final class SuperB { }                    // スーパークラスB
3. class SuperC { void print(){} }           // スーパークラスC
4. class SuperD { final void print(){} }     // スーパークラスD
5.
6. class SubA extends SuperA { }                        // サブクラスA // OK
7. //class SubB extends SuperB { }                      // サブクラスB // NG
8. class SubC extends SuperC { void print(){} }         // サブクラスC // OK
```

```
9. //class SubD extends SuperD { void print(){} } // サブクラスD // NG
```

Sample7_3.javaでは、mainメソッドの定義はないため、実行確認はしません。コンパイル可否のみ確認します。

7行目では、final修飾子をつけて定義したクラスからサブクラスを定義しようとしています。もちろん、コメント（//）をはずすと**コンパイルエラー**となります。また、9行目では、final修飾子をつけて定義したメソッドをオーバーライドしようとしています。やはり、コメント（//）をはずすと**コンパイルエラー**となります。

this

thisは、**自分自身（自オブジェクト）を表す**キーワードです。主な用途は、自オブジェクトが保持する変数（インスタンス変数）、メソッド（インスタンスメソッド）、コンストラクタを明示的に指定する際に使用します。ここでは、変数およびコンストラクタに使用したときの動きを見ていきます。

this を介して変数を使用する

まず、変数での使用例を見てみましょう。**図7-6**のsetId()メソッドは、引数で受け取った値をインスタンス変数に代入するという処理をしています。

①では引数リストの変数名はi、インスタンス変数の変数名はidと両者の名前が異なるため、問題なく処理できています。しかし、②のように両者の名前を同じにしてしまうと、インスタンス変数に代入されません。②では、setId()メソッドのブロック内で「id = id;」というコードを書いていますが、setId()メソッドの引数（ローカル変数）でid変数が存在するため、代入先がインスタンス変数のid変数ではなくローカル変数のid変数になってしまいます。

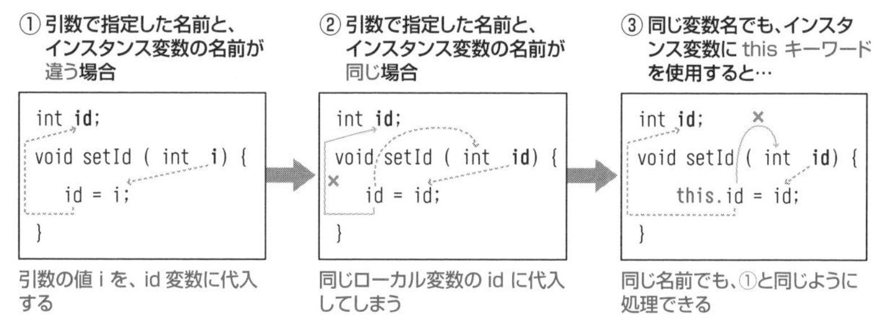

図 7-6：this キーワードの使用

しかし、インスタンス変数を利用する際に、③のように「this.変数名」とすると**自オブジェクトがもつ変数**という意味になり、引数リストのid変数が受け取った値をインスタンス変数idに代入することができます。つまり、インスタンス変数とローカル変数で同じ名前を使用することができます。

this を介してコンストラクタを呼び出す

次に、コンストラクタにthisを使用したときの動きを見てみましょう（**図7-7**）。

```
1.  class Foo {
2.     String s;   int i;
3.     public Foo() { this("Hello"); }
4.     public Foo(String s) { this(s, 100); }
5.     public Foo(String s, int i) {
6.        this.s = s; this.i = i;
7.        System.out.println(this.s + " : " + this.i);
8.     }
9.  }
```

String 型の引数をもつ自オブジェクトのコンストラクタの呼び出し

String 型と int 型の引数をもつ自オブジェクトのコンストラクタの呼び出し

図 7-7：this によるコンストラクタ呼び出し

図7-7では、Fooクラスにコンストラクタがオーバーロードされています。それぞれのコンストラクタが呼び出された場合の動作を追っていくと、次のようになります。

ケース1 **Foo f1 = new Foo(); とした場合**
3行目→4行目→5行目→6行目、7行目が実行される

ケース2 **Foo f1 = new Foo("Hey"); とした場合**
4行目→5行目→6行目、7行目が実行される

ケース3 **Foo f1 = new Foo("Bye", 200); とした場合**
5行目→6行目、7行目が実行される

このように、呼び出されたコンストラクタの中から、自クラス内で定義した別のコンストラクタを呼び出すこともできます。その際にはthis()と記述します。ただし、**this()はコンストラクタ定義の先頭**に記述する必要があります。

コンストラクタにthis()を使用したサンプルを見てみましょう（**Sample7_4.java**）。

Sample7_4.java：コンストラクタ呼び出しにthis() を使用した例

```
 1. class Foo {
 2.   String s; int i;
 3.   public Foo() {
 4.     this("Hello");
 5.   }
 6.   public Foo(String s) {
 7.     this(s, 1);
 8.   }
 9.   public Foo(String s, int i) {
10.     this.s = s; this.i = i;
11.     System.out.println("String : " + this.s);
12.     System.out.println("int    : " + this.i);
13.   }
14. }
15. class Sample7_4 {
16.   public static void main(String[] args) {
17.     System.out.println("Foo()の呼び出し-----------------");
18.     Foo f1 = new Foo();
19.     System.out.println("Foo(¥"Hey¥")の呼び出し------------");
20.     Foo f2 = new Foo("Hey");
21.     System.out.println("Foo(¥"Bye¥", 200)の呼び出し-------");
```

```
22.        Foo f3 = new Foo("Bye", 200);
23.    }
24. }
```

実行結果

```
Foo()の呼び出し-----------------
String : Hello
int    : 1
Foo("Hey")の呼び出し------------
String : Hey
int    : 1
Foo("Bye", 200)の呼び出し-------
String : Bye
int    : 200
```

18行目のFoo()により、3行目のコンストラクタが呼び出されます。4行目では"Hello"を引数として、6行目のコンストラクタを呼び出しています。7行目では引数で受け取った"Hello"と1を引数として、9行目のコンストラクタを呼び出しています。そして11～12行目が実行され、"Hello"と1が出力されています。

さらに20行目、22行目でも同様に、順次コンストラクタが呼び出されています。

super

superキーワードは**自オブジェクトから見てスーパークラスのオブジェクトを表現する**際に使用します。superキーワードも変数（インスタンス変数）、メソッド（インスタンスメソッド）、コンストラクタにも使用することができます。ここでは、メソッドおよびコンストラクタに使用したときの動きを見ていきます。

superを介してメソッドを呼び出す

サブクラスから明示的にスーパークラスのメソッドを呼び出したい場合は、「super.メソッド名」を使用します。通常は、サブクラスからスーパークラスのメソッドをそのまま呼び出すことができますが、**メソッドをオーバーライドしている場合**で、明示的に**スーパークラスで定義**したほうのメソッドを呼び出したい場合に使用します。

superによるメソッド呼び出しを行っているサンプルコードを見てみましょう(**Sample7_5.java**)。

Sample7_5.java：メソッド呼び出しにsuperを使用した例

```
 1. class Super {
 2.   int num;
 3.   public void methodA() { num += 100; }
 4.   public void print() { System.out.println("num 値 :" + num); }
 5. }
 6. class Sub extends Super {
 7.   public void methodA() { num += 500; }
 8.   public void methodB() {
 9.     methodA(); // 7 行目が呼び出される
10.     print(); // スーパークラスのメソッド呼び出し
11.     super.methodA(); // 3 行目が呼び出される
12.     print(); // スーパークラスのメソッド呼び出し
13.   }
14. }
15. class Sample7_5 {
16.   public static void main(String[] args) {
17.     Sub s = new Sub();
18.     s.methodB();
19.   }
20. }
```

実行結果

```
num値 :500
num値 :600
```

17行目でSubクラスをインスタンス化し、18行目で8行目のmethodB()を呼び出しています。9行目ではmethodA()を呼び出していますが、Superクラスで定義したmethodA()メソッド(3行目)をSubクラス側でオーバーライド(7行目)しています。メソッドの呼び出しは、まず、自オブジェクト内を探索するため、7行目が呼び出されます。したがって、10行目のprint()メソッドによる出力は

500となります。しかし、11行目ではsuper.methodA()とし、明示的にスーパークラスのmethodA()を呼び出しています。そのため、3行目が呼び出されます。したがって、12行目のprint()メソッドによる出力は600と出力されます。

super を介してコンストラクタを呼び出す

継承関係のあるクラスをインスタンス化すると、必ずスーパークラスのコンストラクタが実行されてから、サブクラスのコンストラクタが実行されます。コンストラクタの挙動を**Sample7_6.java**で確認します。

Sample7_6.java：**継承関係のあるクラスのコンストラクタの動き**

```
 1. class Super {
 2.   public Super() { System.out.println("Super()"); }
 3.   public Super(int a) { System.out.println("Super(int a)"); }
 4. }
 5. class Sub extends Super {
 6.   public Sub() { System.out.println("Sub()"); }
 7.   public Sub(int a) { System.out.println("Sub(int a)"); }
 8. }
 9. class Sample7_6 {
10.   public static void main(String[] args) {
11.     Sub s1 = new Sub();
12.     Sub s2 = new Sub(10);
13.   }
14. }
```

実行結果

```
Super()
Sub()
Super()
Sub(int a)
```

11行目でSubクラスの引数をもたないコンストラクタを呼び出していますが、実行結果を確認すると、**6行目の実行前に、2行目が実行**されていることがわかります。また、12行目ではSubクラスの引数をもつコンストラクタを呼び出していますが、同じく**7行目の実行前に、2行目が実行**されていることが確認できます。

このように、サブクラスをインスタンス化すると、まず**スーパークラスのコンストラクタが呼び出され**ます。また、12行目では、引数のあるコンストラクタを呼び出していますが、スーパークラス側で呼び出されるコンストラクタは2行目で定義された引数をもたないコンストラクタです。これは、プログラマが明示的に指定しないと、引数をもたないスーパークラスのコンストラクタ、つまり**super()**が呼び出される仕組みになっているからです(**図7-8左**)。

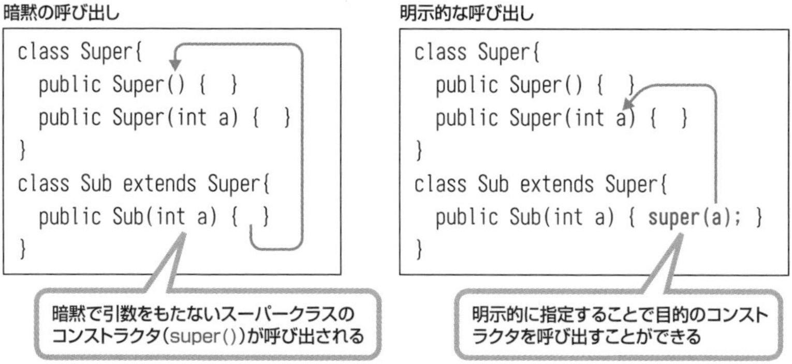

暗黙の呼び出し

```
class Super{
  public Super() {   }
  public Super(int a) {   }
}
class Sub extends Super{
  public Sub(int a) {   }
}
```

暗黙で引数をもたないスーパークラスのコンストラクタ(super())が呼び出される

明示的な呼び出し

```
class Super{
  public Super() {   }
  public Super(int a) {   }
}
class Sub extends Super{
  public Sub(int a) { super(a); }
}
```

明示的に指定することで目的のコンストラクタを呼び出すことができる

図 7-8：super によるコンストラクタ呼び出し

スーパークラスのコンストラクタがオーバーロードされている場合、暗黙で呼び出されるsuper()ではなく、他のスーパークラスのコンストラクタを呼び出すことも可能です。その際には、明示的に「**super(引数リスト)**」を記述します(**図7-8右**)。ただし、this()のときと同様に**コンストラクタ定義の先頭**に記述する必要があります。

ではSample7_6.javaを修正して、Sub(int a)コンストラクタが呼び出された際にSuper(int a)コンストラクタを呼ぶようにしてみましょう（**Sample7_7.java**)。

Sample7_7.java：コンストラクタ呼び出しに super(a) を使用した例

```
1. class Super {
2.   public Super() { System.out.println("Super()"); }
3.   public Super(int a) { System.out.println("Super(int a)"); }
4. }
5. class Sub extends Super {
6.   public Sub() { System.out.println("Sub()"); }
7.   public Sub(int a) {
```

```
 8.       super(a);
 9.       System.out.println("Sub(int a)"); }
10. }
11. class Sample7_7 {
12.   public static void main(String[] args) {
13.       Sub s1 = new Sub();
14.       Sub s2 = new Sub(10);
15.   }
16. }
```

実行結果

```
Super()
Sub()
Super(int a)
Sub(int a)
```

8行目にsuper(a);を追加しました。実行結果を見ると、7行目のコンストラクタが呼ばれた際には、3行目のコンストラクタが実行されていることが確認できます。

練習問題

問題 7-1

Java における継承の説明として正しいものは次のどれですか。1 つ選択してください。

○ A. サブクラスではスーパークラスで宣言したメソッドを必ずオーバーライドしなければならない

○ B. 継承によってクラスで宣言したメンバ変数へのアクセスは、そのクラスで定義したメソッドのみが行うことを保証する

○ C. 複数のクラスをスーパークラスにもつことができる

○ D. サブクラスでは、変数とメソッドをスーパークラスから継承できる

問題 7-2

サブクラスの構成要素で、スーパークラスの構成要素と同じ名前にできるものは次のどれですか。1つ選択してください。

○ A. メンバメソッド
○ B. メンバ変数とメンバメソッド
○ C. メンバ変数とコンストラクタ
○ D. メンバ変数とメンバメソッドとコンストラクタ

問題 7-3

次のコードがあります。

```
1. class Foo {
2.   void method() {
3.     System.out.println("Foo:method");
4.   }
5. }
6. class Bar extends Foo {
7.   [ ① ]
8. }
```

①に入るコードで、スーパークラスのメソッドを正しくオーバーライドし、コンパイルが成功するものは次のどれですか。1つ選択してください。

○ A.
```
void method(int a, int b) {
  System.out.println(a + " : " + b);
}
```
○ B.
```
public void method(int b) {
  System.out.println(b);
}
```
○ C.
```
public void method() {
  System.out.println("Bar:method");
}
```
○ D.
```
private void method() {
  System.out.println("Bar:method");
}
```

問題 7-4

次のコードがあります。

```
 1. class X {
 2.   static int val;
 3. }
 4. class A extends X {
 5.   A() { val++; }
 6. }
 7. class B extends X {
 8.   B() { val++; }
 9. }
10. class Test {
11.   public static void main(String[] args) {
12.     new A(); new B();
13.     System.out.println(X.val);
14.   }
15. }
```

コンパイル、実行した結果として正しいものは次のどれですか。1つ選択してください。

○ A. 0
○ B. 2
○ C. 5行目と8行目にエラーがあるため、コンパイルエラーが発生する
○ D. 12行目にエラーがあるため、コンパイルエラーが発生する
○ E. 13行目にエラーがあるため、コンパイルエラーが発生する

問題 7-5

キーワードであるthisの説明として正しいものは次のどれですか。1つ選択してください。

○ A. インスタンス変数
○ B. インスタンスメソッド
○ C. 自オブジェクト
○ D. 自クラス
○ E. スーパークラスのオブジェクト

問題 7-6

次のコードがあります。

```
 1. class A {
 2.   static int num = 0;
 3.   A() { num++; }
 4. }
 5. class B extends A {
 6.   int num = 10;
 7.   B() { num++; }
 8. }
 9. class Test {
10.   public static void main(String[] args) {
11.     B b1 = new B(); B b2 = new B(); B b3 = new B();
12.     B[] valB = {b1, b2, b3};
13.     for( B obj : valB ) { System.out.print(obj.num + " "); }
14.   }
15. }
```

コンパイル、実行した結果として正しいものは次のどれですか。1つ選択してください。

- ○ A.　11 11 11
- ○ B.　11 12 13
- ○ C.　12 14 16
- ○ D.　1 11 2 12 3 13
- ○ E.　コンパイルエラー

問題 7-7

次のコードがあります。

```
1. class A {
2.   protected void funcA() { }
3. }
4. class B extends A {
5.   [    ①    ] void funcA() { }
6. }
```

①に入る修飾子で、有効なものは次のどれですか。2つ選択してください。

☐ A. 修飾子を記述しない
☐ B. protected
☐ C. public
☐ D. private

問題 7-8

次のコードがあります。

```
1. public class Plant {
2.   private String name;
3.   public Plant(String name) { this.name = name; }
4.   public String getName() { return name; }
5. }
```

また、次のコードがあります。

```
1. public class Tree extends Plant {
2.   public void growFruit() { }
3.   public void dropLeaves() { }
4. }
```

正しい記述は次のどれですか。1つ選択してください。

○ A. コードは変更なくコンパイルされる
○ B. public Tree() { Plant(); } を Tree クラスに追加すれば、このコードはコンパイルされる
○ C. public Plant() { Tree(); } を Plant クラスに追加すれば、このコードはコンパイルされる
○ D. public Plant() { this("fern"); } を Plant クラスに追加すれば、このコードはコンパイルされる
○ E. public Plant() { Plant("fern"); } を Plant クラスに追加すれば、このコードはコンパイルされる

問題 7-9

次のコードがあります。

```
 1. class Foo {
 2.   String data1;
 3.   Foo(String data1) {
 4.     this.data1 = data1;
 5.   }
 6. }
 7. class Bar extends Foo {
 8.   private String data2;
 9.   Bar(String data1, String data2){
10.     // ここにコードを挿入
11.   }
12.   public static void main(String[] args) {
13.     Bar obj = new Bar("Java", "Bronze");
14.     System.out.println(obj.data1 + " " + obj.data2);
15.   }
16. }
```

10行目に挿入した際に、コンパイル、実行ともに成功するコードは次のどれですか。1つ選択してください。

○ A. this.data2 = data2;
　　super(data1);

○ B. super(data1);
　　this.data2 = data2;

○ C. super.data1 = data1;
　　this.data2 = data2;

○ D. this.data2 = data2;
　　super.data1 = data1;

○ E. this.data2 = data2;
　　Foo.data1 = data1;

問題 7-10

次のコードがあります。

```
1. class One {
2.   public One foo() { return this; }
3. }
```

```
4. class Two extends One {
5.   public One foo() { return this; }
6. }
7. class Three extends Two {
8.   // ここにコードを挿入
9. }
```

8 行目に挿入する有効なコードは次のどれですか。2 つ選択してください。

- □ A. public void foo() { }
- □ B. public int foo() { return 3; }
- □ C. public Two foo() { return this; }
- □ D. public One foo() { return this; }
- □ E. public Object foo() { return this; }

問題 7-11

次のコードがあります。

```
1. class Blip {
2.   protected int blipvert(int x) { return 0; }
3. }
4. class Vert extends Blip {
5.   // ここにコードを挿入
6. }
```

5 行目に挿入した際、コンパイルが成功するコードは次のどれですか。5 つ選択してください。

- □ A. public int blipvert(int x) { return 0; }
- □ B. private int blipvert(int x) { return 0; }
- □ C. private int blipvert(long x) { return 0; }
- □ D. protected long blipvert(int x) { return 0; }
- □ E. protected int blipvert(long x) { return 0; }
- □ F. protected long blipvert(long x) { return 0; }
- □ G. protected long blipvert(int x, int y) { return 0; }

問題 7-12

次のコードがあります。

```
 1. class Foo {
 2.   protected static int method(int a, int b) { return a * b; }
 3. }
 4. class Bar extends Foo{
 5.   public static int method(int a, int b) {
 6.     int c = super.method(a, b);
 7.     return c;
 8.   }
 9. }
10. class Test {
11.   public static void main(String[] args) {
12.     Bar b = new Bar();
13.     System.out.print(b.method(3,4) + " ");
14.     System.out.print(Bar.method(2,3));
15.   }
16. }
```

コンパイル、実行した結果として正しいものは次のどれですか。1つ選択してください。

- ○ A. 12 6
- ○ B. 何も出力されない
- ○ C. 実行時エラー
- ○ D. 5行目のエラーが原因でコンパイルエラーになる
- ○ E. 6行目のエラーが原因でコンパイルエラーになる
- ○ F. 13行目のエラーが原因でコンパイルエラーになる

問題 7-13

次のコードがあります。

```
1. class X {
2.   X() { System.out.print(1); }
3.   X(int x) {
4.     this();   System.out.print(2);
5.   }
6. }
```

```
 7. class Y extends X {
 8.   Y() { super(6);  System.out.print(3); }
 9.   Y(int y) {
10.     this();   System.out.println(4);
11.   }
12.   public static void main(String[] a) { new Y(5); }
13. }
```

実行した結果として正しいものは次のどれですか。1つ選択してください。

- ○ A. 13
- ○ B. 134
- ○ C. 1234
- ○ D. 2134
- ○ E. 2143
- ○ F. 4321

問題 7-14

次のコードがあります。

```
 1. class Foo {
 2.   int a, b;
 3.   Foo (int b) {
 4.     this.b = b;
 5.   }
 6.   Foo (int a, int b) {
 7.     this.a = a++;
 8.     this(++b);
 9.   }
10.   public static void main(String[] args) {
11.     int a = 3;
12.     int b = 5;
13.     Foo obj = new Foo(a, b);
14.     System.out.println(obj.a + " : " + obj.b);
15.   }
16. }
```

コンパイル、実行した結果として正しいものは次のどれですか。1つ選択してください。

- ○ A. コンパイルエラー
- ○ B. 実行時エラー
- ○ C. 3 : 6
- ○ D. 3 : 5
- ○ E. 4 : 5
- ○ F. 4 : 6

問題 7-15

次のコードがあります。

```
 1. public class Test {
 2.   public void foo() {
 3.     bar();
 4.   }
 5.   private void bar() { };
 6.   public static void main(String args[]) {
 7.     Test test = new Test();
 8.     test.foo();
 9.   }
10. }
```

コードの説明として正しいものは次のどれですか。1つ選択してください。

- ○ A. 3行目のエラーが原因でコンパイルエラーになる
- ○ B. 5行目のエラーが原因でコンパイルエラーになる
- ○ C. 7行目のエラーが原因でコンパイルエラーになる
- ○ D. 8行目のエラーが原因でコンパイルエラーになる
- ○ E. コンパイルは成功する

問題 7-16

次のコードがあります。

```
1. class Vehicle {
2.   Vehicle() {
3.     System.out.print("Vehicle ");
4.   }
5. }
```

```
 6. class Bike extends Vehicle {
 7.   Bike() {
 8.     System.out.print("Bike ");
 9.   }
10. }
11. class Bicycle extends Bike {
12.   Bicycle() {
13.     System.out.print("Bicycle ");
14.   }
15.   public static void main(String[] args) {
16.     Bicycle obj = new Bicycle();
17.   }
18. }
```

コンパイル、実行した結果として正しいものは次のどれですか。1つ選択してください。

○ A. コンパイルエラー
○ B. 実行時エラー
○ C. Bicycle Bike Vehicle
○ D. Vehicle Bike Bicycle
○ E. Vehicle
○ F. Bike
○ G. Bicycle

解答・解説

問題 7-1　正解：D

スーパークラスおよびサブクラスがインスタンス化可能な通常のクラスである場合、サブクラスでのオーバーライドは任意であるため選択肢Aは誤りです。選択肢Bはアクセス修飾子に関連する内容ですが、private変数でない場合は、サブクラスのメソッドからスーパークラスの変数にアクセスすることが可能であるため、誤りです。Javaでは、単一継承のみサポートしているため、選択肢Cは誤りです。サブクラスでは、スーパークラスで定義された変数、メソッドを引き継ぐため、選択肢Dは正しいです。なお、コンストラクタは引き継ぎません。

問題 7-2　正解：B

サブクラスでは、スーパークラスで定義した同じ名前をもつメンバ変数、メンバメソッドを定義することができます。コンストラクタはクラス名と同じである必要があるため、選択肢C、選択肢Dは誤りです。

問題 7-3　正解：C

問題文のFooクラス（スーパークラス）のmethod()メソッドは戻り値がvoidであり、引数はありません。したがって、サブクラスでオーバーライドする際は、戻り値および引数を同じように記述する必要があります。また、アクセス修飾子はスーパークラスと同じものか、それよりも公開範囲が広いものであれば使用可能であるため、選択肢Cが正しく、選択肢Dは誤りです。なお、選択肢AおよびBは、①に定義した際にコンパイルは成功します。これらは、スーパークラスのメソッドと引数の数が異なるため、オーバーライドとはみなされませんが、継承関係のあるオーバーロード（メソッド名は同じであるが引数の型、数、並びが異なる）として判断されるためです。

問題 7-4　正解：B

クラスAおよびクラスBはクラスXを継承し、各コンストラクタ内ではスーパークラスで宣言されたstatic変数をインクリメントしています。12行目では、A、Bクラスのコンストラクタを呼び出しているので、各コンストラクタが実行されますが、static変数はオブジェクトごとに用意されるのではなく、クラス単位（この例ではXクラス）で用意されます。したがって、A、Bの各コンストラクタでアクセスしているval変数は同じものです。したがって、出力結果は選択肢Bとなります。

問題 7-5　正解：C

thisキーワードは自オブジェクトを表します。なお、superキーワードはスーパークラスのオブジェクトを表します。

問題 7-6　正解：A

11行目では、Bクラスのオブジェクトを3つ生成していますが、Bクラスのnum変数はインスタンス変数であるため、オブジェクトごとに保持されています。したがって、13行目で各オブジェクトのnum変数を出力していますが、すべて11となります。

問題7-7　正解：B、C

問題文では、Aクラスで定義したfuncA()メソッドを、サブクラスであるBクラスがオーバーライドしています。AクラスのfuncA()メソッドはアクセス修飾子としてprotectedが指定されているため、オーバーライドの規則に従い、同じもしくはアクセス可能範囲が広い修飾子を指定しなくてはいけません。したがって、選択肢BとCが正しいです。

問題7-8　正解：D

Plantクラスでは引数をもつコンストラクタのみ定義されています。このPlantクラスを継承したTreeクラスの定義内容を確認すると、コンストラクタを定義していないため、コンパイル時に引数をもたないデフォルトコンストラクタが追加されます。

そして、デフォルトコンストラクタ内では暗黙でsuper();が追加されますが、現在Plantクラスには引数をもたないコンストラクタが定義されていないため、コンパイルエラーとなります。以上により、選択肢Aは誤りです。選択肢B、C、Eのように、コンストラクタ内でコンストラクタ名（）（Plant()やTree()）を使用した呼び出しのコードは誤りです。this()もしくはsuper()を使用します。したがってコンパイルエラーです。選択肢DのようにPlant クラスに引数をもたないコンストラクタを定義することでコンパイルが成功します。なお、this("fern");とあるとおり、自クラス内の他のコンストラクタを呼ぶ場合はthis()を使用します。

問題7-9　正解：B

super()の呼び出しは、コンストラクタ定義内で先頭行に記述する必要があるため、選択肢Aは誤りで、選択肢Bは正しいです。FooクラスにはFoo(String data1) コンストラクタのみ定義されているため、サブクラスであるBarクラスでは、明示的にこのコンストラクタを呼び出さなければコンパイルエラーとなります。

したがって、選択肢C、選択肢Dは誤りです。また、data1変数はインスタンス変数であるため、選択肢Eのような「Foo.data1」の呼び出しはできません。

問題 7-10　正解：C、D

Threeクラスは、Twoクラスを継承し、foo()メソッドをオーバーライドしています。オーバーライドの規則に従い、戻り値はスーパークラスと同じものか、その戻り値の型のサブクラスでなければいけません。現在スーパークラスでは、One型となっているため、OneもしくはTwo、Threeが指定可能です。したがって、選択肢C、Dが正しいです。

問題 7-11　正解：A、C、E、F、G

選択肢Aは、正しくオーバーライドしています。

選択肢C、E、F、Gは、スーパークラスのメソッドと引数の数が異なるため、オーバーライドとはみなされませんが、継承関係のあるオーバーロード（メソッド名は同じであるが引数の型、数、並びが異なる）として判断されるため有効なコードです。

選択肢Bは、オーバーライドのアクセス修飾子の規則に違反するため、誤り（コンパイルエラー）です。

選択肢Dは、オーバーライドの戻り値の規則に違反するため、誤り（コンパイルエラー）です。

問題 7-12　正解：E

BarクラスはFooクラスを継承しており、6行目ではsuperによるメソッド呼び出しを記述しています。しかし、5行目のメソッド宣言を確認するとmethod()はstaticメソッドであることがわかります。つまりstaticメンバからオブジェクトを表すsuperを使用しているため、コンパイルエラーとなります。thisおよびsuperを使用した変数、メソッドの呼び出しはインスタンスメンバのみです。問題文にあるようにstaticメンバからスーパークラスのstaticメンバを使用するのであれば、クラス名を使用してアクセスします（6章のstatic変数とstaticメソッドを参照）。たとえば、6行目を以下のように変更すると、コンパイル、実行ともに成功し、実行結果は「12 6」となります。

```
int c = Foo.method(a, b);  // クラス名を指定する
```

問題 7-13　正解：C

12行目のYクラスのインスタンス化により、9行目が呼び出されます。10行目ではthis()の呼び出しがあるため、8行目が呼び出されます。また、8行目ではsuper(6)の呼び出しがあるため、3行目が呼び出されます。また、4行目ではthis()の呼び出しがあるため、2行目が呼び出されます。したがって、最初に出力されるのは1となります。後は呼び出し元に順番に戻るため、4行目→8行目→10行目の実行となり実行結果は選択肢Cとなります。

問題 7-14　正解：A

this()の呼び出しは、コンストラクタ定義内で先頭行に記述する必要があるため、8行目によりコンパイルエラーです。なお、7行目と8行目が逆に記載されていればコンパイル、実行ともに成功し、出力結果は3:6となります。

問題 7-15　正解：E

7行目では、Testクラスをインスタンス化し、foo()メソッドを呼び出しています。foo()メソッドでは自クラス内に定義したprivateなbar()メソッドを呼び出しています。各メソッドは、インスタンスメソッド同士であり、かつprivate修飾子が付与されたメンバは、同じクラス内のメンバからであればアクセス可能です。したがって、コンパイルは成功します。なお、何も出力はしませんが、実行も可能です。

問題 7-16　正解：D

各クラスは継承関係があり、引数をもたないコンストラクタを定義しています。各コンストラクタ内には、明示的にsuper()やthis()を呼び出す記述がないため、暗黙でsuper()呼び出しが追加されます。したがって、実行結果は選択肢Dのようにスーパークラスから出力されます。

Chapter 8

ポリモフィズムとパッケージ

Oracle Certified Java Programmer, Bronze SE

─ 本章で学ぶこと ─

本章では、**抽象クラス**や**インタフェース**の定義について説明します。また、これらの技術を使って、第５章で紹介した**ポリモフィズム**を実現するコードも確認します。さらに、関連する複数のクラスやインタフェースを目的ごとにまとめて管理するための**パッケージ**を取り上げます。

- 抽象クラス
- インタフェース
- 基本データ型と参照型の型変換
- パッケージ宣言とインポート

アクセスキー b
(小文字のビー)

抽象クラス

抽象クラスとは

これまで定義してきたクラスは、処理内容を記述したメソッド（**具象メソッド**）をもち、**インスタンス化**して使用できるクラスでした。このようなクラスを**具象クラス**と呼びます。

一方で、Java言語では処理内容を記述しないメソッドや、それをもつクラスも定義することができます。この処理内容を記述しないメソッドを**抽象メソッド**（abstractメソッド）、抽象メソッドをもつクラスを**抽象クラス**（abstractクラス）と呼びます。

抽象クラスには、処理内容を記述した具象メソッドと抽象メソッドを**混在させる**ことができます。抽象クラスの構文と特徴は次のとおりです。

構文

```
[ アクセス修飾子 ] abstract class クラス名 { }
```

抽象クラスの特徴

- 抽象クラスはクラス宣言に abstract 修飾子を指定する
- 処理内容が記述された具象メソッドと抽象メソッドを混在できる
- 抽象クラス自体は new によるインスタンス化はできないため、利用する際は抽象クラスを継承したサブクラスを作成する
- 抽象クラスを継承したサブクラスが**具象クラス**の場合、元となる抽象クラスにある抽象メソッドのオーバーライドは必須である
- 抽象クラスを継承したサブクラスが**抽象クラス**の場合、元となる抽象クラスにある抽象メソッドのオーバーライドは任意である

また、抽象メソッドの構文と特徴は次のとおりです。

構文

```
[ アクセス修飾子 ] abstract 戻り値の型 メソッド名 ( 引数リスト );
```

抽象メソッドの特徴

- メソッド宣言で abstract 修飾子を指定する

- アクセス修飾子、戻り値の型、メソッド名、引数リストは、具象メソッドと同様に記述する
- 処理をもたないため、メソッド名()の後に{}を記述せず、「;」(セミコロン)で終わる

abstract修飾子を使用する際は、記述する位置などに注意してください。

抽象クラスの場合

```
abstract class Employee { …… }  // 正しい記述
class abstract Employee { …… }  // コンパイルエラー
```

抽象メソッドの場合

```
abstract void funcB();     // 正しい記述
void abstract funcB();     // コンパイルエラー
abstract void funcB(){};   // コンパイルエラー。{}はつけない
```

抽象クラス・抽象メソッドの存在理由

ところで、なぜインスタンス化できないクラスが必要なのでしょうか?

抽象クラスを継承したサブクラスが具象クラスの場合、抽象クラスで宣言された抽象メソッドをすべてオーバーライドしなければなりません。サブクラスでオーバーライドしたメソッドに名前や引数リスト、戻り値の型などの食い違いがあれば、コンパイルエラーにより知ることができます。これにより、メソッドの名前や呼び出し方が統一された複数のクラスを、安全に定義できます(**図8-1**)。

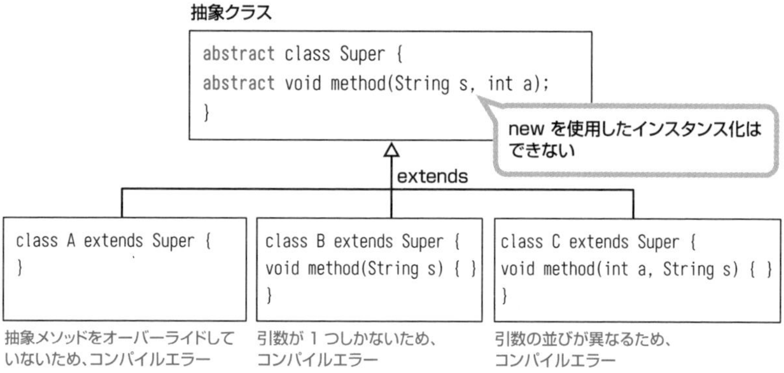

抽象クラス

```
abstract class Super {
abstract void method(String s, int a);
}
```

new を使用したインスタンス化はできない

extends

```
class A extends Super {
}
```

抽象メソッドをオーバーライドしていないため、コンパイルエラー

```
class B extends Super {
void method(String s) { }
}
```

引数が 1 つしかないため、コンパイルエラー

```
class C extends Super {
void method(int a, String s) { }
}
```

引数の並びが異なるため、コンパイルエラー

図 8-1：抽象クラスのサブクラス

つまり、複数のクラスで共通の名前や呼び出し方をもつべきメソッドは抽象クラスで抽象メソッドとして宣言しておき、サブクラスでそれを実装させるというのが、抽象クラスの一般的な使用方法であり目的です。

> **参考**
>
> 抽象メソッドをオーバーライドして処理内容を記述することを、**実装**と呼びます。

抽象クラスを継承したクラスの定義

それでは抽象クラスと、それを継承した具象クラスの定義を見てみましょう（**Sample8_1.java**）。

Sample8_1.javaでは、mainメソッドの定義はないため、実行確認はしません。コンパイル可否のみ確認します。

Sample8_1.java：**抽象クラスとそれを継承した具象クラスの定義**

```
1. abstract class Super { //抽象クラス
2.   protected abstract void methodA();  //抽象メソッド
3.   public void methodB(){}             //具象メソッド
4. }
5. class Sub extends Super {    //具象クラス
6.   protected void methodA(){} // 必須//抽象メソッドは必ず実装
7.   // 以下でもOK。アクセス修飾子は同じか公開範囲を広いものを使用
8.   // public void methodA(){}
```

```
 9.    public void methodB(){}      // 任意//必要に応じて実装可能
10. }
```

Superクラスは抽象クラスです。抽象メソッドであるmethodA()と、具象メソッドであるmethodB()が定義されています。このクラスを継承したSubクラスは具象クラスであるため、6行目でmethodA()メソッドをオーバーライドしています。

また、SuperクラスのmethodA()メソッド(2行目)はアクセス修飾子がprotectedです。そのため、オーバーライドするSubクラス側のmethodA()メソッドでは、protected修飾子もしくはpublic修飾子を指定可能です。なお、抽象クラスのmethodB()メソッド(3行目)は、具象メソッドであるため、サブクラスでのオーバーライドは任意です。したがって9行目をコメントアウトしてもコンパイルは成功はします。

なお、**Sample8_2.java**のように、抽象クラスを継承した抽象クラスを定義することも可能です。Sample8_2.javaでは、mainメソッドの定義はないため、実行確認はしません。コンパイル可否のみ確認します。

Sample8_2.java：**抽象クラスを継承した抽象クラスの定義**

```
1. abstract class X {                  // 抽象クラス
2.    protected abstract void methodA();
3. }
4. abstract class Y extends X { }      // 抽象クラス
5. class Z extends Y {                 // 具象クラス
6.    protected void methodA() { }
7.    //public void methodA() { }      // public修飾子でもOK
8.    //void methodA() { }             // 修飾子の指定なしはNG
9. }
```

抽象クラスであるXクラスを継承したYクラスはmethodA()メソッドをオーバーライドしていませんが、Yクラスも抽象クラスであるため、問題ありません。しかし、Yクラスを継承したZクラスは具象クラスであるため、methodA() メソッドをオーバーライドする必要があります。なお、2行目のmethodA()は、protectedが指定されています。まったく同じ修飾子を使用した6行目や、公開範囲が広くなる7行目は定義可能です。しかし、公開範囲が狭くなる8行目の定義はコンパイルエラーとなります。

インタフェース

インタフェースとは

第5章で説明したとおり、インタフェースとは、公開すべき操作をまとめたクラスの仕様、つまり取り決めです。ここでは、Java言語によるインタフェースの定義や、利用するコード等を確認します。

また、Java SE 8からインタフェースの仕様に変更があり、様々な機能が追加されました。しかし、Bronze試験では、旧、新ともにある共通の仕様について問われます。したがって、本書では、共通のインタフェース仕様についてのみ掲載し、新機能については割愛します。

> **参考**
>
> Bronze 試験の上位となる Silver 試験および Gold 試験では、インタフェースの新機能が問われます。

インタフェースの宣言時はclassではなくinterfaceキーワードを使用します。インタフェースも抽象クラスと同様に抽象メソッドを宣言することができます。また、インタフェースは抽象クラスと同様にインスタンス化できません。インタフェースの構文と特徴は次のとおりです。

構文

```
[ アクセス修飾子 ] interface インタフェース名 {}
```

インタフェースの特徴

- インタフェース宣言には interface キーワードを指定する
- インタフェースでは、public static な定数を宣言できる。定数となるため初期化しておく
- インタフェースでは、抽象メソッドを宣言できる
- **インスタンス化はできず**、利用する場合は実装クラスを作成し、実装クラス側では抽象メソッドをオーバーライドして使用する
- 実装クラスを定義するには implements キーワードを使用する。
- インタフェースを元にサブインタフェースを作成する場合は、extends キー

ワードを使用する

インタフェースでの変数とメソッド

インタフェースでは定数を宣言できます。

インタフェース内で変数を宣言すると、暗黙的にpublic static final修飾子が付与されます。つまり、staticな定数となります。したがって、**宣言と同時に初期化**しておく必要があります。初期化しないと、**コンパイルエラー**になります。

また、インタフェースでは抽象メソッドを宣言することが可能です。
抽象メソッドの構文は抽象クラスのときと同様ですが、インタフェースでの抽象メソッドは強制的にpublic abstractとなります。

表8-1を確認してください。これは、インタフェースでの抽象メソッドを宣言した例です。各メソッドを宣言する際（表の1列目）では、は抽象メソッドであるため、終わりが{}ではなく、;となっています。また、public abstractを付与していたり、していない場合もあります。しかし、インタフェースでの抽象メソッドは強制的にpublic abstractとなるよう仕様で決まっているため、コンパイルすると必要な修飾子が暗黙で付与されます。

表8-1：**インタフェースでの抽象メソッド宣言の例**

宣言時	コンパイル後
public abstract int methodA();	**public abstract** int methodA();
public int methodB(String str);	**public abstract** int methodB(String str);
abstract void methodC();	**public abstract** void methodC();
String[] methodD();	**public abstract** String[] methodD();

図8-2は、インタフェースで変数とメソッドを宣言している様子です。

変数の例

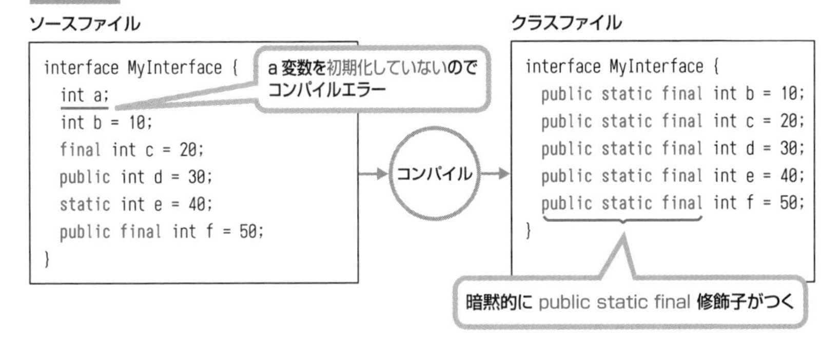

メソッドの例

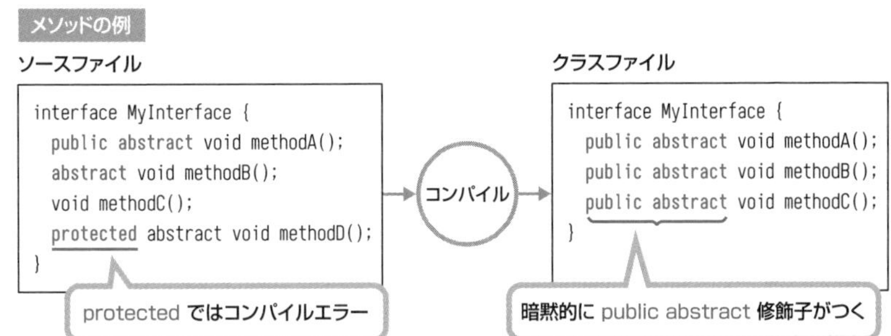

図 8-2：インタフェースの変数とメソッド

変数の例のソースファイルでは、a変数を初期化していないためにコンパイルエラーとなります。しかし、その他の変数はすべてコンパイルが成功します。このように必要な修飾子を記述していなくても、コンパイラによって**暗黙的にpublic static final修飾子が付与**されます。

また、メソッドも同様に、必要な修飾子を記述していなくても**暗黙的にpublic abstract修飾子が付与**されます。methodD()メソッドのように不適切な修飾子を明示的に記述すると、コンパイルエラーとなります。

インタフェースの実装クラス

インタフェース自体はインスタンス化できません。インスタンス化して使用するためには、すべてメソッドをオーバーライドしたクラスを定義する必要があります。これをインタフェースの**実装クラス**と呼びます。

実装クラスの宣言には、implementsキーワードを使用します。

構文

[修飾子] class クラス名 implements インタフェース名 { }

```
（例） public interface MyInterface { }  //インタフェース
       public class MyClass implements MyInterface { }  //実装クラス
```

implementsの後には、**1つ以上のインタフェースを複数指定**することができます。複数指定する場合は「,」（カンマ）で区切ります。ただし、実装クラスではimplementsで指定したすべてのインタフェースのメソッドをオーバーライドする必要があります。また、オーバーライドする際には、**public修飾子**をつける必要があります（**図8-3**）。

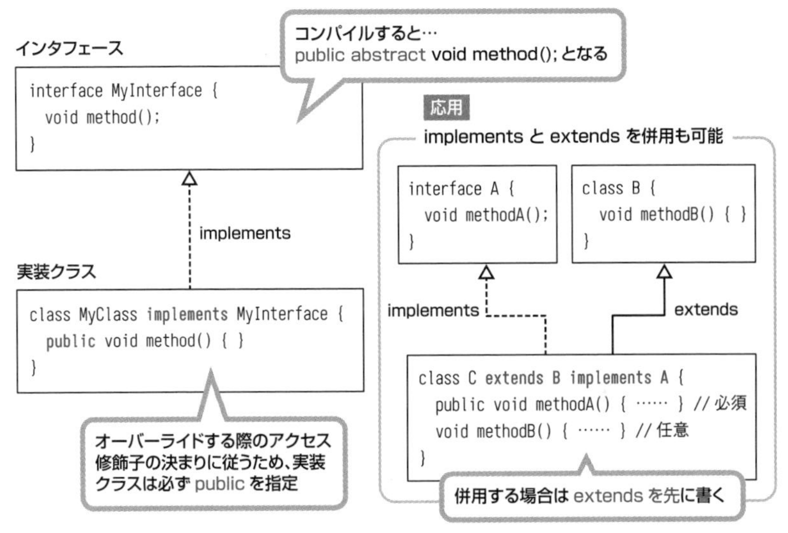

図 8-3：インタフェースの実装クラス

オーバーライドする際に、public修飾子が必須なのは、オーバーライドのルールに従うためです。ルールの1つに「アクセス修飾子は、スーパークラスと同じものか、それよりも公開範囲が広いものとする」がありました。インタフェースの実装クラスでも同じルールが適用されます。インタフェースで抽象メソッドを宣言した際、public abstractの有無に関わらず、コンパイル後は**暗黙でpublic abstractが付与**されています。したがって、実装クラス側では、**publicが必須**となります。

また、図8-3の右側（応用）にあるように、CクラスはAインタフェースを実装し、かつBクラスを継承するといったクラス定義も可能です。併用する場合はextendsを先に書きます。implementsを先に書くとコンパイルエラーです。

それでは、図8-3にあるインタフェースの宣言と、その実装クラスを記述したサンプルコードを見てみましょう（**Sample8_3.java**）。

Sample8_3.javaでは、mainメソッドの定義はないため、実行確認はしません。コンパイル可否のみ確認します。

Sample8_3.java：**図8-3のインタフェース宣言とその実装クラス**

```
 1. interface MyInterface {
 2.   //int a; //初期化していないのでコンパイルエラー
 3.   int b = 10;
 4.   final int c = 20;
 5.   public int d = 30;
 6.   static int e = 40;
 7.   public final int f = 50;
 8.
 9.   public abstract void methodA();
10.   abstract void methodB();
11.   void methodC();
12.   //protected abstract void methodD(); //protected は使用不可。コン
      パイルエラー
13. }
14. class MyClass implements MyInterface {
15.   public void methodA(){}
16.   public void methodB(){}
17.   public void methodC(){}
18. }
```

2行目と12行目のコメント（//）をはずすと、コンパイルエラーになります。

また、図8-3にあるとおり、実装クラス側ではインタフェースを実装（implements）しますが、同時に他のクラスを継承（extends）することも可能です。implementsとextendsとでは、**extendsを先**に書きます。implementsを先に記述するとコンパイルエラーになります。

インタフェースの継承

インタフェースを継承した、サブインタフェースを作成することができます。

継承関係をもつため、サブインタフェースを宣言する際にはクラスと同様にextendsキーワードを使用します。

ただし、サブインタフェースを実装したクラスが抽象クラスではなく具象クラスの場合、スーパーインタフェース、サブインタフェースのすべてのメソッドをオーバーライドする必要があります。

次のサンプルコードは、サブインタフェースを宣言し、それを具象クラスで実装する例です(**Sample8_4.java**)。

Sample8_4.java：サブインタフェースを宣言し具象クラスで実装する例

```
 1. interface XIF {
 2.   void methodA();
 3. }
 4. interface YIF {
 5.   void methodB();
 6. }
 7. interface SubIF extends XIF, YIF {
 8.   void methodC();
 9. }
10. class MyClass implements SubIF{
11.   public void methodA() { System.out.println("methodA()"); }
12.   public void methodB() { System.out.println("methodB()"); }
13.   public void methodC() { System.out.println("methodC()"); }
14. }
15. class Sample8_4 {
16.   public static void main(String[] args) {
17.     MyClass c = new MyClass();
18.     c.methodA(); c.methodB(); c.methodC();
19.   }
20. }
```

実行結果

```
methodA()
methodB()
methodC()
```

XIFとYIFはともにインタフェースです。これらを継承したサブインタフェースがSubIFです。そして、SubIFインタフェースを実装したクラスがMyClass

です。このクラスは具象クラスであるため、すべてのメソッドを実装しています。

7行目にあるとおり、**インタフェースは複数のインタフェースを継承(extends)**することが可能です。また、**複数のインタフェースを実装(implements)**することも可能です。**具象クラスおよび抽象クラスが継承(extends)できるのは1つのクラスだけ**であるのとは異なるので、注意してください。

基本データ型と参照型の型変換

基本データ型の型変換

基本データ型で宣言した変数には、宣言時の型(intやdoubleなど)で扱える範囲内のデータであれば、**型変換**の仕組みによりそれを代入することができます。

異なる型の値の代入には、次に示す2種類の型変換ルールがあります。

・暗黙の型変換

図8-4の左側に記載されている型の値を、右側の型で扱うことが可能です。たとえば、byte値をint型の変数に代入したり、float値をdouble型の変数に代入したりできます。

・キャストによる型変換

キャストによって、**図8-4**で右側に記載されている型の値を、左側の型で扱うことが可能です。たとえば、int値をbyte型の変数に代入したり、double値をfloat型の変数に代入したりできます。

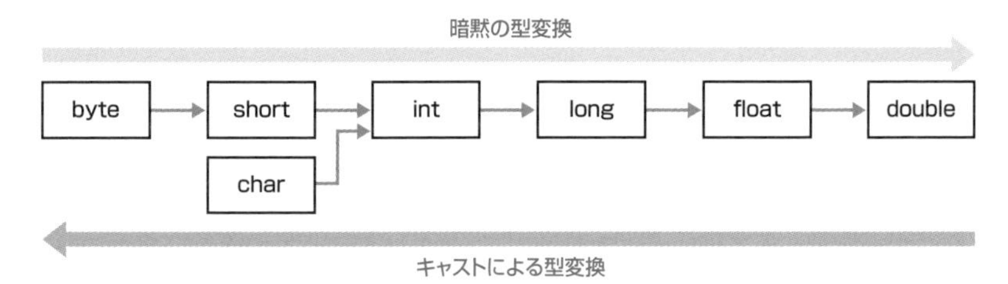

図8-4：基本データ型の変換ルール

基本データ型の暗黙型変換

まず、暗黙型変換から見てみましょう。代入演算子による変数への値の代入以外にも、メソッドの引数や戻り値で暗黙の型変換が行われます(**図8-5**)。

暗黙型変換を使用した例

①変数への代入で利用	②変数への代入で利用	③メソッドの引数で利用	④メソッドの戻り値で利用

short s = 10;
int i = s;
	int i = 100;
	double d = i;
		■呼び出し側
		int i = 100;
		method(i);
		■定義側
		void method(double d) { }
			■呼び出し側
			double d = method();
			■定義側
			int method(){
			  int i = 100; return i;
			}

図 8-5：基本データ型の暗黙型変換が行われるケース

図 8-5 の説明

① short 型で宣言した変数の値を int 型の変数に代入。i 変数には 10 が格納される

② int 型で宣言した変数の値を double 型の変数に代入。d 変数には 100.0 が格納される

③ メソッドの引数で int 値を渡し、double 型で宣言した変数で受け取る。d 変数には 100.0 が格納される

④ メソッドで処理した結果を int 値で返す。戻り値を double 型で宣言した変数で受け取る。d 変数には 100.0 が格納される

キャストを使用した基本データ型の型変換

前述したように、byte値をint型の変数に代入する場合には暗黙的に変換されますが、その逆はコンパイルエラーになります。もし、強制的に変換する場合は()**キャスト演算子**を使用します。ただし、数値によっては情報の一部が失われるので、使用時には注意が必要です。

キャストを使用した基本データ型の型変換の構文は次のとおりです。

8 ポリモフィズムとパッケージ

構文

（目的の型）値

（例）
```
double d = 10.5;
int i = (int)d; //iには10が代入される。
```

代入演算子による変数への値の代入以外にも、メソッドの引数や戻り値でキャストによる型変換が行われます（**図8-6**）。

キャストを使用した例

①変数への代入で利用	②変数への代入で利用	③メソッドの引数で利用	④メソッドの戻り値で利用

int i = 100;
short s = (short)i;
	double d = 10.5;
	int i = (int)d;
		■呼び出し側
		double d = 10.5;
		method((int)d);
			■呼び出し側
			int i = method();

		■定義側
		void method(int i) { }
			■定義側
			int method(){
			double d = 10.5; return (int)d;
			}

図8-6：基本データ型のキャストによる型変換が行われるケース

図8-6の説明

① int型で宣言した変数の値をshort型に変換してからshort型で宣言した変数に代入。s変数には100が格納される
② double型で宣言した変数の値をint型に変換してからint型で宣言した変数に代入。i変数には10が格納される
③ メソッドの引数でdouble値をint型に変換してから渡し、int型で宣言した変数で受け取る。i変数には10が格納される
④ メソッドで処理した結果をint型に変換してから返す。戻り値をint型で宣言した変数で受け取る。i変数には10が格納される

それでは、サンプルコードでキャスト演算子の動作を確認しましょう（**Sample8_5.java**）。

Sample8_5.java：**キャスト演算子の例**

```
1. class Sample8_5 {
2.   public static void main(String[] args) {
```

```
 3.     double a = 10.5;
 4.     //int b = a;
 5.     int c = (int)a;
 6.     System.out.println("cの値：" + c);
 7.     //foo(c);
 8.     foo((short)c);
 9.   }
10.   static void foo(short d){
11.     System.out.println("dの値：" + d);
12.   }
13. }
```

実行結果

```
cの値：10
dの値：10
```

4行目ではdouble値をint型の変数に代入しようとしているため、コメント（//）をはずすとコンパイルエラーとなります。5行目のようにキャスト演算子を使用して目的の型に変換すれば、代入可能です。しかし、そのときに小数部が切り捨てられて、代入される値は10となります。6行目による出力結果からも、そのことが確認できます。

また、7行目ではint値を引数にfoo()メソッドを呼び出そうとしていますが、定義側ではshort型で宣言しているため、コメント（//）をはずすとコンパイルエラーとなります。8行目のようにキャストすることで、foo()メソッドに引数を渡すことができます。

参照型の型変換

参照型データ、つまりオブジェクトも型変換が可能です。参照型の場合は、代入先の変数の型（クラス、インタフェース）と代入されるオブジェクトとの間に**継承関係**もしくは**実装関係**が必要です。

参照型の場合も以下のとおり、2種類の型変換ルールがあります（**図8-7**）。

- **暗黙の型変換**

サブクラスのオブジェクトを、スーパークラスを型として宣言した変数で扱えます。また、実装クラスのオブジェクトを、インタフェースを型として宣言した変数で扱えます。

スーパークラス型　変数名 = サブクラスのオブジェクト；
インタフェース型　変数名 = 実装クラスのオブジェクト；

・キャストによる型変換

スーパークラスを型として宣言した変数で参照しているサブクラスのオブジェクトを、サブクラスを型として宣言した変数で扱うにはキャストを用います。また、インタフェースを型として宣言した変数で参照している実装クラスのオブジェクトを、実装クラスを型として宣言した変数で扱うにはキャストを用います。

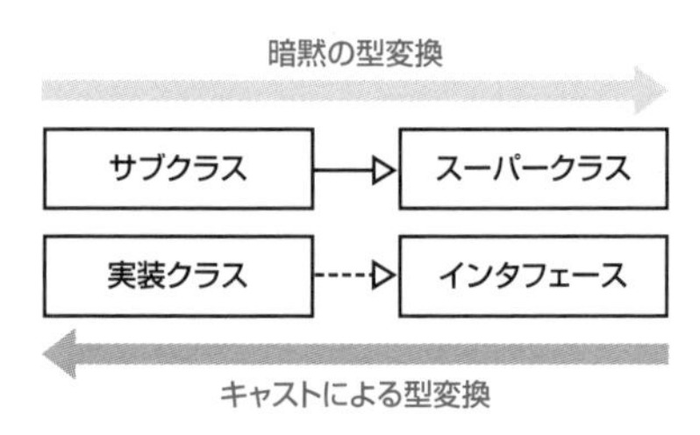

図 8-7：参照型の変換ルール

参照型の暗黙型変換

まず、暗黙型変換から見てみましょう。代入演算子による変数へのオブジェクトの代入以外にも、メソッドの引数や戻り値で暗黙の型変換が行われます（**図 8-8**）。

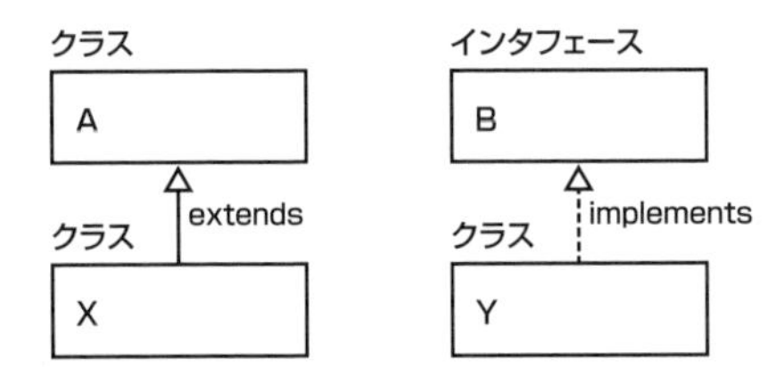

暗黙変換を使用した例

①継承関係	②実装関係	③メソッドの引数で利用 （継承関係の例）	④メソッドの戻り値で利用 （実装関係の例）

`A a = new X();`	`B b = new Y();`	■呼び出し側
		`X x = new X();`
		`method(x);`
		■定義側
		`void method(A a) { }`
			■呼び出し側
			`B b = method();`
			■定義側
			`B method(){`
			`  return new Y();`
			`}`

図 8-8：参照型の暗黙型変換が行われるケース

図 8-8 の説明

① A 型（スーパークラス）で宣言した変数に、X 型（サブクラス）のオブジェクトを代入
② B 型（インタフェース）で宣言した変数に、Y 型（実装クラス）のオブジェクトを代入
③ メソッドの引数で X 型（サブクラス）のオブジェクトを渡し、A 型（スーパークラス）で宣言した変数で受け取る
④ メソッドで処理した結果を Y 型（実装クラス）のオブジェクトで返す。戻り値を B 型（インタフェース）で宣言した変数で受け取る

図8-8にあるように、スーパークラスを型として宣言された変数には、そのサブクラスのオブジェクトを代入可能です。また、インタフェースを型として宣言した変数には、その実装クラスのオブジェクトを代入可能です。**インタフェース自体がインスタンス化されているわけではない**点に注意しましょう。

次のサンプルは抽象クラスと、それを継承したサブクラスの例です（Sample8_6.java）。

Sample8_6.java：参照型の暗黙型変換

```
1. abstract class Foo {
2.   int x; int y;
3.   public abstract void print();
4.   public void method(int x, int y){ this.x = x; this.y = y; }
5. }
6. class MyClass extends Foo {
7.   public void print() {
8.     System.out.println("x : " + x + " y : " + y);
9.   }
10. }
11. class Sample8_6 {
12.   public static void main(String[] args) {
13.     //スーパークラスの変数にサブクラスのオブジェクトを代入
14.     Foo f = new MyClass();
15.     f.method(10, 20);  // スーパークラスのメソッド呼び出しOK
16.     f.print();         // サブクラスのメソッド呼び出しOK
17.   }
18. }
```

実行結果

```
x : 10 y : 20
```

14行目では、MyClassをインスタンス化していますが、変数は抽象クラスの型で宣言しています。このように実装クラスのオブジェクトをスーパークラスの型で扱うことができます。そして、15行目、16行目では各メソッドが問題なく呼び出せていることが確認できます。

キャストを使用した参照型の型変換

参照型のデータも必要に応じてキャストを使用して型変換を行います。ただし、参照型のキャストは、次のような場面で使用されます。

あるクラスをインスタンス化

↓

スーパークラスやインタフェースを型とする変数に代入

↓

キャストによりもとのクラス（型）に戻す

もし、もとのクラス（型）以外のクラスにキャストしようとすると、**実行時にClassCastException**というエラーが発生します。

キャストを使用した参照型の型変換の構文は次のとおりです。

構文

（目的の型）オブジェクト

（例）
```
class Super { }
class Sub extends Super{ }
class Test {
    ⋮
  Super super = new Sub();
  Sub sub = (Sub)super;
    ⋮
}
```

代入演算子による変数への値の代入以外にも、メソッドの引数や戻り値でキャストによる型変換が行われます（**図8-9**）。

キャストを使用した例

①継承関係	②実装関係	③メソッドの引数で利用（継承関係の例）	④メソッドの戻り値で利用（実装関係の例）

`A a = new X();`
`X x = (X)a;`
	`B b = new Y();`
	`Y y = (Y)b;`
		■呼び出し側
		`X x = new X();`
		`method(x);`
		■定義側
		`void method(A a) {`
		`  X x = (X)a;`
		`}`
			■呼び出し側
			`B b = method();`
			`Y y = (Y)b;`
			■定義側
			`B method() {`
			`  return new Y();`
			`}`

もともとインスタンス化したのはXクラスのオブジェクトであるため、キャストでもとの型に戻している

もともとインスタンス化したのはYクラスのオブジェクトであるため、キャストでもとの型に戻している

図8-9：参照型のキャストによる型変換が行われるケース

図8-9の説明

① A型（スーパークラス）で宣言した変数で扱っているX型（サブクラス）のオブジェクトを、X型に変換してからX型で宣言した変数に代入

② B型（インタフェース）で宣言した変数で扱っているY型（実装クラス）の

オブジェクトを、Y型に変換してからY型で宣言した変数に代入

③ メソッドの引数でX型（サブクラス）のオブジェクトを渡し、A型（スーパークラス）で宣言した変数で受け取った後、X型に変換してからX型で宣言した変数に代入

④ メソッドで処理した結果をY型（実装クラス）のオブジェクトで返す。戻り値をB型（インタフェース）で宣言した変数で受け取った後、Y型に変換してからY型で宣言した変数に代入

先ほど、参照型の暗黙の型変換により、サブクラス（もしくは実装クラス）のオブジェクトは、スーパークラス（もしくはインタフェース）を型として宣言した変数で扱えると説明しました。しかし、スーパークラス（もしくはインタフェース）を型とする変数に対して、サブクラス（もしくは実装クラス）で独自に定義したメソッドを呼び出すコードを書くと、コンパイルエラーになります。

コンパイル時には、**呼び出そうとしているメソッドが、変数の型となっているクラスに定義されているかどうか**チェックされています。また、実行時には、**インスタンス化されているオブジェクトのメソッド**が呼び出されます。**図8-10**を使って、説明します。

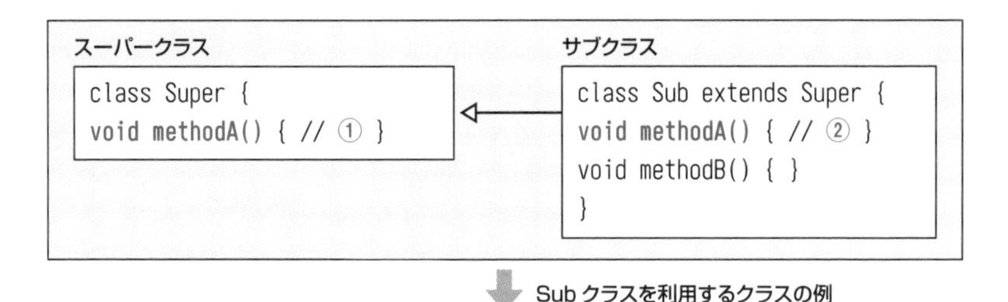

例1：コンパイルエラー

```
1. class Test {
2.    ⋮
3.    Super s = new Sub();
4.    s.methodA();
5.    s.methodB();
6.    ⋮
7. }
```

例2：コンパイル成功

```
1. class Test {
2.    ⋮
3.    Super s1 = new Sub();
4.    s1.methodA();        ← 呼び出されるのは②のメソッド
5.    Sub s2 = (Sub)s1;
6.    s2.methodB();
7.    ⋮
8. }
```

図8-10：キャストの必要性

まず、例1を見てください。3行目でSubクラスをインスタンス化していますが、代入先はスーパークラスであるSuper型の変数です。このため、**コンパイラはSuperクラスにmethodA()、methodB()メソッドがあるかチェック**します。SuperクラスにmethodB()メソッドは定義されていないため、**結果はコンパイルエラー**となります。

次に例2を見てください。3行目でSubクラスをインスタンス化していますが、代入先はスーパークラスであるSuper型の変数です。このため、4行目でSuperクラスにmethodA()があるかチェックされますが、問題ありません。また、5行目で**Sub型にキャスト後、Sub型で宣言した変数に代入**しています。このため、6行目でSubクラスにmethodB()があるかチェックされますが、こちらも問題ありません。

そして実行時ですが、4行目のmethodA()呼び出しに対し、呼び出されるメソッドは、Subクラスで定義（オーバーライド）したメソッド（②のメソッド）です。この振る舞いが実現するのは、**インスタンス化しているのはSubクラスのオブジェクト**だからです。

ポリモフィズム

継承（抽象クラス・具象クラスの利用）や実装（インタフェースの利用）は、単にメソッド名を合わせるだけでなく、スーパークラスやインタフェースの型で、実際のオブジェクトを扱える点に大きなメリットがあります。

第5章で**ポリモフィズム**の概念を説明しましたが、Java言語ではポリモフィズムを実現するために、抽象クラスや具象クラス、インタフェースや実装クラスを活用しています。これにより、同じ名前のメソッドの呼び出しであっても、オブジェクトごとに異なる機能を提供することを実現しています。

パッケージ宣言とインポート

パッケージとは

今までの章で様々なクラスを作成してきました。ソースファイルにクラスを定義しコンパイルすると、.class拡張子がついたファイルとして作成されます。そして、このクラスファイル名には**class宣言したクラス名**が使われました。

もし同じ名前のクラスがあるとコンパイルした際にクラスファイルは上書き

されてしまいます。つまり、1つのアプリケーションの中ですでに使用されたクラス名は使用することができません。

社内だけでアプリケーションを作成するのであれば、同じ名前にならないように十分気をつければ済むかもしれません。しかし、規模が大きいアプリケーションを作成しようという場合、他社が作成したクラス群を購入し、社内で作成したアプリケーションと結合することもあります。その際、同じクラス名が使われている可能性があります。

どのような状況になってもクラス名が衝突しないように、Java言語は**パッケージ**という仕組みを提供しています。

パッケージの概念は、会社に所属する社員を特定する表現を考えてみるとわかりやすいでしょう。**図8-11**のように1つの会社に田中さんが複数いる場合、「SE社の田中さん」では1人に特定することができません。しかし、「SE社の営業部の第1営業課の田中さん」という言い方に変えると、1人に特定することができます。

これをパッケージの仕組みに当てはめると、「田中さん」はクラス名で、「SE社の営業部の第1営業課」がパッケージ名に相当します。

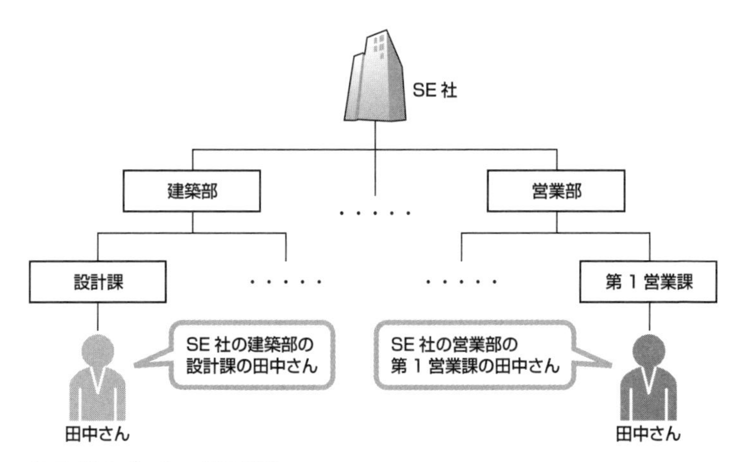

図8-11：パッケージの概念

パッケージ名は「SE社」だけでも、「SE社」→「営業部」という階層を設けてもかまいません。実際には、名前の衝突が起きにくいように複数の階層を設けるやり方が推奨されます。

パッケージ化

クラスをパッケージに含めることを**パッケージ化**といいます。パッケージ化のための構文は次のとおりです。

構文

```
package パッケージ名 ;
class X { …… }
```

クラスをパッケージ化するには、ソースファイルの先頭にpackageキーワードでパッケージ名を記述し、「;」（セミコロン）で閉じます。パッケージ宣言は、必ずソースファイルの**先頭**に記述します。ただし、空白とコメントはその前に記述することができます。また、パッケージ名を階層化する場合は、各階層を「.」（ドット）で**区切り**ます。

実際の開発では、1つのソースファイルに1つのクラスを定義することが多いのですが、複数のクラスを定義している場合は、先頭に記述したパッケージ宣言がすべてのクラスに適用されます。

パッケージの宣言規則は次のとおりです。

パッケージの宣言規則

- ソースファイルの先頭にpackageキーワードを使用し宣言する
- パッケージ名を階層化する場合は「.」（ドット）で区切る
  【例】com.se.sales.sales1
- 1つのソースファイルに宣言できるパッケージは1つのみ

パッケージの宣言例

```
package com.se.sales.sales1;
class X { …… }  // com.se.sales.sales1.Xとして扱われる
class Y { …… }  // com.se.sales.sales1.Yとして扱われる
```

パッケージ化されたクラスのコンパイルと実行

それではサンプルを使って、パッケージ化されたクラスのコンパイルと実行をしてみましょう（Sample8_7.java）。

Sample8_7.java：パッケージ化されたクラスのコンパイルと実行

```
 1. package com.se;
 2.
 3. class Foo {
 4.   void print() {
 5.     System.out.println("package sample");
 6.   }
 7. }
 8. class Sample8_7 {
 9.   public static void main(String[] args) {
10.     Foo f = new  Foo();
11.     f.print();
12.   }
13. }
```

このソースファイルを今までどおり保存して、javacコマンドでコンパイルし、javaコマンドで実行すると、実行時エラーとなります。

以下にあるコンパイル結果は、C:¥sample¥chap8フォルダ以下にSample8_7.javaファイルを保存して行った例です。

コンパイル・実行結果

```
C:¥sample¥chap8>javac Sample8_7.java
C:¥sample¥chap8>java Sample8_7
エラー: メイン・クラスSample8_7を検出およびロードできませんでした
原因: java.lang.NoClassDefFoundError: com/se/Sample8_7 (wrong name: ➡
Sample8_7)
```

パッケージ化されたクラスは、クラス名単体では扱うことができません。「**パッケージ名＋クラス名**」で扱う必要があります。また、**そのパッケージ名に対応したフォルダを用意し、そのフォルダの中にクラスファイルを保存**しておく必要があります。

フォルダの中に入れておく必要があるのはクラスファイルですが、ここではわかりやすいように、ソースファイルも一緒に保存しておきます。

前のコンパイル結果の例で、C:¥sample¥chap8フォルダ以下にSample8_7.javaファイルを保存した場合は、いったん削除しておいてください。

それでは**図8-12**を見ながら、クラスをパッケージ化し、実行するまでの流れを確認しましょう。

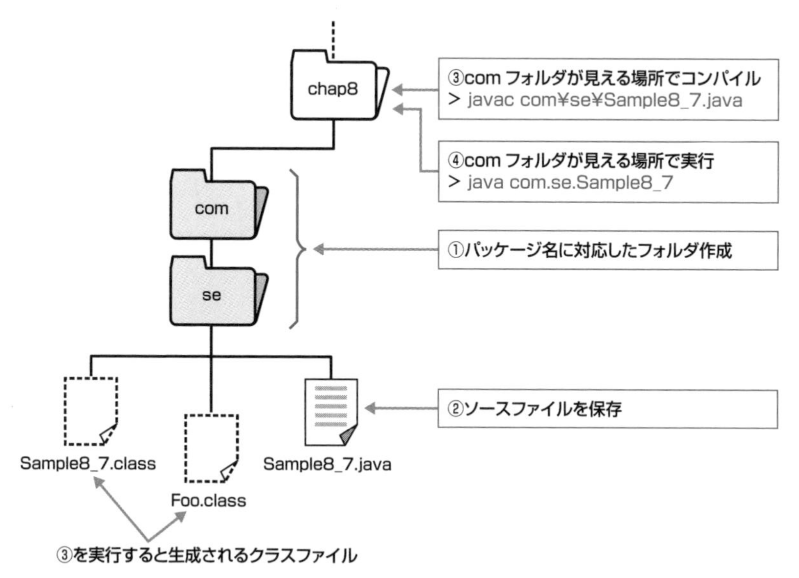

図 8-12：**クラスをパッケージ化し実行するまでの手順**

① パッケージ名と同じフォルダを任意の場所に作成します。ここでは chap8 フォルダの中にパッケージ名と同じ「com」フォルダ→「se」フォルダを作成しています。
② 「se」フォルダの中にソースファイルを保存します。
③ コンパイルは**パッケージ階層の一番上のフォルダが見える場所（フォルダ）**で行います。フォルダが階層化されている場合、フォルダ名の間は「¥」（半角円記号）でつなぎます。コンパイルが完了すると、クラスファイルがソースファイルと同じ場所に作成されます。

コンパイル結果

```
C:¥sample¥chap8>javac com¥se¥Sample8_7.java
C:¥sample¥chap8>
```

④ 実行もコンパイル時と同様に、**パッケージ階層の一番上のフォルダが見える場所（フォルダ）**で実行します。ただし、フォルダ名の間は**「.」（ドット）**でつなぎます。

実行結果

```
C:¥sample¥chap8>java com.se.Sample8_7
package sample
C:¥sample¥chap8>
```

「.」（ドット）を使い階層構造まで指定する理由は、クラス名がパッケージ化されたことにより、クラス名だけでは呼び出せなくなったためです。「〜パッケージに属する〜クラス」と**完全な名前で呼び出す**必要があります。

import 文

先ほどのサンプルSample8_7.javaでは、Sample8_7クラスとFooクラスを1つのソースファイルに記述していたため、両者は同じパッケージに属すことになります。

しかし、プログラムの規模が大きくなると、あるクラスが自分が属するパッケージ以外のクラスを利用するケースが出てきます。ここからは次の2つのクラスを例に、異なるパッケージに属するクラスを利用する方法を説明しましょう。

com.se.Sample8_8クラス：main()メソッドをもつ起動用クラス。Fooクラスをインスタンス化し、print()メソッドを呼び出す
com.se.ren.Fooクラス：print()メソッドが定義されたクラス

Sample8_8クラスはcom.seパッケージに、Fooクラスは1つ階層が深いcom.se.renパッケージに含まれます。2つのパッケージは、途中まで階層が同じですが、まったく別のパッケージとして扱われます。

Sample8_8クラスでFooクラスを利用するには、Sample8_8クラス側で次に示す方法のいずれかを行う必要があります。

- 利用するクラスを完全名で指定する
- import 文を使用する

・利用するクラスを完全名で指定する

異なるパッケージのクラスを利用するときに、そのクラスを、パッケージ名

を含めた完全な名前で指定する方法です。たとえば、Sample8_8クラスでFooクラスをインスタンス化し、それを変数に代入する場合には、次のように記述します。

完全名でクラスを指定

```
com.se.ren.Foo f = new com.se.ren.Foo();
```

・import文を使用する

異なるパッケージに属するクラスを、いちいちパッケージ名を指定しなくてもクラス名だけで利用可能にする方法です。Java言語ではこの方法を**インポート**と呼びます。

クラスをインポートするには、**ソースファイルの先頭**で**import文**を記述します。import文では、**import**キーワードに続き、パッケージ名も含めた完全な名前で利用するクラスを指定します。

複数のクラスをインポートするときには、インポートするクラス1つ1つに対してimport文を記述します。ただし、クラス名の代わりに「*」(アスタリスク)を記述すると、指定されたパッケージに属するすべてのクラスが利用可能になります。

次のサンプルコードは、com.se.renパッケージに属するFooクラスをインポートするものです。

com.se.ren パッケージに属する Foo クラスをインポート

```
import com.se.ren.Foo;          // ① OK
import com.se.ren.*;            // ② OK
import com.*;                   // ③ コンパイルエラー
import com.se.*;                // ④ コンパイルエラー
```

①はクラス名まで指定しており、②はパッケージ名の後にすべてのクラスを意味する「*」を指定しています。これらは正しい記述ですが、③や④のようにパッケージ名の途中で「*」を使用することはできません。コンパイルエラーになります。

なお、import文とpackage文の両方を記述する場合には、**package文を先**に書きます。

import文とpackage文の両方を記述する場合

```
package com.se;
import com.se.ren.Foo;
class Sample8_8 { …… }
```

ここまでのまとめとして、com.se.renにパッケージ化したFooクラスを、com.seにパッケージ化したSample8_8クラスが利用するサンプルコードを見ておきましょう（**Sample8_8.java**）。

Foo.java：**com.se.ren.Foo クラス**

```
1. package com.se.ren;
2.
3. public class Foo {
4.   public void print() {
5.     System.out.println("package sample");
6.   }
7. }
```

Sample8_8.java：**Foo クラスを利用する、com.se.Sample8_8 クラス**

```
1. package com.se;
2. import com.se.ren.Foo;
3.
4. class Sample8_8 {
5.   public static void main(String[] args) {
6.     Foo f = new  Foo();
7.     f.print();
8.   }
9. }
```

コンパイルならびに実行の結果は、以下のとおりです。

コンパイル・実行結果

```
C:¥sample¥chap8>javac com¥se¥ren¥Foo.java          Foo.javaのコンパイル
C:¥sample¥chap8>javac com¥se¥Sample8_8.java        Sample8_8.javaのコンパイル
C:¥sample¥chap8>java com.se.Sample8_8             実行
package sample
```

利用されるクラス側の注意点

異なるパッケージに属するクラスを利用するクラスは、インポートしたり完全名で指定したりすることで利用できました。一方、利用される側のクラスについては、利用されるために注意しなければならない点があります。先ほどのFooクラスであれば次の点です。

- クラス宣言にpublic修飾子がついている
- print()メソッドにpublic修飾子がついている

public修飾子が必要な理由は、Sample8_8クラスとFooクラスでは属するパッケージが異なるためです。自分が属するパッケージ以外のクラスに利用を許可するためには、**public**修飾子が必要です（**図8-13**）。

Sample8_8クラスでは、Foo型の変数宣言をしています。これは、Fooクラス定義時にpublic修飾子が付与されているので可能となります。また、Sample8_8クラスでは、Fooクラスのprint()メソッドを呼び出しています。これも、print()メソッドにpublic修飾子が付与されているので可能となります。

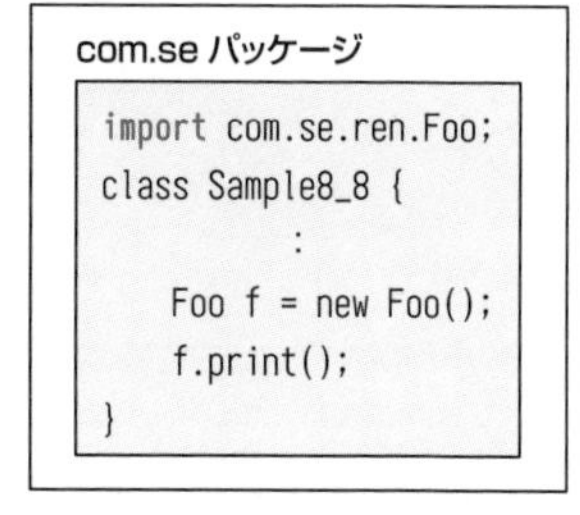

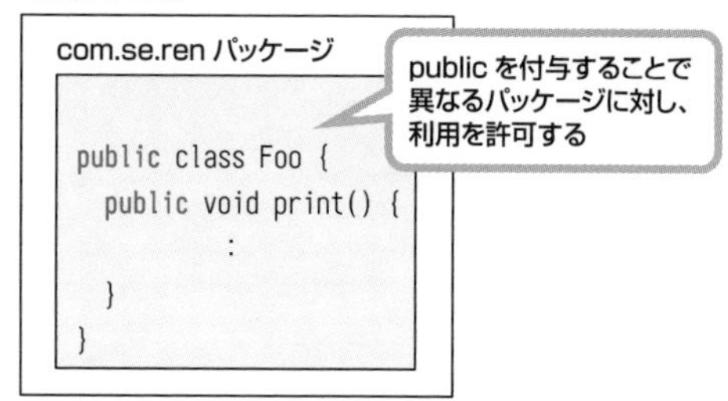

図8-13：異なるパッケージのアクセス許可

練習問題

問題 8-1

抽象クラスである Foo クラスに定義できるコンストラクタは次のどれですか。3 つ選択してください。

- □ A.　Foo() { }
- □ B.　Foo(String str) { }
- □ C.　abstract Foo() { }
- □ D.　private Foo() { }

問題 8-2

abstract 修飾子が使用可能なものは次のどれですか。3 つ選択してください。

- □ A.　クラス
- □ B.　コンストラクタ
- □ C.　変数
- □ D.　メソッド
- □ E.　インタフェース

問題 8-3

private 修飾子を使用可能なメンバは次のどれですか。3 つ選択してください。

- □ A.　クラスのコンストラクタ
- □ B.　インタフェースのメソッド
- □ C.　クラスの抽象メソッド
- □ D.　クラスの具象メソッド
- □ E.　インタフェースの変数
- □ F.　クラスの変数

問題 8-4

次のコードがあります。

```
1. abstract class Foo{
2.    abstract int a;             //①
3.    abstract void funcA();      //②
4.    void funcB() {}             //③
5.    private Foo() {}            //④
6.    public Foo(int i){}         //⑤
7. }
```

定義できないものは次のどれですか。1 つ選択してください。

○ A. ①
○ B. ①と③
○ C. ④と⑤
○ D. ③と④と⑤
○ E. ①と③と④と⑤

問題 8-5

正しい記述は次のどれですか。3 つ選択してください。

□ A. 抽象クラスはインスタンス化できない
□ B. インタフェースは複数のインタフェースを継承できる
□ C. 抽象クラスのメソッドはすべて abstract にしなくてはならない
□ D. 抽象クラス B が抽象クラス A を直接継承する場合、クラス B は A で宣言されたすべての抽象メソッドをオーバーライドしなくてはならない
□ E. 具象クラス C が具象クラス B を継承し、B がインタフェース A を実装する場合、C のオブジェクトはインタフェース A とクラス B のメソッドが利用できる

問題 8-6

次のコードがあります。

```
1. public abstract class Foo {
```

```
 2.   public Foo(String data){
 3.     methodA(data);
 4.     methodB();
 5.   }
 6.   public void methodA(String data) {
 7.     System.out.println(data);
 8.   }
 9.   public abstract void methodB();
10.
11.   public static void main(String[] args) {
12.     Foo obj = new Foo("Hello");
13.     obj.methodA("Bye");
14.   }
15. }
```

コンパイル、実行した結果として正しいものは次のどれですか。1つ選択してください。

- ○ A. コンパイルエラー
- ○ B. コンパイルは成功し、何も出力されない
- ○ C. コンパイルは成功し、Hello と Bye が出力される
- ○ D. コンパイルは成功するが、12 行目で実行時エラーとなる
- ○ E. コンパイルは成功するが、13 行目で実行時エラーとなる

問題 8-7

次のコードがあります。

```
1. interface Foo{
2.  private int a = 1;            //①
3.  public int b = 1;             //②
4.  abstract int c = 1;           //③
5.  static int d = 1;             //④
6.  final int e = 1;              //⑤
7. }
```

定義できないものは次のどれですか。1つ選択してください。

- ○ A. ①
- ○ B. ①と③
- ○ C. ④と⑤

○ D. ③と④と⑤
○ E. ①と③と④と⑤

問題 8-8

次のコードがあります。

```
1. interface X { }
2. interface Y { }
```

有効なコードは次のどれですか。3 つ選択してください。

□ A. public class Foo extends X { }
□ B. public class Foo implements X { }
□ C. public interface Foo extends X { }
□ D. public interface Foo implements X { }
□ E. public class Foo implements Y, X { }

問題 8-9

次のコードがあります。

```
1. interface I {
2.   void func();
3. }
4. class A implements I {
5.   public void func(){ System.out.println("A "); }
6. }
7. class B extends  A {
8.   public void func(){ System.out.println("B "); }
9. }
10. class Test {
11.   public static void main(String[] args) {
12.     I obj = new B();
13.     obj.func();
14.   }
15. }
```

コンパイル、実行した結果として正しいものは次のどれですか。1 つ選択してください。

○ A. コンパイルエラー
○ B. 実行時エラー
○ C. A
○ D. B
○ E. A B
○ F. B A

問題 8-10

次のコードがあります。

```
 1. class Foo {
 2.   String name;
 3. }
 4. class Bar extends Foo {
 5.   Bar(String name) {
 6.     this.name = name;
 7.   }
 8.   void show() {
 9.     System.out.println(name);
10.   }
11.   public static void main(String[] args) {
12.     Foo obj = new Bar("hana");
13.     // ここにコードを挿入
14.   }
15. }
```

13 行目に挿入した際に、コンパイル、実行ともに成功するコードは次のどれですか。1 つ選択してください。

○ A. show();
○ B. obj.show();
○ C. ((Foo)obj).show();
○ D. ((Bar)obj).show();

問題 8-11

次のコードがあります。

```
1. class A { }
2. class B extends A { }
3. class C {}
4. class Test {
5.   public static void main(String[] args) {
6.     A a = new C();
7.     C c = (C)a;
8.   }
9. }
```

コンパイルした結果として正しいものは次のどれですか。1つ選択してください。

○ A. コードはエラーなくコンパイルされる
○ B. 2、3行目にエラーがあるため、コンパイルエラーが発生する
○ C. 6行目にエラーがあるため、コンパイルエラーが発生する
○ D. 7行目にエラーがあるため、コンパイルエラーが発生する
○ E. 6、7行目にエラーがあるため、コンパイルエラーが発生する
○ F. 実行時エラー

問題 8-12

次のコードがあります。

```
1. class A { }
2. class B extends A { }
3. class Test {
4.   public static void main(String[] args) {
5.     A a = new A();
6.     B b = (B)a;
7.   }
8. }
```

コンパイルした結果として正しいものは次のどれですか。1つ選択してください。

○ A. 2行目にエラーがあるため、コンパイルエラーが発生する
○ B. 5行目にエラーがあるため、コンパイルエラーが発生する
○ C. 6行目にエラーがあるため、コンパイルエラーが発生する
○ D. 5、6行目にエラーがあるため、コンパイルエラーが発生する
○ E. 実行時エラー

問題 8-13

次のコードがあります。

```
1. interface Foo { }
2. class Alpha implements Foo { }
3. class Beta extends Alpha { }
4. class Delta extends Beta {
5.   public static void main( String[] args ) {
6.     Beta x = new Beta();
7.     // ここにコードを挿入
8.   }
9. }
```

7行目に挿入した場合に、実行時にjava.lang.ClassCastExceptionエラーが発生するコードは次のどれですか。1つ選択してください。

- ○ A. Alpha a = x;
- ○ B. Foo f = (Delta)x;
- ○ C. Foo f = (Alpha)x;
- ○ D. Beta b = (Beta)(Alpha)x;

問題 8-14

次のコードがあります。

```
 1. interface I1 {
 2.   public void display();
 3. }
 4. interface I2 {
 5.   public void display();
 6. }
 7. class Test implements I1, I2 {
 8.   public void display() {
 9.     System.out.print("hello");
10.   }
11. }
```

コンパイルした結果として正しいものは次のどれですか。1つ選択してください。

○ A. I1 インタフェースでコンパイルエラーになる

○ B. I2 インタフェースでコンパイルエラーになる

○ C. Test クラスが 1 つしかメソッドをオーバーライドしていないためコンパイルエラーになる

○ D. コンパイルに成功する

問題 8-15

次のコードがあります。

```
1. interface A { }
2. interface B { void b(); }
3. interface C { public void c(); }
4. abstract class D implements A,B,C { }
5. class E extends D {
6.   void b() { }
7.   public void c() { }
8. }
```

コンパイルした結果として正しいものは次のどれですか。1 つ選択してください。

○ A. コードはエラーなくコンパイルされる

○ B. 1 行目にエラーがあるため、コンパイルエラーが発生する

○ C. 2 行目にエラーがあるため、コンパイルエラーが発生する

○ D. 4 行目にエラーがあるため、コンパイルエラーが発生する

○ E. 6 行目にエラーがあるため、コンパイルエラーが発生する

問題 8-16

次のコードがあります。

```
1. interface MyInter {
2.   public static final int VAL = 3;
3.   void foo(int s);
4. }
5. public class Test implements MyInter {
6.   public static void main(String [] args) {
7.     int x = 5;
8.     new Test().foo(++x);
```

```
 9.    }
10.    void foo(int s) {
11.      s += VAL + ++s;
12.      System.out.println("s:" + s);
13.    }
14. }
```

コンパイル、実行した結果として正しいものは次のどれですか。1つ選択してください。

○ A. s:14
○ B. s:16
○ C. s:10
○ D. コンパイルエラー
○ E. 実行時エラー

問題 8-17

次のコードがあります。

```
 1. class A {
 2.    int num = 10;
 3.    void func(){ num++; }
 4. }
 5. class B extends A {
 6.    static int num = 30;
 7.    static void func() { num++; }
 8. }
 9. class Test {
10.    public static void main(String[] args) {
11.      A obj = new B();
12.      obj.func();
13.      System.out.println(obj.num);
14.    }
15. }
```

コンパイル、実行した結果として正しいものは次のどれですか。1つ選択してください。

○ A. 11
○ B. 31
○ C. 32

○ D.　コンパイルエラー

○ E.　実行時エラー

問題 8-18

次のコードがあります。

```
 1. class Animal {
 2.   public String noise() { return "peep"; }
 3. }
 4. class Dog extends Animal {
 5.   public String noise() { return "bark"; }
 6. }
 7. class Cat extends Animal {
 8.   public String noise() { return "meow"; }
 9. }
10. class Test {
11.   public static void main(String[] args) {
12.     Animal animal = new Dog();
13.     Cat cat = (Cat)animal;
14.     System.out.println(cat.noise());
15.   }
16. }
```

コンパイル、実行した結果として正しいものは次のどれですか。1つ選択してください。

○ A.　peep

○ B.　bark

○ C.　meow

○ D.　コンパイルエラーになる

○ E.　実行時エラーになる

問題 8-19

正しい記述は次のどれですか。2つ選択してください。

□ A.　ソースファイルは0以上のimport文を宣言することができる

□ B.　import文はソースファイル内の1つのクラスにのみ関連付けられる

□ C.　ソースファイルにimport文を1つ宣言する場合、それより前に

package 文を宣言しておく必要がある

☐ D. 1つの import 文は、Java API の複数のクラスへのアクセスを簡素化するために使用できる

☐ E. 1つの import 文は、Java API の複数のパッケージへのアクセスを簡素化するために使用できる

問題 8-20

com.example パッケージに属する Test クラスを正しく定義するコードは次のどれですか。1つ選択してください。

○ A.
```
public class com.example.Test {
  // some code here
}
```

○ B.
```
import com.example;
public class Test {
  // some code here
}
```

○ C.
```
package com.example;
public class Test {
  // some code here
}
```

○ D.
```
package com.example {
  class Test {
    // some code here
  }
}
```

問題 8-21

次の要件があります。

- クラス Test は、com.se.kwd パッケージに属する
- クラス Test は、com.se.kwd パッケージ以外のクラスから参照される
- クラス Test は、com.se.sales パッケージのクラス群を利用する

クラス Test を正しく定義するコードは次のどれですか。1 つ選択してください。

○ A.
```
package com.se.kwd;
import com.se.sales;
class Test {
  // some code here
}
```
○ B.
```
package com.se.kwd;
import com.se.sales.*;
class Test {
  // some code here
}
```
○ C.
```
package com.se.kwd;
import com.se.sales.*;
public class Test {
  // some code here
}
```
○ D.
```
package com.se.kwd;
import com.se.*;
public class Test {
  // some code here
}
```

問題 8-22

次のコードがあります。

```
1. package sub;
2. class Foo {
3.   public String foo() {
4.     return "Hello";
5.   }
6. }
```

foo() メソッドについて正しく説明しているものは次のどれですか。1 つ選択してください。

○ A. 同一クラスからのみアクセスできる
○ B. 同一パッケージからのみアクセスできる
○ C. サブクラスからのみアクセスできる
○ D. 同一パッケージもしくは、サブクラスからのみアクセスできる
○ E. どんなクラスもアクセスできない

解答・解説

問題 8-1 正解：A、B、D

抽象クラスはnewキーワードによる明示的なインスタンス化はできませんが、コンストラクタを定義し、オブジェクトが生成された際の初期化処理は記述できます。コンストラクタ定義規則は、具象クラスと同じであるため、選択肢A、B、Dが正しいです。コンストラクタにabstract修飾子は使用できません。

問題 8-2 正解：A、D、E

abstract修飾子は、コンストラクタおよび変数には使用できません。

インタフェースで宣言するメソッドは、必要な修飾子を記述していなくても暗黙的に public abstract修飾子が付与されますが、明示的にabstract修飾子を付与することは可能です。

問題 8-3 正解：A、D、F

インタフェースのメソッドは暗黙的に public abstractとなり、変数は暗黙的に public static final となります。明示的にprivateを付与するとコンパイルエラーとなるため、選択肢B、選択肢Eは誤りです。また、抽象メソッドはサブクラスでオーバーライドする目的で用意するため、private修飾子は付与できずコンパイルエラーとなります。したがって選択肢Cは誤りです。

問題 8-4 正解：A

問題文のクラスは抽象クラスです。したがって、処理内容をもつ通常のメソッドと抽象メソッドを混在させることができます。②は抽象メソッド、③は通常の処理内容をもつメソッド、④と⑤はコンストラクタの定義であり、これらは

問題ありません。しかし、①は変数にabstract修飾子を使用しているため、誤りです。

問題8-5　正解：A、B、E

A. 抽象クラスはnewによるインスタンス化はできないため正しいです。

B. インタフェースは複数のインタフェースを継承（extends）することが可能であるため正しいです。

C. 抽象クラスには、処理内容をもつ通常のメソッドと抽象メソッドを混在させることができるため誤りです。

D. 選択肢Dに記載されているクラス関係は図8-14のとおりです。クラスBは抽象クラスとあるため、抽象クラスであるクラスAの抽象メソッドをすべてオーバーライドしなくても問題ありません。

したがって選択肢Dは誤りです。

もし、クラスBが具象クラスの場合、クラスAの抽象メソッドをすべてオーバーライドする必要があります。

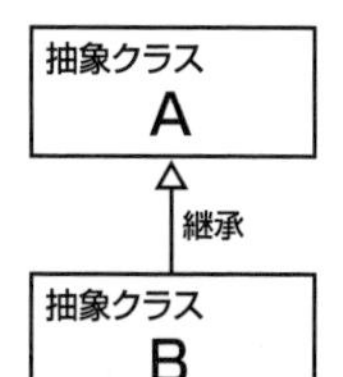

図8-14：選択肢Dのクラス関係

E. 選択肢Eに記載されているクラス関係は図8-15のとおりです。

Cクラスは、Bクラスを継承し、かつBクラスはAインタフェースを実装しているため、以下のコードはコンパイル、実行ともに成功します。

```
A obj1 = new C();
obj1.x();
B obj2 = new C();
obj2.x();
```

したがって、選択肢Eは正しいです。

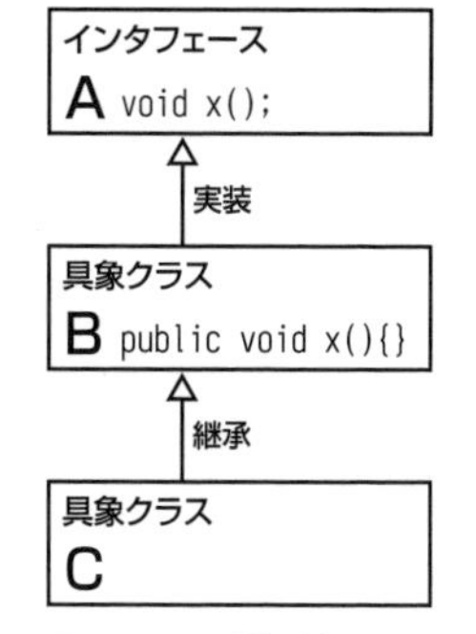

図8-15：選択肢Eのクラス関係

問題8-6　正解：A

Fooクラスは抽象クラスであるため、インスタンス化はできません。したがって、12行目によりコンパイルエラーとなります。

問題 8-7　正解：B

インタフェースには、public static final修飾子による定数が宣言可能です。①はprivate修飾子は使用できないため、コンパイルエラーとなります。③は変数にabstract修飾子が使用できないため、コンパイルエラーとなります。なお、②、④、⑤にはコンパイル後、public static final修飾子が追加されます。

問題 8-8　正解：B、C、E

実装クラスを宣言する構文は次のとおりです。

構文

```
[ 修飾子 ] class クラス名 implements インタフェース名 { }
```

A. extendsが使用できるのはクラス同士、インタフェース同士です。インタフェースを継承(extends)した具象クラス定義はできないため、誤りです。
B. 上記の構文より、正しいです。
C. インタフェースを継承（extends）してサブインタフェースを定義することは可能であるため正しいです。
D. インタフェースを実装(implements)するのはクラス(具象クラスもしくは抽象クラス)であるため、誤りです。
E. implements キーワードの後には、1つ以上のインタフェースを指定することができます。複数指定する場合は、「,」(カンマ)で区切ります。したがって正しいです。

問題 8-9　正解：D

クラスAはインタフェースIを実装し、クラスBはクラスAを継承しています。つまり、クラスBはインタフェースIを型としてもっています。したがって、12行目のコードは問題ありません。また、13行目では、func()メソッドを呼び出しています。func()メソッドは、Aクラスの5行目、Bクラスの8行目でオーバーライドしています。12行目でインスタンス化しているのはBクラスであるため、優先されて呼び出されるのは、Bクラス（8行目）です。したがって実行結果は選択肢Dとなります。

問題8-10　正解：D

12行目では、Barクラスをインスタンス化した後、Foo型で宣言したobj変数に代入しています。選択肢Bでは、Fooクラスにshow()メソッドが定義されているかチェックを行うためコンパイルエラーとなります。選択肢Dのように、Bar型にキャストすることでコンパイル、実行ともに成功します。

問題8-11　正解：E

1行目から3行目までのクラス定義には問題ありません。しかし、6行目では、A型で宣言した変数にCクラスのオブジェクトを代入しようとしています。7行目も変数aをC型にキャストしてC型で宣言された変数に代入しようとしています。しかし、CクラスはAクラスを継承しているわけではないため、6〜7行目でコンパイルエラーとなります。

問題8-12　正解：E

BクラスはAクラスを継承しています。したがって、6行目のコードはコンパイルに成功します。しかし、a変数に代入しているのは、5行目にあるとおりAクラスのオブジェクトです。したがって、実行時に間違ったキャストを行ったことを表すClassCastExceptionエラーが発生します。

問題8-13　正解：B

各クラスの継承、実装関係は、**図8-16**のとおりです。

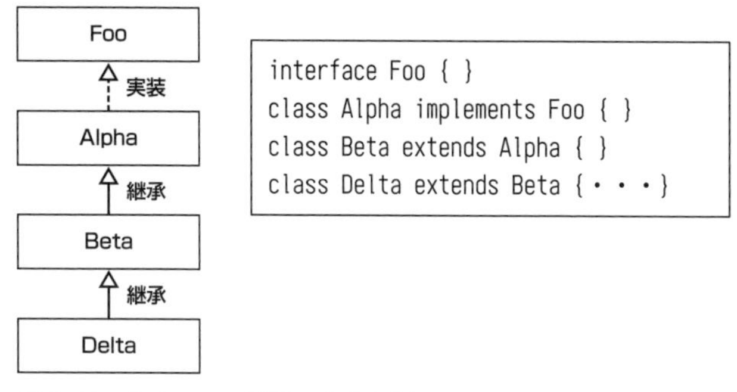

図8-16：各クラスの継承、実装関係

6行目では、Betaクラスをインスタンス化しているため、Foo型、Alpha型、Beta型で宣言された変数で扱うことが可能です。しかし、Betaのサブクラスである Delta型で扱うことはできません。したがって、選択肢Bの Delta型へのキャストは誤りであり、実行時にClassCastExceptionエラーが発生します。

問題 8-14　正解：D

問題文ではインタフェースを2つ宣言しており、それらのインタフェースを実装しているのがTestクラスです。implementsキーワードの後には複数のインタフェースを指定することが可能です。また、2つのインタフェースには修飾子、戻り値の型、メソッド名、引数リストがまったく同じメソッドが宣言されていますが、文法上は問題ありません。したがって、コンパイルは成功します。

問題 8-15　正解：E

Dクラスは、インタフェースA、B、Cを実装しています。しかし抽象クラスであるため、インタフェースで宣言されているメソッドを実装していなくても問題ありません。しかし、Dクラスを継承しているEクラスは具象クラスであるため、すべてのメソッドを実装する必要があります。インタフェースで宣言した抽象メソッドのアクセス修飾子はすべて暗黙でpublicとなるため、6行目のb()メソッドは親よりも公開範囲が狭いことによりコンパイルエラーとなります。

問題 8-16　正解：D

インタフェースで定義したメソッドはすべて暗黙でpublicメソッドとなるため、10行目のfoo()メソッドはアクセス修飾子のルールによりコンパイルエラーとなります。もし、10行目の定義を以下のように修正すると、コンパイル、実行ともに成功し、実行結果は「s:16」となります。

```
public void foo(int s) {
```

問題 8-17　正解：D

非static（インスタンス）メソッドをstaticメソッドでオーバーライドすることはできません。したがって、7行目のメソッド定義によりコンパイルエラーとなります。

問題8-18　正解：E

Animal、Dog、Catのクラス関係は、**図8-17**のとおりです。

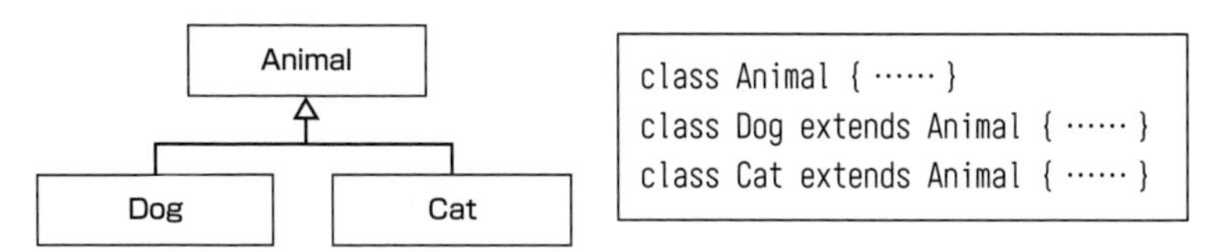

図8-17：Animal、Dog、Catのクラス関係

Dogクラスと Animialクラスおよび、CatクラスとAnimalクラスには継承関係があります。問題文のコードを見ると、12行目の=演算子の左辺と右辺は継承関係があります。また、13行目も=演算子の左辺と右辺は継承関係があります。したがってコンパイルは成功します。しかし、12行目で生成したDogオブジェクトを13行目でCat型にキャストしているため、間違ったキャストを行ったことにより実行時エラーとなります。

問題8-19　正解：A、D

A. import文は必要に応じて宣言します。もしインポートするクラスがない場合は、記述しないことも可能であるため正しいです。

B. 1つのソースファイルに複数のクラスが定義されている場合、すべてのクラスに適用されるため誤りです。

C. import文とpackage文を両方定義する場合は、package 文を先頭に定義する必要がありますが、package文は必須ではないため誤りです。

D. import文は、パッケージ化されたクラスへのアクセスを簡素化するために使用するので正しいです。

E. 選択肢Dの説明により、選択肢Eは誤りです。

問題8-20　正解：C

クラスをパッケージ化するには「package パッケージ名;」とします。選択肢AやDのような記述はできません。なお、選択肢Bはimportキーワードを使用しているため、誤りです。

問題 8-21　正解：C

1つ目の要件により「package com.se.kwd;」宣言が必要であることがわかります。また2つ目の要件により、Testクラスはpublicクラスである必要があることがわかります。さらに3つ目の要件により、「import com.se.sales.*;」宣言が必要であることがわかります。したがって、選択肢Cが正しいです。

問題 8-22　正解：B

foo()メソッドはpublic指定されています。また、foo()メソッドは非staticメソッド（インスタンスメソッド）であるため、クラスをインスタンス化しなければ利用できません。しかし、Fooクラス自体の定義に修飾子がなく、デフォルト修飾子で扱われます。したがって、このクラスを参照できるのは、同一パッケージ内のクラスのみとなり、選択肢Bが正しいです。

模擬試験 1

Oracle Certified Java Programmer, Bronze SE

アクセスキー 2
（数字のに）

練習問題

問題 1

SE 社では事務職員が使用する、顧客情報の新規登録、更新を行うことができる GUI ベースのアプリケーションの作成を依頼したいと考えています。

使用すべきエディションは次のどれですか。1 つ選択してください。

- ○ A. Java EE
- ○ B. Java SE
- ○ C. Java ME
- ○ D. Java DB

問題 2

Java 言語に関する説明として正しいものは次のどれですか。4 つ選択してください。

- □ A. 分散プログラミング言語である
- □ B. プログラムはコンパイルし実行する
- □ C. プラットフォームに依存する
- □ D. アーキテクチャに依存しない
- □ E. プログラマは、ポインタを使用してメモリを操作する
- □ F. 自動メモリ管理をサポートしている
- □ G. 単一スレッドのみサポートする

問題 3

次のコードがあります。

```
1. public class Test {
2.   [    ①    ]
3.       System.out.println("Hello");
4.   }
5. }
```

①に挿入するコードでコンパイル、実行ともに成功するものは次のどれですか。2つ選択してください。

☐ A. public static void main(String args) {
☐ B. static void main(String[] args) {
☐ C. public static void main(String[] args) {
☐ D. public void main(String[] args) {
☐ E. static public void main(String[] args) {

問題4

次のコードがあります。

```
1. public class Test {
2.   public static void main(String[] args) {
3.     System.out.println(args[0] + " : " + args[1]);
4.   }
5. }
```

実行する際は次とします。

```
>java Test A B
```

実行した結果として正しいものは次のどれですか。1つ選択してください。

○ A. Test : A
○ B. Test : AB
○ C. Test A : B
○ D. A : B

問題5

次のコードがあります。

```
1. public class Test {
2.   public static void main(String[] args) {
3.     byte num1 = 100;
4.     short num2 = 1000;
```

```
 5.      int num3 = 10000000;
 6.      long num4 = 1234567890L;
 7.    }
 8. }
```

説明として正しいものは次のどれですか。1つ選択してください。

- ○ A. コンパイルは成功する
- ○ B. 3行目でコンパイルエラーが発生する
- ○ C. 4行目でコンパイルエラーが発生する
- ○ D. 5行目でコンパイルエラーが発生する
- ○ E. 6行目でコンパイルエラーが発生する
- ○ F. 複数行でコンパイルエラーが発生する

問題6

次のコードがあります。

```
 1. public class Test {
 2.   public static void main(String[] args) {
 3.     char[] aryA = new char[5];
 4.     aryA[0] = 'b';
 5.     aryA[1] = 'y';
 6.     aryA[2] = 'e';
 7.     char[] aryB = {'o', 'r', 'a', 'n', 'g', 'e'};
 8.     aryA = aryB;
 9.     System.out.println(aryA);
10.   }
11. }
```

コンパイル、実行した結果として正しいものは次のどれですか。1つ選択してください。

- ○ A. bye
- ○ B. orange
- ○ C. byeor
- ○ D. orang
- ○ E. コンパイルエラー
- ○ F. 実行時エラー

問題7

配列の宣言として有効なものは次のどれですか。3つ選択してください。

- □ A. int a[5];
- □ B. int b = new int[5];
- □ C. int[] c = null;
  c = new int[5];
- □ D. int[] d = new int[5];
- □ E. int[] e = new int(5);
- □ F. int[] f = new int()[5];
- □ G. int[] g = {1, 2, 3};

問題8

次のコードがあります。

```
1. class Test {
2.   public static void main(String[] args) {
3.     int a = 5;
4.     int b = a++;
5.     int c = ++a;
6.     System.out.println(a + " " + b + " " + c);
7.   }
8. }
```

コンパイル、実行した結果として正しいものは次のどれですか。1つ選択してください。

- ○ A. 5 5 5
- ○ B. 6 6 6
- ○ C. 7 6 7
- ○ D. 7 5 7
- ○ E. 7 6 6
- ○ F. 7 7 7

問題 9

次のコードがあります。

```
1. class Test {
2.   public static void main(String[] args) {
3.     int x = 10;
4.     int y = (x = 3) + x;
5.     System.out.println(x + " " + y);
6.   }
7. }
```

コンパイル、実行した結果として正しいものは次のどれですか。1つ選択してください。

- ○ A. コンパイルエラー
- ○ B. 3 6
- ○ C. 3 13
- ○ D. 13 13

問題 10

次のコードがあります。

```
 1. class Test {
 2.   public static void main(String[] args) {
 3.     int x = 3 * 7;
 4.     int y = 10 + 11;
 5.     if(x < y) System.out.print("x < y" + " ");
 6.     if(x > y) System.out.print("x > y" + " ");
 7.     if(x = y) System.out.print("x = y" + " ");
 8.     else System.out.print("else");
 9.   }
10. }
```

コンパイル、実行した結果として正しいものは次のどれですか。1つ選択してください。

- ○ A. x＜y
- ○ B. x＞y
- ○ C. x＝y

- ○ D. x < y x = y
- ○ E. x < y x > y x = y
- ○ F. else
- ○ G. コンパイルエラー

問題 11

次のコードがあります。

```
1. class Test {
2.   public static void main(String[] args) {
3.     int x = 1;
4.     int y = 2;
5.     if(x != 1) System.out.print("a" + " ");
6.     else if(y > x) System.out.print("b" + " ");
7.     else System.out.print("c" + " ");
8.   }
9. }
```

コンパイル、実行した結果として正しいものは次のどれですか。1つ選択してください。

- ○ A. a
- ○ B. b
- ○ C. c
- ○ D. b c
- ○ E. コンパイルエラー

問題 12

次のコードがあります。

```
1. class Test {
2.   public static void main(String[] args) {
3.     int x = 0, y = 5;
4.     if (x++ < 0)
5.       System.out.println("1 ");
6.     else if (x < y)
7.       System.out.println("2 ");
```

```
 8.     else (y == 5)
 9.       System.out.println("3 ");
10.   }
11. }
```

コンパイル、実行した結果として正しいものは次のどれですか。1つ選択してください。

○ A. コンパイルエラー
○ B. 実行されるが何も出力されない
○ C. 2
○ D. 2 3
○ E. 3
○ F. 1 2 3

問題 13

次のコードがあります。

```
 1. class Test {
 2.   public static void main(String[] args) {
 3.     char c = 'b';
 4.     switch(c){
 5.       case 'a':
 6.         System.out.print('a');
 7.         break;
 8.       case 'b':
 9.         System.out.print('b');
10.       case 'c':
11.         System.out.print('c');
12.       case 'd':
13.         System.out.print('d');
14.         break;
15.     }
16.   }
17. }
```

コンパイル、実行した結果として正しいものは次のどれですか。1つ選択してください。

○ A. b

○ B. bc
○ C. bcd
○ D. コンパイルエラー
○ E. 実行されるが何も出力されない

問題 14

次のコードがあります。

```
1. class Test {
2.   public static void main(String[] args) {
3.     for(int i = 0; ++i < 4;) {
4.       System.out.print(i + " ");
5.     }
6.   }
7. }
```

コンパイル、実行した結果として正しいものは次のどれですか。1つ選択してください。

○ A. 0 1 2 3
○ B. 0 1 2 3 4
○ C. 1 2 3
○ D. 1 2 3 4
○ E. 実行時エラー

問題 15

次のコード（抜粋）があります。

```
1. int[] ary = {10, 20, 30, 40};
```

ary 配列のすべての要素を出力するコードは次のどれですか。1つ選択してください。

○ A.
```
while(int i = 1; i < ary.length) {
    System.out.print(ary[i]);
    i++;
}
```

○ B. while(int i = 0; i < ary.length) {
System.out.print(ary[i]);
i++;
}

○ C. for(int i = 1; i < ary.length; i++) {
System.out.print(ary[i]);
}

○ D. for(int i = 0; i < ary.length ; i++) {
System.out.print(ary[i]);
}

問題 16

次のコードがあります。

```
1. public class Test {
2.   public static void main(String[] args) {
3.     String[] ary = {"beer", "wine", "juice"};
4.     [    ①    ]
5.       System.out.println(s);
6.     }
7.   }
8. }
```

①に挿入するコードでコンパイル、実行ともに成功するものは次のどれですか。１つ選択してください。

○ A. for(ary : s){

○ B. for(s : ary){

○ C. for(String[] ary : String s){

○ D. for(String s : String[] ary){

○ E. for(ary : String s){

○ F. for(String s : ary){

問題 17

次のコード（抜粋）があります。

```
1. int a = 0;
2. while(a < 5) {
3.   System.out.println(a++);
4. }
```

同じ出力が得られるコードは次のどれですか。1つ選択してください。

○ A.
```
int a = 0;
for(; a < 5;) {
  System.out.println(++a);
}
```
○ B.
```
for(int a = 0; ; a++) {
  System.out.println(a);
  if(a == 5) {
    break;
  }
}
```
○ C.
```
for(a; a < 5; a++) {
  System.out.println(a);
}
```
○ D.
```
for(int a = 0; a < 5;) {
  System.out.println(a);
  a++;
}
```

問題 18

次のコードがあります。

```
1. class Test {
2.   public static void main(String[] args) {
3.     int a = 5;
4.     while(a >= 0) {
```

```
5.          System.out.print((a--) + " ");
6.        }
7.    }
8. }
```

コンパイル、実行した結果として正しいものは次のどれですか。1つ選択してください。

- ○ A. 4 3 2 1 0
- ○ B. 4 3 2 1 0 -1
- ○ C. 5 4 3 2 1
- ○ D. 5 4 3 2 1 0
- ○ E. 5が無限に出力される

問題 19

次のコードがあります。

```
1. class Test {
2.   public static void main(String[] args) {
3.     Test[] ary = {new Test(), new Test()};
4.     int size = ary.length;
5.     while(size > 0) {
6.       System.out.print(size-- + " ");
7.     }do;
8.   }
9. }
```

コンパイル、実行した結果として正しいものは次のどれですか。1つ選択してください。

- ○ A. 3行目でコンパイルエラーが発生する
- ○ B. 5行目でコンパイルエラーが発生する
- ○ C. 7行目でコンパイルエラーが発生する
- ○ D. 複数行でコンパイルエラーが発生する
- ○ E. 2 1
- ○ F. 2 1 0
- ○ G. 3 2 1
- ○ H. 3 2 1 0

問題 20

次のコードがあります。

```
 1. class Test {
 2.   public static void main(String[] args) {
 3.     for(int a = 0; a < 2; a++) {
 4.       for(a = 5; a < 10; a++) {
 5.         System.out.print(a);
 6.       }
 7.     }
 8.   }
 9. }
```

コンパイル、実行した結果として正しいものは次のどれですか。1つ選択してください。

○ A.　56789が1回出力される
○ B.　56789が2回出力される
○ C.　56789が無限に出力される
○ D.　コンパイルエラー
○ E.　実行時エラー

問題 21

次のコードがあります。

```
 1. class Test {
 2.   public static void main(String[] args) {
 3.     for(int x = 0; ; x++) {
 4.       int y = 1;
 5.       while(y <= 5){
 6.         System.out.print(y++);
 7.       }
 8.     }
 9.   }
10. }
```

コンパイル、実行した結果として正しいものは次のどれですか。1つ選択してください。

○ A.　12345が1回出力される

○ B.　12345 が無限に出力される

○ C.　2345 が 1 回出力される

○ D.　2345 が無限に出力される

○ E.　コンパイルエラー

問題 22

次のコードがあります。

```
 1. class Test {
 2.   public static void main(String[] args) {
 3.     char[] x = {'a', 'b', 'c'};
 4.     char[] y = {'d', 'e'};
 5.     for(int a = 0; a < x.length; a++) {
 6.       System.out.print(x[a] + " ");
 7.       for(int b = 0; b < y.length; b++) {
 8.         System.out.print(y[b] + " ");
 9.       }
10.     }
11.   }
12. }
```

コンパイル、実行した結果として正しいものは次のどれですか。1 つ選択してください。

○ A.　a b c d e

○ B.　a d e b c

○ C.　a b c d a b c e

○ D.　a d e b d e c d e

○ E.　コンパイルエラー

問題 23

次のコードがあります。

```
 1. class Test {
 2.   public static void main(String[] args) {
 3.     int x = 10;
 4.     for(int y = 1; y < 3; y++) {
```

```
 5.         x++;
 6.         switch(x){
 7.           case 11:
 8.             System.out.print("11 ");
 9.           case 12:
10.             System.out.print("12 ");
11.           case 13:
12.             System.out.print("13 ");
13.         }
14.       }
15.     }
16. }
```

コンパイル、実行した結果として正しいものは次のどれですか。1つ選択してください。

○ A. 12 13
○ B. 11 12 13
○ C. 12 13 13
○ D. 11 12 13 12 13
○ E. 11 12 13 11 12 13
○ F. コンパイルエラー

問題24

Test.java ファイルに、次のコードがあります。

```
1. class A { }
2. class B { }
3. class Test {
4.   public static void main(String[] args) {
5.     A obj = new A();
6.     System.out.print("Test");
7.   }
8. }
```

コンパイル後に生成されるクラスファイルは次のどれですか。1つ選択してください。

○ A. A.class
○ B. A.class、B.class

○ C. Test.class
○ D. Test.class、A.class
○ E. Test.class、A.class、B.class

問題 25

クラス定義として正しいものは次のどれですか。3つ選択してください。

□ A. public class Orange#{}
□ B. class Grape1001{}
□ C. class water-melon{}
□ D. public class peach%{}
□ E. class $Lemon{}
□ F. class grape_fruit{}

問題 26

メソッドのシグニチャの定義として含まれるものは次のどれですか。4つ選択してください。

□ A. 引数の型
□ B. 引数の数
□ C. 引数の並び
□ D. 引数の変数名
□ E. 戻り値
□ F. メソッドの名前
□ G. アクセス修飾子

問題 27

次のコードがあります。

```
1. class Test {
2.   public static void main(String[] args) {
3.     int x = 100;
4.     x = method(x);
```

```
 5.      System.out.println(x);
 6.    }
 7.    [    ①    ] int method(int a) {
 8.      return a + 100;
 9.    }
10. }
```

コンパイル、実行が成功し200の出力結果をえるために、①に挿入するコードとして正しいものは次のどれですか。1つ選択してください。

- ○ A. public
- ○ B. static
- ○ C. void
- ○ D. 何も記述しない

問題28

次のコードがあります。

```
 1. class Test {
 2.   String fruit;
 3.   public void show() {
 4.     System.out.println(fruit);
 5.   }
 6.   public static void main(String[] args) {
 7.     Test obj1;
 8.     Test obj2;
 9.     obj1.fruit = "Grape";
10.     obj2.fruit = "Lemon";
11.     obj1.show();
12.     obj2.show();
13.   }
14. }
```

コンパイル、実行した結果として正しいものは次のどれですか。1つ選択してください。

- ○ A. コンパイルエラー
- ○ B. 実行時エラー
- ○ C. Grape

Lemon

○ D. Lemon
Lemon

問題 29

次のコードがあります。

```
1. class Test {
2.   public static void main(String[] args) {
3.     int num = 10;
4.     Test obj = new Test();
5.     obj.method(5);
6.   }
7.   void method(int a){
8.     System.out.println(num + a);
9.   }
10. }
```

コンパイル、実行した結果として正しいものは次のどれですか。1つ選択してください。

○ A. 105

○ B. 15

○ C. 5

○ D. コンパイルエラー

○ E. 実行時エラー

問題 30

次のコードがあります。

```
1. class Test {
2.   static String fruit = "Grape";
3.   Test(String fruit) {
4.     this.fruit = fruit;
5.   }
6.   public static void main(String[] args) {
7.     Test obj1 = new Test();
```

```
 8.     Test obj2 = new Test("Lemon");
 9.     System.out.println(obj1.fruit + " : " + obj2.fruit);
10.   }
11. }
```

コンパイル、実行した結果として正しいものは次のどれですか。1つ選択してください。

○ A. null : Lemon
○ B. : Lemon
○ C. Grape : Lemon
○ D. Lemon : Lemon
○ E. コンパイルエラー

問題31

コンストラクタの説明として正しいものは次のどれですか。3つ選択してください。

□ A. クラスのstaticメンバにコンストラクタからアクセスできる
□ B. コンストラクタの戻り値はvoidとする
□ C. コンストラクタにprivate修飾子を付与できる
□ D. コンストラクタでは、クラス内で宣言されたメンバ変数を初期化しなければならない
□ E. サブクラスは、スーパークラスのコンストラクタを継承できない

問題32

次のコードがあります。

```
1. public class Employee {
2.   private int empId;
3.   [   ①   ]
4. }
```

Employeeクラスのコンストラクタ定義として、①に挿入するコードとして正しいものは次のどれですか。2つ選択してください。

□ A. public void Employee() { }

☐ B. final Employee() { empId = 0; }

☐ C. Employee() { }

☐ D. public Employee(long empId) { this.empId = empId; }

☐ E. private Employee(int empId) { this.empId = empId; }

問題 33

次のコードがあります。

```
 1. class Test {
 2.   int method(int num1) {
 3.     return num1 * num1;
 4.   }
 5.   double method(int num2) {
 6.     return num2 * 0.9;
 7.   }
 8.   public static void main(String[] args) {
 9.     int data = 10;
10.     Test obj = new Test();
11.     System.out.println(obj.method(data));
12.   }
13. }
```

コンパイル、実行した結果として正しいものは次のどれですか。1つ選択してください。

○ A. 100

○ B. 9.0

○ C. 9

○ D. コンパイルエラー

問題 34

次のコードがあります。

```
1. class Test {
2.   private static int x;
3. 
4.   public static int methodA() {
```

```
 5.     return ++x;
 6.   }
 7.   public int methodB() {
 8.     return methodA();
 9.   }
10.   public static void main(String[] args) {
11.     Test obj = new Test();
12.     System.out.println(obj.methodB() + " " + obj.methodA());
13.   }
14. }
```

コンパイル、実行した結果として正しいものは次のどれですか。1つ選択してください。

- ○ A. 1 2
- ○ B. 2 1
- ○ C. 0 1
- ○ D. 1 0
- ○ E. 5行目でコンパイルエラー
- ○ F. 8行目でコンパイルエラー

問題 35

メソッドのオーバーロードを行っているクラスとして正しいものは次のどれですか。1つ選択してください。

○ A.
```
class Test {
  public void write(int a, int b) { }
  public void show() { }
}
```

○ B.
```
class Test {
  public void write(int a, int b) { }
  public write(int a) { }
}
```

○ C.
```
class Test {
  public void write(int a, int b) { }
  public double write(int a, int b) { }
```

```
    }
```

○ D.
```
class Test {
    public void write(int a, int b) { }
    public void write(int a) { }
}
```

問題 36

private 修飾子が付与できるものは次のどれですか。3 つ選択してください。

☐ A. クラスのメンバ変数
☐ B. インタフェースのメンバ変数
☐ C. インタフェースの抽象メソッド
☐ D. クラスの抽象メソッド
☐ E. クラスの具象メソッド
☐ F. クラスのコンストラクタ

問題 37

private で宣言されたメソッドにアクセスできるものは次のどれですか。2 つ選択してください。

☐ A. 同じクラス内でオーバーロードされたメソッド
☐ B. サブクラスの public 指定されたメソッド
☐ C. super() を使用するサブクラスのコンストラクタ
☐ D. 同じソースファイル内に定義された他のクラスのメソッド
☐ E. 同じクラス内の private 指定されたコンストラクタ

問題 38

次のコードがあります。

```
1. public class Dog extends Animal {
2.    private void cry() {   }
3.
4.    //その他のメソッド
```

```
5. }
```

Dogクラスで定義されたcry()メソッドへのアクセスに関する説明として正しいものは次のどれですか。1つ選択してください。

- ○ A.　同じパッケージ内にあるすべてのクラスのメソッドからアクセス可能
- ○ B.　同じクラスのメソッドからアクセス可能
- ○ C.　スーパークラスのメソッドからアクセス可能
- ○ D.　Dogのサブクラスのメソッドからアクセス可能

問題39

Java言語での継承の説明として正しいものは次のどれですか。2つ選択してください。

- □ A.　1つのスーパークラスは複数のサブクラスをもつことができる
- □ B.　サブクラスはスーパークラスのメンバをすべて継承する
- □ C.　1つのサブクラスは複数のスーパークラスを継承できる
- □ D.　サブクラスをもとにさらにサブクラスを作成できる

問題40

MyClass.javaに記載されたクラス宣言として正しいものは次のどれですか。3つ選択してください。

- □ A.　public class MyClass extends java.lang.* { }
- □ B.　final class MyClass { }
- □ C.　public class MyClass { }
- □ D.　private class MyClass extends Object { }
- □ E.　class MyClass extends java.lang.Object { }

問題41

次のコードがあります。

```
1. class Animal { }
2. class Dog extends Animal { }
```

Animal クラスのオブジェクトが生成されるコードとして正しいものは次のどれですか。2 つ選択してください。

- □ A. Animal obj;
- □ B. new Animal();
- □ C. Animal obj = new Animal();
- □ D. Animal obj = null;
- □ E. Animal obj = Dog;

問題 42

次のコードがあります。

```
 1. class A {
 2.   void processA() { }
 3.   void processB(String data) { }
 4.   int processC(int val1, double val2) { return 0; }
 5.   int processD(int num) { return 0; }
 6. }
 7. class B extends A {
 8.   public void processA() { }
 9.   public void processB(String[] data) { }
10.   int processC(int val1, float val2) { return 0; }
11.   int processD(int num) { return 0; }
12. }
```

A クラスのメソッドを正しくオーバーライドしているのは B クラスのどのメソッドですか。2 つ選択してください。

- □ A. processA
- □ B. processB
- □ C. processC
- □ D. processD

問題 43

次のコードがあります。

```
 1. class MyClassA {
 2.   int a;
 3.   MyClassA() {
 4.     a = 1;
 5.   }
 6.   MyClassA(int a) {
 7.     this.a = a;
 8.   }
 9. }
10. public class MyClassB extends MyClassA {
11.   int b, c;
12.   public MyClassB(int b){
13.     this.b = b;
14.   }
15.   public MyClassB(int b, int c){
16.     this(b);
17.     this.c = c;
18.   }
19.   public static void main(String[] args) {
20.     MyClassB obj = new MyClassB(10, 20);
21.     System.out.println(obj.a + " " + obj.b + " " + obj.c);
22.   }
23. }
```

コンパイル、実行した結果として正しいものは次のどれですか。1つ選択してください。

- ○ A. 0 10 20
- ○ B. 1 10 20
- ○ C. 10 10 20
- ○ D. 10 0 20
- ○ E. コンパイルエラー

問題44

次のコードがあります。

```
1. class MyClassA {
2.   String name = "MyClassA";
3. }
```

```
 4. public class MyClassB extends MyClassA {
 5.   String name = "MyClassB";
 6.   public void disp(){
 7.     System.out.println(name + " : " + [    ①    ]);
 8.   }
 9.   public static void main(String[] args) {
10.     MyClassB obj = new MyClassB();
11.     obj.disp();
12.   }
13. }
```

①に挿入すると、MyClassB : MyClassA と出力するコードは次のどれですか。1つ選択してください。

○ A. MyClassA.name
○ B. super().name
○ C. this.name
○ D. super(name)
○ E. this(name)
○ F. super.name

問題45

次のコードがあります。

```
 1. public class Bar {
 2.   private String str1, str2;
 3.   private String str3 = "orange";
 4.   Bar(){
 5.     [    ①    ]
 6.   }
 7.   Bar(String s) {
 8.     str2 = s;
 9.   }
10.   public void disp() {
11.     System.out.println(str1 + " : " + str2);
12.   }
13.   public static void main(String[] args) {
14.     Bar obj =  new Bar();
```

```
15.     obj.disp();
16.   }
17. }
```

str1、str2の各変数を初期化するために①に入るコードとして正しいものは次のどれですか。1つ選択してください。

○ A. str1 = "peach";
this.Bar(str3);

○ B. this("grape");
str1 = "peach";

○ C. Bar("grape");
str1 = "peach";

○ D. str1 = "peach";
this("grape");

問題46

次のコードがあります。

```
 1. class Test {
 2.   int num1, num2;
 3.   public Test(int num2) {
 4.     this.num2 = num2;
 5.   }
 6.   public Test(int num1, int num2) {
 7.     this.num1 = num1++;
 8.     this(++num2);
 9.   }
10.   public static void main(String[] args) {
11.     int num1 = 3;
12.     int num2 = 5;
13.     Test obj = new Test(num1, num2);
14.     System.out.println(obj.num1 + " : " + obj.num2);
15.   }
16. }
```

コンパイル、実行した結果として正しいものは次のどれですか。1つ選択してください。

○ A. 3 : 6
○ B. 4 : 5
○ C. 3 : 5
○ D. 4 : 6
○ E. コンパイルエラー

問題 47

abstract 修飾子が付与できるものは次のどれですか。2 つ選択してください。

☐ A. パッケージ
☐ B. クラス
☐ C. メソッド
☐ D. コンストラクタ
☐ E. 変数

問題 48

抽象クラスの説明として正しいものは次のどれですか。2 つ選択してください。

☐ A. 抽象クラス内で定義されるメソッドはオーバーライドできない
☐ B. 抽象クラス内で定義される変数は、暗黙的に定数になる
☐ C. 抽象クラスをもとにサブクラスを作成することはできない
☐ D. インスタンス化できない
☐ E. 抽象メソッドを含めることも含めないこともできる

問題 49

次のコードがあります。

```
1. abstract class MyClassA {
2.   public abstract void methodA();
3.   void methodB() {
4.     System.out.println("MyClassA#methodB");
5.   }
6. }
```

```
7. public class MyClassB extends MyClassA {
8.   [     ①     ]
9. }
```

プログラムが正常にコンパイルするために、①に挿入するコードとして正しいものは次のどれですか。1つ選択してください。

○ A.
```
void methodA() {
    System.out.println("MyClassB#methodA");
}
```
○ B.
```
public void methodA() {
    System.out.println("MyClassB#methodA");
}
```
○ C.
```
public abstract void methodA() {
    System.out.println("MyClassB#methodA");
}
```
○ D.
```
public void methodB() {
    System.out.println("MyClassB#methodB");
}
```
○ E.
```
void methodB() {
    System.out.println("MyClassB#methodB");
}
```

問題 50

ポリモフィズムと最も関連が深いものは次のどれですか。1つ選択してください。

○ A. インタフェースの実装クラスを作成し、インタフェースのメソッドをオーバーライドすること

○ B. クラス内でメソッドをオーバーライドし、戻り値を統一すること

○ C. スーパークラスの型で宣言した変数に、サブクラスのオブジェクトを代入すること

○ D. インタフェースを継承すること

○ E. 具象クラスを継承すること

問題 51

次のコードがあります。

```
1. interface Foo{
2.    [    ①    ]
3. }
```

プログラムが正常にコンパイルするために、①に挿入するコードとして正しいものは次のどれですか。2つ選択してください。

- □ A. void methodA(String name);
- □ B. public static void methodB(String name);
- □ C. String name;
- □ D. private void methodC(int val);
- □ E. public String methodD();

問題 52

インタフェースの定義として正しいものは次のどれですか。2つ選択してください。

□ A.
```
public interface Foo{
    public String data = "sample";
    abstract void method(String info);
}
```

□ B.
```
public interface Foo{
    public String data = "sample";
    void method(String info);
}
```

□ C.
```
public interface Foo{
    abstract String data = "sample";
    abstract void method(String info);
}
```

□ D.
```
public interface Foo{
    private String data = "sample";
    public void method(String info);
```

```
}
```


問題 53

次のコードがあります。

```
 1. interface Foo {
 2.   public int exec(int x, int y);
 3. }
 4. class MyClassA implements Foo{
 5.   public int exec(int x, int y){
 6.     return (x * y)/2;
 7.   }
 8. }
 9. class MyClassB implements Foo{
10.   public int exec(int x, int y){
11.     return (int)(x * y * 3.14);
12.   }
13. }
14. public class Test {
15.   public static void main(String[] args) {
16.     Foo[] foos = {new MyClassA(), new MyClassB()};
17.     System.out.print(foos[0].exec(10, 5) + " ");
18.     System.out.print(foos[1].exec(10, 5));
19.   }
20. }
```

コンパイル、実行した結果として正しいものは次のどれですか。1つ選択してください。

- ○ A.　コンパイル、実行ともに成功し、25 157 が出力される
- ○ B.　MyClassA クラスでコンパイルエラーが発生する
- ○ C.　MyClassB クラスでコンパイルエラーが発生する
- ○ D.　Test クラスでコンパイルエラーが発生する
- ○ E.　16 行目で実行時エラーが発生する

問題 54

次のコードがあります。

```
 1. class MyClassA {
 2.   String str;
 3. }
 4. public class MyClassB extends MyClassA {
 5.   public MyClassB(String str){
 6.     this.str = str;
 7.   }
 8.   void show() {
 9.     System.out.println("MyClassB : " + str);
10.   }
11.   public static void main(String[] args) {
12.     MyClassA obj = new MyClassB("Hello");
13.     [    ①    ]
14.   }
15. }
```

①に挿入すると、MyClassB : Hello と出力するコードは次のどれですか。1つ選択してください。

○ A. show();
○ B. obj.show();
○ C. ((MyClassB)obj).show();
○ D. ((MyClassA)obj).show();

問題 55

次のコードがあります。

```
 1. class MyClassA {
 2.   void show() {
 3.     System.out.print("MyClassA ");
 4.   }
 5. }
 6. public class MyClassB extends MyClassA {
 7.   public void show() {
 8.     System.out.println("MyClassB");
 9.   }
10.   public static void main(String[] args) {
11.     MyClassA obj = new MyClassB();
```

```
12.       obj.show();
13.     }
14. }
```

コンパイル、実行した結果として正しいものは次のどれですか。1つ選択してください。

- ○ A. MyClassA
- ○ B. MyClassB
- ○ C. MyClassA MyClassB
- ○ D. コンパイルエラー
- ○ E. 実行時エラー

問題 56

次のコードがあります。

```
 1. class MyClassA {
 2.   static String data;
 3.   public void show() {
 4.     System.out.println("MyClassA : " + data);
 5.   }
 6. }
 7. public class MyClassB extends MyClassA {
 8.   public static void show() {
 9.     System.out.println("MyClassB : " + data);
10.   }
11.   public static void main(String[] args) {
12.     MyClassA obj1, obj2;
13.     obj1 = new MyClassA();
14.     obj2 = new MyClassB();
15.     obj1.data = "Hello";
16.     obj2.data = "Bye";
17.     obj1.show();
18.     obj2.show();
19.   }
20. }
```

コンパイル、実行した結果として正しいものは次のどれですか。1つ選択してください。

- ○ A. MyClassA : Hello

MyClassB : Bye

○ B. MyClassA : Bye
MyClassB : Bye

○ C. MyClassB : Bye
MyClassB : Bye

○ D. コンパイルエラー

○ E. 実行時エラー

問題 57

次のコードがあります。

```
 1. class SuperClass {
 2.   public void show() {
 3.     System.out.print("SuperClass ");
 4.   }
 5. }
 6. public class SubClass {
 7.   public void show() {
 8.     System.out.println("SubClass");
 9.   }
10.   public static void main(String[] args) {
11.     SuperClass obj = new SubClass();
12.     obj.show();
13.   }
14. }
```

コンパイル、実行した結果として正しいものは次のどれですか。1つ選択してください。

○ A. SuperClass

○ B. SubClass

○ C. SuperClass SubClass

○ D. コンパイルエラー

○ E. 実行時エラー

問題 58

次のコードがあります。

```
 1. class MyClassA { }
 2. public class MyClassB extends MyClassA {
 3.   public static void main(String[] args) {
 4.     MyClassA obj1 = new MyClassA();
 5.     MyClassB obj2 = new MyClassB();
 6.     MyClassB obj3 = (MyClassB)obj1;
 7.     Object obj4 = (Object)obj1;
 8.     String obj5 = (String)obj1;
 9.     MyClassA obj6 = (MyClassA)obj2;
10.   }
11. }
```

コンパイルエラーが発生するのは次のどれですか。1つ選択してください。

○ A. 6行目
○ B. 7行目
○ C. 8行目
○ D. 9行目

問題 59

次のコードがあります。

```
 1. interface Fruit {
 2.   int get();
 3. }
 4. class Lemon implements Fruit {
 5.   public int get() { return 7; }
 6. }
 7. class Orange {
 8.   public int get() { return 64; }
 9. }
10. class Test {
11.   public static void main(String[] args) {
12.     Fruit[] ary = {new Lemon(), new Orange()};
13.     for(int i = 0; i < ary.length; i++) {
```

```
14.         System.out.print(ary[i].get() + " ");
15.     }
16.   }
17. }
```

コンパイル、実行した結果として正しいものは次のどれですか。1つ選択してください。

○ A. Lemon クラスでコンパイルエラーが発生する
○ B. Orange クラスでコンパイルエラーが発生する
○ C. Test クラスでコンパイルエラーが発生する
○ D. コンパイル、実行ともに成功し、7 64 が出力される
○ E. Test クラスで実行時エラーが発生する

問題 60

次のコードがあります。

```
1. class MyClassA {
2.   private int num = 100;
3.   void show() {
4.     System.out.println(num);
5.   }
6.   void show(int val) {
7.     System.out.println(val);
8.   }
9. }
10. public class MyClassB extends MyClassA {
11.   public static void main(String[] args) {
12.     MyClassA obj = new MyClassB();
13.     obj.show(obj.num);
14.   }
15. }
```

説明として正しいものは次のどれですか。1つ選択してください。

○ A. コンパイル、実行ともに成功する
○ B. コンパイルは成功するが、実行時エラーが発生する
○ C. 13 行目で private な num 変数にアクセスしているのでコンパイルエラー

○ D. 13行目でshowメソッドを呼び出しているが、該当するメソッドがMyClassBクラス内に定義されていないのでコンパイルエラー

解答・解説

問題1　正解：B

問題文では、GUIベースのアプリケーションである旨が指定されています。特にWebを使用する等の記述はないため、選択肢BのJava SEのみで開発可能です。

問題2　正解：A、B、D、F

A. Javaでは、クライアント/サーバ間をソケット通信するような分散処理を実装することが可能のため正しいです。

B. プログラマが作成したソースコードはコンパイルし、生成されたクラスファイルを実行するため正しいです。

C. クラスファイルはOS（プラットフォーム）上にインストールされたJVM上で実行します。JVMさえあればOSの種類は問わないため、誤りです。

D. アーキテクチャという用語は広範囲にわたって使用されるため、本書では「システムを構成する要素」としてとらえています。たとえば、プログラムを作成するために使用する開発環境やツールも要素であり、システムを稼働させるためのデータベースサーバやWebサーバも要素です。Javaでは、適切なものを選択し、組み合わせてシステム開発を行います。特定のアーキテクチャには依存しないため正しいです。

E. Javaでは言語仕様上では、プログラマがポインタによるメモリ操作は不可となっているため誤りです。オブジェクトの操作は参照変数名を使用して行います。

F. Javaではガベージコレクタがメモリの解放を行っているため正しいです。

G. 本書で紹介したサンプルは単一スレッドですが、Javaでは複数のスレッドを使用したマルチスレッドアプリケーションを作成することが可能です。スレッドプログラミングは、Bronze試験では範囲外ですが、上位試験となるGold試験では範囲内です。Bronze試験では、Javaがマルチスレッドプログラミングに対応している旨、押さえておいてください。

問題3　正解：C、E

main()メソッドの定義ルールは以下のとおりです。

```
public static void main(String[] args) { }
```

- 付与する修飾子は、public かつ static
- 戻り値は void 型
- メソッド名は main
- 引数は String 型の配列

上記ルールに従っている選択肢C、Eが正しいです。なお、修飾子は「public static」「static public」いずれに配置しても文法上は問題ありません。選択肢A、B、Dはmainメソッドのルールに対し、以下の理由により誤りです。

A. 引数がString[]ではなく、String型となっている
B. public修飾子が付与されていない
D. static修飾子が付与されていない

なお、選択肢A、B、Dはメソッドの定義としては文法上問題ないため、コンパイルは成功します。しかし、main()メソッドの定義に従ってないことにより実行時エラーとなります。

問題4　正解：D

javaコマンドを実行する際は、実行したいクラスファイル名（この例ではTest）を指定します。また、クラス名の後に指定した値は、コマンドライン引数としてmain()メソッドの引数に渡されます。この例では、AとBがmain()メソッドの引数であるString型の配列に渡されます。問題文のコードでは、args[0]とargs[1]をコロン（:）で文字列結合して表示しているため、実行結果は選択肢Dとなります。

問題5　正解：A

3〜6行目で宣言した変数に代入した値は、各変数で宣言したデータ型で扱える範囲内の値であるため、すべてコンパイルが成功します。なお、試験対策

として、byteとshort型については、扱える範囲を押さえておきましょう。

```
byte：-128 ～ 127
short：-32768 ～ 32767
```

問題6　正解：B

3～6行目では、char型のaryA配列を作成し、1文字ずつ要素を格納しています。また、7行目では新しいaryB配列を作成しています。8行目により、参照情報がコピーされ、aryAは、aryB配列を参照することになります。したがって、aryAの出力結果は、orangeです。

参照情報コピーの詳細は、2章「値コピーと参照情報のコピー」を確認してください。

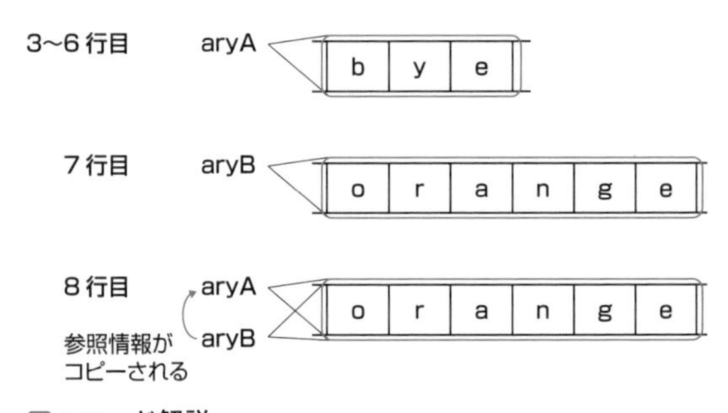

図：コード解説

問題7　正解：C、D、G

A. 配列名の宣言時に要素数の指定はできないため誤りです。

B. 配列名の宣言の際、「int b」としており、[]がないため誤りです。

C. int型は基本データ型ですが、int型の配列は参照型であるため、配列名の宣言時にnullで初期化することは正しいです。その後にnewによる配列の領域の確保を行っているため正しいです。

D. 配列の宣言と領域の確保を1行で行っているため正しいです。

E. 領域の確保の際に[]ではなく()を使用しているため誤りです。

F. 領域の確保の際に[]を使用していますが、その前に()を使用しているため誤りです。

G. 配列の初期化を行っているため正しいです。

問題8　正解：D

4行目では、b変数に5が代入された後、a変数がインクリメントされて6となります。5行目では、a変数がインクリメントされて7になった後、c変数に7が代入されます。したがって、実行結果は選択肢Dとなります。

問題9　正解：B

4行目では、まず、(x = 3) が処理され、xは3となります。そして、3 + x の処理により、yには6が代入されます。したがって、実行結果は選択肢Bとなります。

問題10　正解：G

7行目のif文にある条件式がx = yとあります。x、y 変数はint型であるため、x = yの結果はxにyの値が代入され結果はint型の21となります。if文の条件式はboolean型になる式でなければなりません。そのため、7行目でコンパイルエラーです。もし、7行目がx == yであれば、trueが返り、7行目が出力されます。

問題11　正解：B

if - else if - else文による条件分岐は、いずれかの条件が該当するブロックが実行されれば、条件文の処理は終了します。5行目の条件式はx != 1とあるため、xが1ではなかったらtrueを返します。現在、xは1であるためこの条件式の結果はfalseです。6行目の条件式はy > xとあるため、trueが返り、bが出力します。これで5〜7行目の条件文は終了となります。

問題12　正解：A

問題文のソースコードの8行目にあるelse文に条件式が指定されているため、コンパイルエラーとなります。もし、8行目をelseのみの記述に変更すれば、コンパイル、実行ともに成功し、実行結果は2となります。

問題13　正解：C

switch 文の式の結果は、データ型としてbyte、char、short、int、およびそのラッパークラス、enum、String のいずれかの値である必要があります。問題文は

char型のため利用可能です。switch 文の式の結果に合致するcaseは8行目であるためbを出力します。このcase文にはbreak文がないため、10行目のcase文、12行目のcase文が実行されます。したがって実行結果は選択肢Cです。

問題14　正解：C

iは0で初期化されています。条件式は、前置のインクリメントを使用した式です。つまりiに1加算されてから比較演算になります。1回目のループでは1<4が評価されtrueが返り、1を出力します。続けて、2、3の出力があります。4<4の比較でfalseが返り繰り返し処理は終了します。したがって、4の出力はありません。

問題15　正解：D

while文は()内に条件式しか書くことができません。したがって選択肢A、Bは文法上許可されていないため、コンパイルエラーです。選択肢Cはコンパイル、実行ともに成功しますが、i変数が1で初期化されているため、実行の際、0番目の要素が出力されることがなく、実行結果は203040となります。選択肢Dはすべての要素が出力され実行結果は10203040となります。

問題16　正解：F

拡張for文の構文は次のとおりです。( )内で指定した参照変数から順に要素を取り出し、変数宣言で宣言した変数へ代入します。

```
for (変数宣言 : 参照変数名) { }
```

したがって、選択肢Fが正しいです。選択肢A〜Eはすべてコンパイルエラーとなります。

問題17　正解：D

問題文のwhile文はaが5に達するまで繰り返し処理が行われます。つまり、a変数が0〜4の間です。また、3行目の出力はa++とあり後置のインクリメントを使用しています。つまり、出力後に1加算されます。したがって、問題文のコードを実行すると、0〜4の出力を得ます。同じ結果を得るのは選択肢Dです。

A. a変数は0で初期化され5に達するまで繰り返し処理が行われます。前置のインクリメントを使用した出力であるため、1加算してから出力となります。したがって実行結果は1～5です。
B. a変数は0で初期化され、5になるとif文内のbreak文により繰り返しが終了します。しかし、if文の前にa変数の出力があるため、実行結果は0～5です。
C. for文の式1でa変数を宣言していますが、データ型の指定がありません。したがってコンパイルエラーです。
D. a変数は0で初期化され5に達するまで繰り返し処理が行われます。出力した後、インクリメント処理を行っています。したがって実行結果は0～4です。

問題18　正解：D

a変数は5で初期化され0以上の間は、繰り返し処理が行われます。つまり、a変数が0でもtrueが返り、繰り返し処理が行われます。

また、5行目の出力は後置のデクリメントを使用しています。つまり、出力後に1減算されます。よって、a変数の出力は5～0となるため、選択肢Dが正しいです。

問題19　正解：C

while(条件式){}do;という記述はできません。したがって、7行目のdoの記述でコンパイルエラーです。もし、7行目の「do;」を削除すればコンパイル、実行ともに成功します。その場合、出力結果は2 1です。3行目では、自クラスであるTest型の配列を用意し、各要素にインスタンス化したTestオブジェクトを格納しています。4行目は配列のサイズ（この例では2）をsize変数に格納しています。5～7行目のwhile文では、size変数を出力後デクリメントしているため、出力結果は2 1となります。

問題20　正解：A

3行目ではa変数を0で初期化し、a<2により2に達するまで繰り返し処理を行います。4行目では、3行目で宣言したa変数に5を代入し、a<10により10に達するまで繰り返し処理を行います。つまり、5行目は56789が出力されます。

a変数が10になった時点で、4〜6行目処理は終了します。そして、注意する点は、まだ3行目のa<2はfalseを返していないので、制御が3行目に戻ります。a++によりa変数は11となり、a<2でfalseが返り3〜7行目の処理が終了します。したがって、実行結果は56789が1回のみ出力されます。

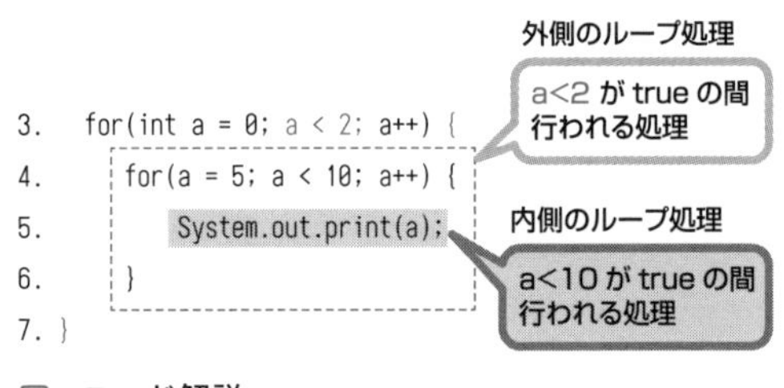

図：コード解説

問題21　正解：B

for文にwhile文を入れ子にしています。3行目の式2（繰り返し条件式）が指定されていないこと、およびコード内でbreak文の使用がないため、無限ループになります。4〜7行目により1〜5が出力されます。5行目のwhile条件式ではyが6になるとfalseが返り、4〜7行目の処理が終了します。しかし、外側の繰り返し文（3行目）に制御が戻り、4行目であらためてy変数が1に初期化されます。その結果、12345が無限に出力されます。

ループを終了するには、[Ctrl]キーを押しながら[C]キーを押してください。

問題22　正解：D

for文にfor文を入れ子にしています。5行目はa < x.lengthによりa変数が3に達するまで繰り返し処理を行います。6行目でまずaが出力します。そして、7行目のb < y.lengthによりb変数が2に達するまで繰り返し処理を行います。1回目のループ処理で8行目ではdが出力し、2回目のループ処理でeが出力します。7〜9行目の繰り返し処理が終了すると制御は5行目に戻ります。a++によりa変数は1となり、6行目でbが出力します。続けて、7行目の処理に入ります。このように、「a d e」→「b d e」→「c d e」と出力されるため実行結果は選択肢Dです。

問題23　正解：D

3行目でx変数は10で初期化しています。4〜14行目の1回目の繰り返し処理では、5行目でx変数がインクリメントされ、6〜13行目のswitch文では7行目が合致し8行目が出力します。以降にbreak文がないため、10、12行目が出力します。制御は4行目に戻り、5行目で再度x変数がインクリメントされます。x変数は11から12に変わるため、9行目のcase文が合致します。10、12行目が出力後、制御は4行目に戻りますが、y<3でfalseが返り、処理は終了します。したがって実行結果は選択肢Dです。

問題24　正解：E

1つのソースファイルに複数のクラスを定義することは可能です。そして、コンパイルするとソースコード内に定義したクラスごとにクラスファイル（.classファイル）は生成されます。問題文では、Aクラス、Bクラス、Testクラスが定義されているため、生成されるクラスファイルは選択肢Eです。なお、publicなクラスは、1つのソースファイルにつき、1つしか記述できません。また、publicなクラスを定義した場合、そのソースファイル名はpublicなクラスの名前と同じでなければいけません。違反している場合は、コンパイルエラーとなります。

問題25　正解：B、E、F

クラス名、変数名、メソッド名などは、数字や文字を組み合わせて作成します。これらの名前を総称して、識別子と呼びます。識別子のルールは以下のとおりです。

- 識別子の1文字目は、英字（a〜z、A〜Z）、ドル記号（$）、アンダースコア（_）のみ
- 識別子の2文字目以降は数字も使用可能
- 予約語は使用不可

選択肢A、C、Dは、識別子に使用できない記号が含まれているため誤りです。

問題 26　正解：A、B、C、F

シグニチャは、メソッド名、引数の型・数・並びにより、メソッドの宣言や定義を記述するものです。オーバーロードの際、コンパイラはシグニチャから実行するメソッドを判断します。戻り値の型、アクセス修飾子、引数の変数名は含まれません。

問題 27　正解：B

4行目ではstaticなmain()メソッドから、同じクラス内にあるmethod()メソッドを直接、呼び出ししています。したがって、method()メソッドはstaticでなければならないため、選択肢Bが正しいです。選択肢A、選択肢Dの場合、method()メソッドはインスタンスメソッドとして判断されるため、コンパイルエラーです。選択肢Cは戻り値を2つ（voidとint）記述することになるため、文法に誤りがありコンパイルエラーです。

問題 28　正解：A

7、8行目では、Test型の変数宣言をしていますが初期化していません。9、10行目で初期化していない変数を使用しているため、ここでコンパイルエラーになります。メンバ変数はデフォルト値で初期化されますが、ローカル変数は暗黙で初期化されることはありません。ローカル変数は使用する前に明示的に初期化しておく必要があります。したがって選択肢Aが正しいです。
初期化の詳細は、6章「メンバ変数の初期化」を確認してください。
なお、7、8行目を修正した以下2つの例を見てみましょう。

例 1

```
7.  Test obj1 = new Test();
8.  Test obj2 = new Test();
```

インスタンス化したオブジェクトをそれぞれ代入しています。コンパイル、実行ともに成功し、実行結果は選択肢Cとなります。

例 2

```
7.  Test obj1 = null;
8.  Test obj2 = null;
```

各変数をnullで初期化しています。これによりコンパイルは成功します。しかし、問題文では、obj1.fruit = "Grape";（9行目）のように、nullに対してメンバの呼び出しを行うことになるため、実行時エラーとなります。

問題29　正解：D

8行目でnum変数を使用していますが、num変数はmain()メソッド内で宣言したローカル変数です。つまり、有効範囲は2～6行目です。したがって、method()メソッドからは見つけることができないためコンパイルエラーです。

問題30　正解：E

Testクラスの3行目でコンストラクタを定義しています。これによりデフォルトコンストラクタは作成されません。8行目のコンストラクタ呼び出しは、3行目が合致しますが、7行目のコンストラクタ呼び出しに合致するコンストラクタはありません。したがって、7行目でコンパイルエラーです。では、もし、以下のコンストラクタを追加した際はどうなるでしょうか。

```
Test(){}
```

コンパイル、実行ともに成功します。実行結果は、「Lemon : Lemon」です。「Grape : Lemon」とならないのは、2行目のfruit変数がstaticだからです。7行目が実行された際は、fruit変数はGrapeですが、8行目によりLemonに上書きされます。

問題31　正解：A、C、E

A. 問題30の解説で紹介した補足情報でコンストラクタからstaticメンバにアクセスしています。したがって、正しいです。
B. コンストラクタでは、戻り値は記述できません。したがって誤りです。なお、戻り値を記述した場合、コンパイルエラーとはならず、メソッド定義として判断されます。
C. コンストラクタにprivate修飾子は付与可能です。したがって正しいです。
D. コンストラクタは、一般的にメンバ変数の初期化に使用されることが多いですが、必須ではありません。あくまで、「インスタンス化と同時に行いたい処理」を実装する目的で用意します。

E. 継承時にサブクラスが引き継ぐのは、スーパークラスで定義した変数とメソッドです。コンストラクタは、引き継がれないため正しいです。もし、サブクラスからスーパークラスのコンストラクタを明示的に呼び出したい場合はsuper()を使用します。

問題32　正解：C、E

A. 戻り値（void）を記述しているためコンストラクタ定義としては誤りです。なお、メソッドとして判断されるため、コンパイルは成功します。
B. final修飾子はコンストラクタに付与できないため、コンパイルエラーです。
C. コンストラクタ定義として正しいです。
D. long型で受け取った引数をint型で宣言したインスタンス変数に代入しようとしています。基本データ型の暗黙型変換のルールに反するためコンパイルエラーです。
E. privateなコンストラクタは定義可能であるため正しいです。

問題33　正解：D

Testクラス内でmethod()メソッドを2行目と5行目で定義しています。オーバーロードをする際は、引数の型、数、並びが異なっている必要があります。この問題文の例では、引数がまったく同じであるためコンパイルエラーです。なお、オーバーロードでは戻り値は無視されるため、同じであっても異なっていてもかまいません。

問題34　正解：A

インスタンスメソッドからstaticメソッドを直接呼び出すことは可能であるため、8行目は問題ありません。また、staticメソッドからstatic変数へのアクセスも可能であるため、5行目も問題ありません。したがって、このコードはコンパイルは成功します。また、12行目のobj.methodB()により、7行目が呼び出され、8行目により4行目が呼び出されます。そして、5行目により0で初期化されているx変数がインクリメントされ1が返されます。また、12行目のobj.methodA()により、4行目が呼び出されます。x変数は現在1であるため、5行目により2が返されます。したがって実行結果は選択肢Aです。

メンバ変数（インスタンス変数およびstatic変数）はローカル変数と異なりデ

フォルト値で初期化されている点も注意してください（参照：6章「メンバ変数の初期化」）。

問題35　正解：D

A. 名前の異なるメソッドを定義しているので、オーバーロードとはみなされません。
B. 2つ目のwrite()メソッドは戻り値を記載していないためメソッド定義として誤りです。
C. メソッド名、引数が同じメソッドを定義しているため誤りです。オーバーロードでは戻り値は無視されます。
D. メソッド名が同じであり、引数の数が異なっているためオーバーロードとして正しいです。

問題36　正解：A、E、F

A. インスタンス変数、static変数ともにprivate修飾子の付与は可能です。
B. インタフェースでは、public static finalな定数が宣言可能です。privateな変数、定数ともに宣言はできません。
C. 抽象メソッドはサブクラスもしくは実装クラスでオーバーライドをするために宣言します。private修飾子は、自クラスしかアクセスすることができないと意味します。したがって、privateとabstractの組み合わせは矛盾しているため、一緒に使用することはできません。
D. 選択肢Cの解説を参照。
E. クラスで定義した具象メソッドにprivate修飾子の付与は可能です。
F. クラスで定義したコンストラクタにprivate修飾子の付与は可能です。

問題37　正解：A、E

private指定されたメンバは、同じクラス内からのみアクセスを許可します。したがって、選択肢A、Eが正しいです。継承関係のあるサブクラスであってもスーパークラスのprivateメンバにはアクセスができないため選択肢B、Cは誤りです。アクセス修飾子はクラス、パッケージ間で制限を行うため、同じソースファイル内であってもクラスが異なればprivateメンバにはアクセスできません。したがって選択肢Dは誤りです。

問題38　正解：B

Dogクラスのcry()メソッドはprivate修飾子が付与されているため、アクセスできるのは同じクラス内のメンバからのみです。したがって選択肢Bが正しいです。

問題39　正解：A、D

A. 1つのクラスを元に複数のサブクラスを作成することは可能であるため正しいです。

B. 継承時にサブクラスが引き継ぐのは、スーパークラスで定義した変数とメソッドです。コンストラクタは、引き継がれないため誤りです。

C. サブクラスは、複数のクラスをスーパークラスにもつことはできないため誤りです。

D. サブクラスをもとに、サブクラスの作成は可能であるため正しいです。

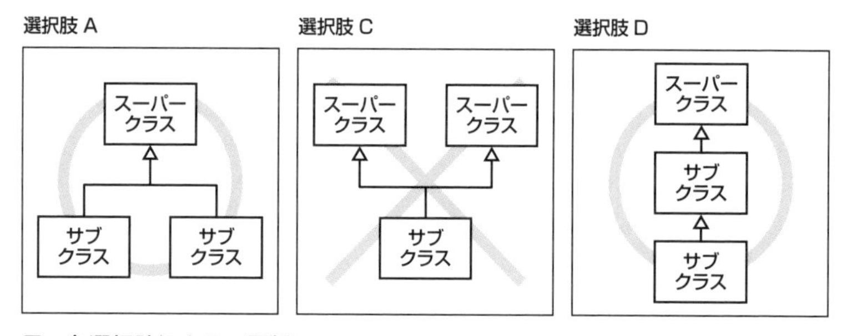

図：各選択肢のクラス関係

問題40　正解：B、C、E

A. extendsの後は、単体のクラス名もしくは、完全修飾名（パッケージ名＋クラス名）を指定しなければならないため誤りです。

B. finalクラスは継承を許可しないクラスとなり、クラスの宣言としては正しいです。

C. publicクラスはソースファイル名と同じにするという制限があります。問題文では、ソースファイル名がMyClass.javaとあるため正しいです。

D. クラス宣言にprivate修飾子は付与できないため誤りです。

E. Java言語が提供するjava.langパッケージのObjectクラスを継承したクラスは定義可能のため正しいです。

問題41　正解：B、C

インスタンス化はnewによるコンストラクタの呼び出しによって行われます。したがって、選択肢B、Cが正しいです。選択肢A、DはAnimal型の変数宣言をしているだけであり、インスタンス化はしていません。また、選択肢Eはnewキーワードを使用しておらず、文法として誤りです。

問題42　正解：A、D

オーバーライドのルールは以下のとおりです。

- メソッド名、引数リストがまったく同じメソッドをサブクラスで定義する
- 戻り値は、スーパークラスで定義したメソッドが返す型と同じか、その型のサブクラス型とする
- アクセス修飾子は、スーパークラスと同じものか、それよりも公開範囲が広いものであれば使用可能である

ルールに従っているのは、選択肢A、Dです。なお、選択肢B、Cは継承関係のあるオーバーロードとしてみなされます。したがって問題文のコードはコンパイルは成功します。

問題43　正解：B

実行の流れは以下のとおりです。main()メソッドから見ていきます。

1. 20行目が実行される
2. 15行目が呼ばれる
3. 16行目が実行される。これにより12行目が呼ばれる
4. 12行目以下に、暗黙でsuper()の呼び出しが挿入されているため、3行目が呼ばれる
5. 4行目が実行される。これにより、変数aには1が格納される
6. 呼び出し元に返り、13行目が実行される。これにより、変数bには10が格納される
7. 呼び出し元に返り、17行目が実行される。これにより、変数cには20が格納される

以上により、21行目の実行結果は選択肢Bです。

問題44　正解：F

問題文で指定された出力結果を見ると、①にはMyClassAクラスのname変数にアクセスする必要があります。選択肢B、D、Eはいずれもコンストラクタ呼び出しのコードであるため誤りです。選択肢CはMyClassBのname変数にアクセスするため誤りです。MyClassAクラスのname変数はインスタンス変数であるため、選択肢Aの呼び出しはできません。クラス名を使用したアクセスはstaticメンバのみです。選択肢Fにあるようにsuper.nameとすると、MyClassAクラスのname変数にアクセス可能です。

問題45　正解：B

自クラス内のコンストラクタを呼び出す場合は、this()を使用します。クラス名を使用することはできないため、選択肢A、Cは誤りです。また、this()の呼び出しはコンストラクタ定義の先頭に記述する必要があります。したがって、選択肢Dは誤りです。

問題46　正解：E

8行目のthis()の呼び出しはコンストラクタ定義の先頭に記述する必要があります。したがって、コンパイルエラーです。なお、もし、問題文のコードの7、8行目が以下のように逆だった場合はどうなるでしょうか。

```
7. this(++num2);
8. this.num1 = num1++;
```

この場合はコンパイル、実行ともに成功し、実行結果は3 : 6です。7行目はコンストラクタで受け取ったnum2をインクリメントしてから、this()の呼び出しを行います。その結果、インスタンス変数num2には6が格納されます。また、8行目ではコンストラクタで受け取ったnum1をインスタンス変数num1に格納してからインクリメントされます。したがって、インスタンス変数num1には3が格納されています。

問題47　正解：B、C

抽象クラス、抽象メソッドにabstract修飾子を付与します。パッケージ宣言、コンストラクタ定義、変数宣言では、abstract修飾子は付与できません。

問題48　正解：D、E

A. 抽象クラスを継承したサブクラスでは、抽象メソッド、具象メソッドともにオーバーライド可能であるため誤りです。
B. 暗黙的に定数になるのは、インタフェースで宣言した変数です。抽象クラスでは、変数が暗黙的に定数になることはありません。
C. 抽象クラスを継承したサブクラスは作成可能です。したがって誤りです。
D. 抽象クラスはインスタンス化できないため、正しいです。インスタンス化できるのは具象クラスです。
E. 抽象クラスは、抽象メソッドと具象メソッドを混在することが可能です。しかし、抽象クラスであっても具象メソッドのみ、または抽象メソッドのみといったクラスの作成も文法上可能であるため正しいです。

問題49　正解：B

MyClassAは抽象クラスであり、このクラスを継承したMyClassBは具象クラスであるため、methodA()の適切なオーバーライドが必要です。

A. MyClassAクラスの抽象メソッドであるmethodA()は、アクセス修飾子がpublicであるため、オーバーライドのルールに従い、サブクラスではpublicが必要になります。したがって誤りです。
B. 選択肢Aの解説により、正しいです。
C. オーバーライドを試みていますが、abstract修飾子が付与されているため誤りです。
D. MyClassBクラスでは、methodA()のオーバーライドが必須のため、誤りです。
E. 選択肢Dの解説を参照

問題50　正解：C

ポリモフィズム（多態性、多相性）は、呼び出す名前が同じであっても、実際にはオブジェクトごとに振る舞いや動作が異なることです。Javaではスーパークラスやインタフェースの型で、実際のオブジェクト（サブクラスや実装クラスのオブジェクト）を扱うことが可能です。これにより、親の型を使用したメソッド呼び出しであっても、オブジェクトごとに異なる機能を提供することを実現しています。

問題51　正解：A、E

A. abstract修飾子の付与はありませんが、インタフェースでは実装（{}）がない場合は、コンパイル時にpublic abstractが付与されるため正しいです。

B. abstractなstaticメソッドは宣言できないため、実装（{}）がなく、static修飾子を付与するとコンパイルエラーとなります。

C. インタフェースでの変数は、public static finalとなるため定数となります。そのため宣言時に初期化しておく必要があります。初期値の代入がないため、コンパイルエラーです。

D. privateな抽象メソッドは宣言できないため、コンパイルエラーです。

E. 選択肢Aの解説を参照

問題52　正解：A、B

変数にabstract修飾子は付与できないため、選択肢Cは誤りです。インタフェースでは、変数にprivate修飾子は付与できないため選択肢Dは誤りです。

問題53　正解：A

Fooインタフェースのexec()メソッドをMyClassA、MyClassBクラスともに適切にオーバーライドしているため、コンパイルは成功します。またTestクラスの16行目では、Foo型の配列にMyClassA、MyClassBの各オブジェクトで初期化しています。16行目のコードは以下と同じです。MyClassA、MyClassBの各オブジェクトはFoo型の変数で扱うことができるため、16行目のコードも有効です。

```
Foo[] foos = new Foo[2]; //Foo型の配列を作成
MyClassA a = new MyClassA();  //MyClassA
MyClassB b = new MyClassB();  //MyClassB
foos[0] = a;  //配列の0番目にaオブジェクトを格納
```

```
foos[1] = b;  //配列の1番目にbオブジェクトを格納
```

17、18行目では、各オブジェクトのexec()メソッドを呼び出しており、実行結果は25 157です。

問題54　正解：C

12行目では、MyClassBクラスをインスタンス化していますが、obj変数はスーパークラスであるMyClassA型で宣言しています。この文は問題ありません。問題文の選択肢を見ると、①でshow()メソッドの呼び出しを試みていますが、選択肢B、DはMyClassAクラスにshow()メソッドが定義されていないという理由からコンパイルエラーです。選択肢Cのように、元の型（MyClassB）にキャストすることで、コンパイル、実行ともに成功します。なお、選択肢Aは、メソッド名のみ指定しているため、自クラス内のメソッドを探索します。8行目に定義されていますが、staticメソッド（main）から、インスタンスメソッド（show）は直接アクセスできないため、コンパイルエラーです。

問題55　正解：B

11行目では、MyClassBをインスタンス化し、MyClassA型の変数で扱っています。そして、12行目でshow()メソッドを呼び出しています。MyClassBはMyClassAのサブクラスであり、show()メソッドを適切にオーバーライドしています。スーパークラス型の変数で扱っていても、インスタンス化したオブジェクトのメソッドが優先して呼び出されるため、8行目が表示されます。

問題56　正解：D

MyClassAのshow()メソッド（3行目）はインスタンスメソッドであり、MyClassBのshow()メソッド（8行目）はstaticメソッドです。インスタンスメソッドをstaticメソッドでオーバーライドすることはできないため、8行目でコンパイルエラーです。

なお、8行目がインスタンスメソッドの場合、どうなるでしょうか。その場合、コンパイル、実行ともに成功し、実行結果は、選択肢Bです。問題文の13、14行目ではそれぞれのクラスをインスタンス化し、17行目、18行目でshow()メソッドを呼び出しています。これはそれぞれのクラスで定義されたshow()メソッドが実行されます。しかし、2行目のdata変数はstatic変数です。したがって、15、16行目でdata変数に文字列を格納していますが、これは同じ変数にアクセスしているため、Hello文字列の後にByeが上書きしています。

問題57　正解：D

各クラス宣言を確認すると、SuperClassとSubClassに継承関係はありません。したがって11行目でコンパイルエラーです。もし、6行目が以下のようにSuperClassクラスをスーパークラスとするSubClassクラスとして宣言されていたらどうなるでしょうか。

```
public class SubClass extends SuperClass {
```

その場合、コンパイル、実行ともに成功し、実行結果は、選択肢Bです。

問題58　正解：C

A. 6行目は、MyClassAとMyClassBは継承関係があるため、コンパイルは成功します。しかし、obj1が参照しているのはMyClassAオブジェクトであるため、実行時にキャストに失敗し実行時エラーが発生します。

B. 7行目は、MyClassAはスーパークラスにjava.lang.Objectクラスをもつため、コンパイル、実行ともに成功します。なお、キャストを使用しないコード（以下）でも問題ありません。

```
7. Object obj4 = obj1;
```

C. 8行目は、MyClassAとStringは継承関係がないため、コンパイルエラーとなります。キャストも含め型変換が可能なのは、継承・実装の関係がある場合です。

D. 9行目は、MyClassAとMyClassBは継承関係があるため、コンパイル、実行ともに成功します。なお、キャストを使用しないコード（以下）でも問題ありません。

```
9. MyClassA obj6 = obj2;
```

問題59　正解：C

Lemonクラスは Fruitインタフェースの実装クラスですが、Orangeクラスは Fruitインタフェースを実装していません。Lemonクラス、Orangeクラスの定義内容は文法上誤りはないため、コンパイルは成功します。しかし、Testクラスの12行目で、各クラスのオブジェクトをFruit型の配列に格納しようとしていますが、OrangeオブジェクトはFruit型をもたないため格納できません。したがって12行目でコンパイルエラーです。

問題60　正解：C

MyClassAとMyClassBは継承関係があるため、12行目は問題ありません。また、13行目では、引数にint値をとるshow()メソッドの呼び出しをしていますが、6行目で定義されています。しかし、引数の指定をobj.numとしています。num変数はprivate修飾子が付与されているため、サブクラスであってもアクセスすることはできません。したがって、選択肢Cが正しい説明です。

模擬試験 2

Oracle Certified Java Programmer, Bronze SE

アクセスキー x

（小文字のエックス）

練習問題

問題 1

Java 仮想マシン（JVM）が行っていることとして正しい説明は次のどれですか。3 つ選択してください。

- □ A. バイトコードの解釈
- □ B. .class ファイルの実行
- □ C. .class ファイルのアセンブル
- □ D. ソースコードをコンパイルする
- □ E. .class ファイルのロード

問題 2

Java のソースファイルに関する説明として正しいものは次のどれですか。3 つ選択してください。

- □ A. 1 つのソースファイル内で記述できる import 文は 1 行である
- □ B. import 文は、ソースファイル内でどの場所でも記述できる
- □ C. ソースファイル名は、public 指定されたクラス名と一致する必要がある
- □ D. 1 つのソースファイル内に、インタフェースとクラスの両方を含めることができる
- □ E. package 文は任意であるが、記述する際はソースファイルの先頭に記述する必要がある
- □ F. 1 つのソースファイル内に、定義できる final クラスは 1 つである

問題 3

有効なコードは次のどれですか。3 つ選択してください。

- □ A. int j = 'A';
- □ B. int i = 10L;
- □ C. int num = 3.14;

☐ D. int flag = true;

☐ E. byte b = 10;
int i = b;

☐ F. double d = 5.0;
int n = (int)d;

問題 4

有効なコードは次のどれですか。3 つ選択してください。

☐ A. double num1 = 3.14;

☐ B. char num2 = "a";

☐ C. boolean num3 = "true";

☐ D. int num4 = 'x';

☐ E. float num5 = 0.1;

☐ F. String num6 = "false";

問題 5

クラス名として有効なものは次のどれですか。2 つ選択してください。

☐ A. class_bar

☐ B. $class_bar

☐ C. 5class

☐ D. class-bar

問題 6

次のコードがあります。

```
1. public class Test {
2.   public static void main(String[] args) {
3.     int x = 3;
4.     int y = 4;
5.     System.out.print((2 + 3 * 3) + " ");
6.     System.out.print(++x * y++);
```

```
7.     }
8. }
```

コンパイル、実行した結果として正しいものは次のどれですか。1つ選択してください。

- ○ A. 11 20
- ○ B. 11 12
- ○ C. 11 16
- ○ D. 15 20
- ○ E. 15 12
- ○ F. 15 16

問題 7

次のコードがあります。

```
1. public class Test {
2.     public static void main(String[] args) {
3.         int a = 20;
4.         System.out.println((a += 5) + " : " + (a++));
5.     }
6. }
```

コンパイル、実行した結果として正しいものは次のどれですか。1つ選択してください。

- ○ A. 20 : 21
- ○ B. 25 : 26
- ○ C. 25 : 25
- ○ D. 20 : 25

問題 8

次のコードがあります。

```
1. public class Test {
2.     public static void main(String[] args) {
3.         String data = "null";
4.         if(data == null) {
```

```
 5.       System.out.println("null");
 6.     }else if(data.length() == 0) {
 7.       System.out.println("0");
 8.     }else{
 9.       System.out.println("else");
10.     }
11.   }
12. }
```

コンパイル、実行した結果として正しいものは次のどれですか。1つ選択してください。

○ A. null
○ B. 0
○ C. else
○ D. コンパイルエラー
○ E. 実行時エラー

問題9

次のコードがあります。

```
 1. class Employee { }
 2.
 3. public class Test {
 4.   public static void main(String[] args) {
 5.     Employee e1 = new Employee();
 6.     Employee e2 = e1;
 7.     Employee e3 = new Employee();
 8.
 9.     if(e1 == e2) {
10.       System.out.println("e1 == e2");
11.     }else{
12.       System.out.println("e1 != e2");
13.     }
14.     if(e1 == e3) {
15.       System.out.println("e1 == e3");
16.     }else{
17.       System.out.println("e1 != e3");
18.     }
```

```
19.     }
20. }
```

コンパイル、実行した結果として正しいものは次のどれですか。1つ選択してください。

- ○ A. e1 == e2
  e1 == e3
- ○ B. e1 == e2
  e1 != e3
- ○ C. e1 != e2
  e1 == e3
- ○ D. e1 != e2
  e1 != e3
- ○ E. コンパイルエラー

問題10

次のコードがあります。

```
 1. public class Test {
 2.   public static void main(String[] args) {
 3.     String words = "ABCDEFGHIJ";
 4.     String msg = null;
 5.     switch(words.charAt(7)){
 6.       case 'H':
 7.         msg = "Hello ";
 8.         break;
 9.       case 'G':
10.         msg = "GoodBye ";
11.       default:
12.          msg = "other ";
13.     }
14.     System.out.println(msg);
15.   }
16. }
```

コンパイル、実行した結果として正しいものは次のどれですか。1つ選択してください。

- ○ A. Hello

○ B. GoodBye
○ C. other
○ D. GoodBye other
○ E. Hello other
○ F. コンパイルエラー

問題 11

次のコードがあります。

```
 1. class Test {
 2.   public static void main(String[] args) {
 3.     int x = 10, y = 5;
 4.     if (x = 10) { }
 5.     if (x != 0 | y != 0) { }
 6.     if (y == 10) { }
 7.     if (x == 10 and y == 5) { }
 8.     if (x >= y) { }
 9.   }
10. }
```

コンパイル結果として正しいものは次のどれですか。１つ選択してください。

○ A. 4 行目に問題があるためコンパイルエラーとなる
○ B. 5 行目に問題があるためコンパイルエラーとなる
○ C. 6 行目に問題があるためコンパイルエラーとなる
○ D. 7 行目に問題があるためコンパイルエラーとなる
○ E. 8 行目に問題があるためコンパイルエラーとなる
○ F. 複数行に問題があるためコンパイルエラーとなる
○ G. コンパイルは成功する

問題 12

次のコードがあります。

```
1. class Test {
2.   public static void main(String[] args) {
```

```
 3.     String[] ary = new String[3];
 4.     ary[1] = "Lemon";
 5.     ary[2] = null;
 6.     ary[3] = "Grape";
 7.     for(int i = 0; i < ary.length; i++) {
 8.       System.out.print(ary[i] + " ");
 9.     }
10.   }
11. }
```

コンパイル、実行した結果として正しいものは次のどれですか。1つ選択してください。

- ○ A. Lemon Grape
- ○ B. Lemon null Grape
- ○ C. コンパイルエラー
- ○ D. 実行時エラー

問題 13

次のコードがあります。

```
1. class Test {
2.   public static void main(String[] args) {
3.     for(int i = 3; i < i++; i++) {
4.       System.out.print(i + " ");
5.     }
6.   }
7. }
```

コンパイル、実行した結果として正しいものは次のどれですか。1つ選択してください。

- ○ A. 3
- ○ B. 3 4
- ○ C. 実行されるが何も出力されない
- ○ D. コンパイルエラー
- ○ E. 実行時エラー

問題 14

次のコードがあります。

```
 1. class Test {
 2.   public static void main(String[] args) {
 3.     int num = 0;
 4.     boolean flag = false;
 5.     while((num++ < 3) && !flag) {
 6.       System.out.print("5 ");
 7.       if(num == 2) {
 8.         flag = true;
 9.         System.out.print("* ");
10.       }
11.     }
12.   }
13. }
```

コンパイル、実行した結果として正しいものは次のどれですか。1つ選択してください。

○ A. 5 *
○ B. 5 5
○ C. 5 5 *
○ D. 5 5 * 5
○ E. コンパイルエラー
○ F. 実行されるが何も出力されない

問題 15

次のコードがあります。

```
1. class Test {
2.   public static void main(String[] args) {
3.     boolean flag = false;
4.     if(flag == true) {
5.       while(!flag) {
6.         System.out.print("T ");
7.         flag = false;
8.       }
```

```
 9.       }else{
10.         System.out.print("F ");
11.       }
12.     }
13. }
```

コンパイル、実行した結果として正しいものは次のどれですか。1つ選択してください。

- ○ A. 4行目でコンパイルエラー
- ○ B. 5行目でコンパイルエラー
- ○ C. T
- ○ D. F
- ○ E. 実行されるが何も出力されない
- ○ F. 実行時エラー

問題 16

次のコードがあります。

```
 1. class Test {
 2.   public static void main(String[] args) {
 3.     int num = 0;
 4.     do {
 5.       num++;
 6.       if(num % 2 == 0)
 7.         num++;
 8.       System.out.print(num + " ");
 9.     }while(num <= 10);
10.   }
11. }
```

コンパイル、実行した結果として正しいものは次のどれですか。1つ選択してください。

- ○ A. 2 4 6 8 10
- ○ B. 2 4 6 8 10 12
- ○ C. 1 3 5 7 9
- ○ D. 1 3 5 7 9 11

問題 17

次のコードがあります。

```
1. class Test {
2.   public static void main(String[] args) {
3.     int num = 0;
4.     do {
5.       num++;
6.       System.out.print("Hi ");
7.     }while(num < 3);
8.   }
9. }
```

コンパイル、実行した結果として正しいものは次のどれですか。1つ選択してください。

- ○ A. Hi Hi
- ○ B. Hi Hi Hi
- ○ C. Hi Hi Hi Hi
- ○ D. コンパイルエラー
- ○ E. 実行時エラー

問題 18

次のコードがあります。

```
 1. class Test {
 2.   public static void main(String[] args) {
 3.     int num = 0;
 4.     do {
 5.       num++;
 6.       if(num == 1) {
 7.         continue;
 8.       }
 9.       System.out.print(num + " ");
10.     }while(num < 1);
11.   }
12. }
```

コンパイル、実行した結果として正しいものは次のどれですか。1つ選択してください。

○ A. 0

○ B. 1

○ C. 0 1

○ D. 1 が無限に出力される

○ E. 実行されるが何も出力されない

問題 19

次のコードがあります。

```
 1. class Test {
 2.   public static void main(String[] args) {
 3.     String[] ary = {"A","B","C"};
 4.     for(int i = 0; i < 2; i++) {
 5.       for(String s : ary){
 6.         System.out.print(ary[i] + " ");
 7.       }
 8.     }
 9.   }
10. }
```

コンパイル、実行した結果として正しいものは次のどれですか。1つ選択してください。

○ A. 実行時エラー

○ B. A A B B

○ C. A B A B

○ D. A A A B B B

○ E. A B C A B C

問題 20

次のコードがあります。

```
 1. class Test {
 2.   public static void main(String[] args) {
 3.     int arry[] = {10, 30, 50};
 4.     int num = 0;
 5.     for (int val : arry) {
```

```
 6.         switch (val) {
 7.           case 10:
 8.             num++;
 9.           case 20:
10.             num++;
11.             break;
12.           case 30:
13.             num++;
14.             break;
15.           case 40:
16.            num++;
17.           case 50:
18.             num++;
19.         }
20.       }
21.       System.out.println(num);
22.     }
23. }
```

コンパイル、実行した結果として正しいものは次のどれですか。1つ選択してください。

○ A. 3
○ B. 4
○ C. 5
○ D. 6
○ E. コンパイルエラー
○ F. 実行時エラー

問題 21

次のコードがあります。

```
1. class Test {
2.   public static void main(String[] args) {
3.     int x = 5;
4.     do {
5.       x = 4;
6.       System.out.println(x);
7.     } while (true);
```

```
8.     }
9. }
```

コンパイル、実行した結果として正しいものは次のどれですか。1つ選択してください。

- ○ A. コンパイルエラー
- ○ B. 実行時エラー
- ○ C. 4が5回出力する
- ○ D. 5が4回出力する
- ○ E. 無限ループとなる

問題22

次のコードがあります。

```
 1. class Test {
 2.   public static void main(String[] args) {
 3.     String[] str = new String[3];
 4.     str[0] = "JP";
 5.     str[1] = null;
 6.     str[2] = "US";
 7.     for (int i = 1; i < str.length; i++) {
 8.       System.out.print(str[i] + " ");
 9.     }
10.   }
11. }
```

コンパイル、実行した結果として正しいものは次のどれですか。1つ選択してください。

- ○ A. JP null US
- ○ B. null US
- ○ C. JP US
- ○ D. 何も出力せず実行時エラーとなる
- ○ E. str配列の一部の要素を出力後、実行時エラーとなる
- ○ F. コンパイルエラー

問題 23

次のコードがあります。

```
 1. class Test {
 2.   public static void main(String[] args) {
 3.     char[] array = {'a', 'b', 'c'};
 4.     for (int i = 0; i < array.length; i++) {
 5.       System.out.print(i + " ");
 6.       switch (array[i]) {
 7.         case 'a': System.out.print("a ");
 8.         case 'b': System.out.print("b ");
 9.         case 'c': System.out.print("c ");
10.       }
11.     }
12.   }
13. }
```

コンパイル、実行した結果として正しいものは次のどれですか。1つ選択してください。

- ○ A. コンパイルエラー
- ○ B. 0 a b c
- ○ C. 0 a 1 b 2 c
- ○ D. 0 a b c 1 b c 2 c
- ○ E. 0 a b c 1 a b c 2 a b c

問題 24

次のコードがあります。

```
5.     User user1 = new User();
6.     User user2 = user1;
7.     User user3 = null;
8.     User user4 = user3;
```

メモリ内には、User クラスのオブジェクトがいくつ作成されますか。1つ選択してください。

- ○ A. 1

○ B. 2
○ C. 3
○ D. 4

問題 25

クラスの説明として正しいものは次のどれですか。3つ選択してください。

☐ A. main() メソッドが存在しないクラスは定義できない
☐ B. ソースファイルには、public クラスを含めなくても良い
☐ C. クラスは基本データ型である
☐ D. クラスは参照型である
☐ E. ソースファイルには、public クラスを1つだけ含めることができる
☐ F. すべてのクラスは、java コマンドで実行することができる

問題 26

サブクラスがもつ構成要素のうち、スーパークラスと同じ名前を使用できるものは次のどれですか。1つ選択してください。

○ A. 変数とコンストラクタ
○ B. 変数とメンバメソッド
○ C. メンバメソッドのみ
○ D. 変数、コンストラクタ、メンバメソッド

問題 27

次のコードがあります。

```
1. public class Fruit {
2.   String kind = "orange";
3.   public static void main(String[] args) {
4.     String kind = args[1];
5.     Fruit obj = new Fruit();
6.     System.out.println(obj.kind);
7.   }
```

```
  8. }
```

実行する際は次とします。

```
>java Fruit lemon grape
```

実行した結果として正しいものは次のどれですか。1つ選択してください。

- ○ A. lemon
- ○ B. grape
- ○ C. orange
- ○ D. null
- ○ E. 実行時エラー

問題28

次のコードがあります。

```
1. public class Fruit {
2.   public static void main(String[] args) {
3.     Fruit[] ary = {new Fruit(), new Fruit(), new Fruit()};
4.     int num = ary.length;
5.     while(num > 0) {
6.       System.out.print(num-- + " ");
7.     }do;
8.   }
9. }
```

コンパイル、実行した結果として正しいものは次のどれですか。1つ選択してください。

- ○ A. 3行目でコンパイルエラー
- ○ B. 5行目でコンパイルエラー
- ○ C. 7行目でコンパイルエラー
- ○ D. 3 2 1
- ○ E. 2 1
- ○ F. 2 1 0
- ○ G. 1 0

問題 29

次のコードがあります。

```
1. class Test {
2.   boolean flag;
3.   public static void main(String[] args) {
4.     Test obj = new Test();
5.     if([    ①    ]) {
6.       System.out.print("OK");
7.     } else {
8.       System.out.print("NG");
9.     }
10.   }
11. }
```

プログラムが正常にコンパイルするために、①に挿入するコードとして正しいものは次のどれですか。1つ選択してください。

○ A. obj.flag.equals("true")
○ B. obj.flag == "true"
○ C. obj.flag
○ D. obj.flag = "true"
○ E. obj.flag.equals(true)

問題 30

User クラスのコンストラクタ定義として正しいものは次のどれですか。2つ選択してください。

☐ A. private User() { }
☐ B. public final User() { }
☐ C. private void User() { }
☐ D. public User(int id) { }
☐ E. private static User() { }

問題 31

次のコードがあります。

```
1. class Test {
2.   public static void main(String[] args) {
3.     System.out.print("data : " + args[2] + args[3]);
4.   }
5.   public static void main(char[] args) {
6.     System.out.print("data = " + args[0] + args[1]);
7.   }
8. }
```

実行する際は次とします。

```
>java Test w x y z
```

コンパイル、実行した結果として正しいものは次のどれですか。1 つ選択してください。

- ○ A. コンパイルエラー
- ○ B. 実行時エラー
- ○ C. data : xy
- ○ D. data : yz
- ○ E. data = xy
- ○ F. data = yz

問題 32

次のコードがあります。

```
1. class User {
2.   int method(int num) { return 1; }
3.
4.   [    ①    ]
5. }
```

メソッドのオーバーロードをするために、①に挿入するコードとして正しいものは次のどれですか。2 つ選択してください。

- □ A. float method(int num) { return 1; }

□ B. long method(int num) { return 1; }

□ C. int method(char num) { return 1; }

□ D. public int method(long num) { return 1; }

□ E. public void method(int num) { }

問題 33

次のコードがあります。

```
 1. class Test {
 2.   public float calc(int val1, float val2) {
 3.     return val1 + val2;
 4.   }
 5.   public String calc(String val1, String val2) {
 6.     return val1 + val2;
 7.   }
 8.   public static void main(String[] args) {
 9.     Test obj = new Test();
10.     System.out.println("ans : " + obj.calc(10, 30));
11.     System.out.println("ans : " + obj.calc("20", "10"));
12.   }
13. }
```

コンパイル、実行した結果として正しいものは次のどれですか。1つ選択してください。

○ A. ans : 40
ans : 2010

○ B. ans : 40.0
ans : 2010

○ C. ans : 40
ans : 30

○ D. ans : 40.0
ans : 30

○ E. コンパイルエラー

問題 34

クラスのメンバ変数を宣言する際に、適切にカプセル化し、値を変更されないようにするために使用すべき修飾子は次のどれですか。1 つ選択してください。

- ○ A. private final
- ○ B. private static
- ○ C. public final
- ○ D. public abstract
- ○ E. private abstract

問題 35

カプセル化を実現しているコードは次のどれですか。3 つ選択してください。

- □ A. private int id;
- □ B. public int id;
- □ C. private int getId() { return id; }
- □ D. public int getId() { return id; }
- □ E. private void setId(int id) { this.id = id; }
- □ F. public void setId(int id) { this.id = id; }

問題 36

次のコードがあります。

```
1. class SuperClass { }
2.
3. class SubClass extends SuperClass {
4.   private double data;
5.
6.   private void setData(double data) {
7.     this.data = data;
8.   }
9. }
```

setData() メソッドの説明として正しいものは次のどれですか。1 つ選択してください。

○ A. 同じパッケージ内にあるクラスのメソッドから呼び出すことができる
○ B. すべてのパッケージ内にあるクラスのメソッドから呼び出すことができる
○ C. 同じパッケージ内にある、SuperClassクラスのサブクラスのメソッドから呼び出すことができる
○ D. クラス内の他メソッドから呼び出すことができる
○ E. スーパークラスのメソッドから呼び出すことができる

問題37

次のコードがあります。

```
 1. class Foo {
 2.   static int val;
 3.   static int methodA() {
 4.     return ++val;
 5.   }
 6.   int methodB() {
 7.     return methodA();
 8.   }
 9. }
10. class Test {
11.   public static void main(String[] args) {
12.     Foo obj = new Foo();
13.     obj.methodA();
14.     int num = obj.methodB();
15.     System.out.println(num);
16.   }
17. }
```

コンパイル、実行した結果として正しいものは次のどれですか。1つ選択してください。

○ A. 1
○ B. 2
○ C. 4行目でコンパイルエラー
○ D. 7行目でコンパイルエラー
○ E. 13行目でコンパイルエラー
○ F. 14行目でコンパイルエラー

問題 38

スーパークラスの構成要素のうち、サブクラスが継承するものは次のどれですか。2つ選択してください。

- □ A. public 修飾子が指定されたコンストラクタ
- □ B. private 修飾子が指定されたコンストラクタ
- □ C. final 修飾子のみ指定されたメソッド
- □ D. public 修飾子が指定されたインスタンスメソッド
- □ E. private 修飾子が指定されたインスタンスメソッド
- □ F. private 修飾子が指定された変数

問題 39

次のコードがあります。

```
 1. class Foo {
 2.   Foo() { System.out.print("Foo()  "); }
 3.   Foo(String s) { System.out.print("Foo(String s)  "); }
 4. }
 5. class Test extends Foo{
 6.   Test() { System.out.print("Test()"); }
 7.   Test(String s) { System.out.print("Test(String s)"); }
 8.   public static void main(String[] args) {
 9.     Test obj = new Test("test");
10.   }
11. }
```

コンパイル、実行した結果として正しいものは次のどれですか。1つ選択してください。

- ○ A. Test(String s) Foo(String s)
- ○ B. Test(String s) Foo()
- ○ C. Foo(String s) Test(String s)
- ○ D. Foo() Test(String s)

問題 40

次のコードがあります。

```
1. class User {
2.   int data;
3.   public long task(int num) {
4.     return data += num;
5.   }
6. }
```

User クラスのサブクラスで task() メソッドのオーバーライドをする際の説明として正しいものは次のどれですか。1 つ選択してください。

- ○ A. オーバーライドを行うメソッドで引数の変数名は num とする必要がある
- ○ B. オーバーライドを行うメソッドの戻り値は long 型とする必要がある
- ○ C. オーバーライドを行うメソッドの引数リストを変更することができる
- ○ D. オーバーライドを行うメソッドは、private 修飾子を付与することができる
- ○ E. オーバーライドを行うメソッドは戻り値を int 型にすることができる

問題 41

次のコードがあります。

```
1. class Employee {
2.   protected void report() {
3.     System.out.println("EmployeeA:report()");
4.   }
5. }
6. class Manager extends Employee {
7.   [    ①    ]
8. }
```

メソッドをオーバーライドしてコンパイルが成功するために、①に挿入するコードは次のどれですか。1 つ選択してください。

○ A.
```
void report(String s1, String s2) {
  System.out.println("Manager : report()");
}
```

○ B.
```
public void report(String s1) {
```

```
System.out.println("Manager：report()");
}
```

○ C.
```
public void report() {
    System.out.println("Manager：report()");
}
```

○ D.
```
void report() {
    System.out.println("Manager：report()");
}
```


問題 42

次のコードがあります。

```
1. class A {
2.   void show() {
3.     System.out.print("X ");
4.   }
5. }
6. class B {
7.   public void show() {
8.     System.out.print("Y ");
9.   }
10. }
11. class Test{
12.   public static void main(String[] args) {
13.     A obj = new B();
14.     obj.show();
15.   }
16. }
```

コンパイル、実行した結果として正しいものは次のどれですか。1つ選択してください。

○ A. X

○ B. Y

○ C. X Y

○ D. コンパイルエラー

○ E. 実行時エラー

問題 43

次のコードがあります。

```
 1. class ClassA {
 2.   long funcA(int num) { return 0; }
 3.   long funcB(int num, String str) { return 0; }
 4. }
 5. class ClassB extends ClassA {
 6.   long funcA(int num) { return 0; }
 7.   int funcA(String str) { return 0; }
 8.   int funcA(long num) { return 0; }
 9.   public long funcB(int num, String str) { return 0; }
10.   public long funcB(String str, int num) { return 0; }
11. }
```

メソッドのオーバーロードを行っているコードは次のどれですか。3つ選択してください。

- □ A. 6行目
- □ B. 7行目
- □ C. 8行目
- □ D. 9行目
- □ E. 10行目

問題 44

次のコードがあります。

```
 1. class ClassA {
 2.   String msg;
 3.   ClassA(String msg) {
 4.     this.msg = msg;
 5.   }
 6. }
 7. class ClassB extends ClassA {
 8.   private String type;
 9.   ClassB(String msg, String type) {
10.     [    ①    ]
```

```
11.     }
12.     public static void main(String[] args) {
13.       ClassB obj = new ClassB("Hi", "Text");
14.       System.out.println(obj.msg + " : " + obj.type);
15.     }
16. }
```

コンパイル、実行が成功し Hi : Text の出力結果をえるために、①に挿入するコードとして正しいものは次のどれですか。1つ選択してください。

○ A. super(msg);
this.type = type;
○ B. this.type = type;
super(msg);
○ C. this.type = type;
super.msg = msg;
○ D. super.msg = msg;
this.type = type;
○ E. this.type = type;
ClassA.msg = msg;

問題45

次のコードがあります。

```
 1. class ClassA {
 2.   private String msg;
 3.   int num;
 4.   ClassA(){  }
 5.   ClassA(String msg, int num) {
 6.     this.msg = msg;
 7.     this.num = num;
 8.   }
 9.   public void show() {
10.     System.out.println(msg + " : " + num);
11.   }
12. }
13. class ClassB extends ClassA {
```

```
14.
15. }
```

ClassA の構成要素のうち、ClassB が継承するものは次のどれですか。2 つ選択してください。

☐ A.　コンストラクタ
☐ B.　msg 変数
☐ C.　num 変数
☐ D.　show() メソッド

問題 46

次のコードがあります。

```
1. class A {
2.   int func(int x , int y){
3.     return x / y;
4.   }
5. }
6. class B {
7.   int func(int x , int y) {
8.     return (int)(Math.PI * x * y);
9.   }
10. }
11. class Test {
12.   public static void main(String[] args) {
13.     A a = new A();
14.     System.out.print(a.func(10, 2) + " ");
15.     B b = new B();
16.     System.out.print(b.func(10, 10));
17.   }
18. }
```

コンパイル、実行した結果として正しいものは次のどれですか。1 つ選択してください。

○ A.　A クラス内の定義内容に問題がありコンパイルエラーとなる
○ B.　B クラス内の定義内容に問題がありコンパイルエラーとなる
○ C.　14 行目でコンパイルエラーとなる

○ D.　16行目でコンパイルエラーとなる
○ E.　5 314と出力する
○ F.　5 314.1592653589793と出力する

問題47

次のコードがあります。

```
1. abstract class ClassA {
2.   public abstract String method();
3. }
4. class ClassB extends ClassA {
5.   [    ①    ]
6. }
```

プログラムが正常にコンパイルするために、①に挿入するコードとして正しいものは次のどれですか。1つ選択してください。

○ A.　void method(String s){ }
○ B.　String method() { return null; }
○ C.　public void method() { }
○ D.　public void method(String s){ }
○ E.　public String method() { return null; }
○ F.　public String method(String s) { return null; }

問題48

次のコードがあります。

```
1. public abstract class Foo {
2.   public Foo(String str) {
3.     methodA(str);
4.     methodB();
5.   }
6.   public void methodA(String str) {
7.     System.out.print(str + " ");
8.   }
9.   public abstract void methodB();
```

```
10.
11.   public static void main(String[] args) {
12.     System.out.print("start ");
13.     Foo obj = new Foo("orange");
14.     obj.methodA("lemon");
15.   }
16. }
```

コンパイル、実行した結果として正しいものは次のどれですか。1つ選択してください。

○ A. start orange lemon と出力する
○ B. start の出力後、実行時エラーが発生する
○ C. start orange の出力後、実行時エラーが発生する
○ D. コンパイルエラー
○ E. 実行されるが何も出力されない

問題 49

サブクラス側でスーパークラス側のメソッドを実装することを何と呼びますか。1つ選択してください。

○ A. オーバーロード
○ B. 継承
○ C. ポリモフィズム
○ D. 実行時バインド
○ E. カプセル化

問題 50

インタフェースの説明として正しいものは次のどれですか。1つ選択してください。

○ A. インタフェースで宣言した変数は、暗黙的に private final となる
○ B. インタフェースがインタフェースを実装（implements）できる
○ C. インタフェースは複数のインタフェースを継承（extends）できる
○ D. インタフェースでは抽象メソッドを1つ以上宣言する必要がある

問題 51

次のコードがあります。

```
 1. interface I {
 2.   void show();
 3. }
 4. class ClassA implements I {
 5.   public void show(){
 6.     System.out.println("ClassA");
 7.   }
 8. }
 9. class ClassB extends ClassA {
10.   public void show(){
11.     System.out.println("ClassB");
12.   }
13.   public static void main(String[] args) {
14.     I obj;
15.     ClassA objA = new ClassA();
16.     ClassB objB = new ClassB();
17.     obj = objB;
18.     obj.show();
19.   }
20. }
```

コンパイル、実行した結果として正しいものは次のどれですか。１つ選択してください。

○ A. ClassA
○ B. ClassB
○ C. コンパイルエラー
○ D. 実行時エラー

問題 52

次のコードがあります。

```
 1. interface X { }
 2.
 3. interface Y { }
 4.
```

```
5. class Z { }
```

Foo クラスの定義として正しいものは次のどれですか。1つ選択してください。

- ○ A. public class Foo extends Z implements X, Y { }
- ○ B. public class Foo implements Z extends X, Y { }
- ○ C. public class Foo extends X, Y implements Z { }
- ○ D. public class Foo implements X, Y extends Z { }

問題 53

次のコードがあります。

```
 1. class ClassA {
 2.   String name;
 3.   ClassA(String name) { this.name = name; }
 4.   public void show(){
 5.     System.out.println(name);
 6.   }
 7. }
 8. class ClassB extends ClassA {
 9.   private String no;
10.   ClassB(String no, String name) {
11.     super(name);
12.     this.no = no;
13.   }
14.   public void show(){
15.     System.out.println(no + " : " + name);
16.   }
17. }
18. class Test {
19.   public static void main(String[] args) {
20.     ClassA obj1, obj2;
21.     obj1 = new ClassA("taro");
22.     obj2 = new ClassB("T001", "ryo");
23.     obj1.show();
24.     obj2.show();
25.   }
26. }
```

コンパイル、実行した結果として正しいものは次のどれですか。1つ選択してください。

○ A. taro
T001 : ryo
○ B. taro
T001 : taro
○ C. taro
taro
○ D. T001 : ryo
T001 : ryo
○ E. コンパイルエラー
○ F. 実行時エラー

問題54

次のコードがあります。

```
 1. class Bar {
 2.   void func() {
 3.     System.out.println("Bar:func()");
 4.   }
 5. }
 6. class Test extends Bar {
 7.   void func() {
 8.     System.out.println("Test:func()");
 9.   }
10.   public static void main(String[] args) {
11.     Bar obj = new Bar();
12.     Test tObj = (Test)obj;
13.     tObj.func();
14.   }
15. }
```

コンパイル、実行した結果として正しいものは次のどれですか。1つ選択してください。

○ A. Bar:func()
○ B. Test:func()
○ C. コンパイルエラー

○ D. 実行時エラー

問題 55

次のコードがあります。

```
 1. class Bar {
 2.   String getStr() {
 3.     return "Bar";
 4.   }
 5. }
 6. class Test extends Bar {
 7.   String getStr() {
 8.     return "Test";
 9.   }
10.   public static void main(String[] args) {
11.     Bar obj = new Test();
12.     Test t = (Test)obj;
13.     System.out.println(t.getStr());
14.   }
15. }
```

コンパイル、実行した結果として正しいものは次のどれですか。1つ選択してください。

○ A. Bar
○ B. Test
○ C. コンパイルエラー
○ D. 実行時エラー

問題 56

次のコードがあります。

```
1. class Automobile {
2.   public void drive() { System.out.print("go forward "); }
3. }
4. class Ferrari extends Automobile {
5.   public void drive() { System.out.print("go fast "); }
6. }
```

```
 7. public class Test {
 8.   public static void main(String[] args) {
 9.     Automobile[] autos = { new Automobile(), new Ferrari() };
10.     for (int x = 0; x < autos.length; x++)
11.     autos[x].drive();
12.   }
13. }
```

コンパイル、実行した結果として正しいものは次のどれですか。1つ選択してください。

○ A. go fast go fast
○ B. go fast go forward
○ C. go forward go fast
○ D. go forward go forward
○ E. 5行目でコンパイルエラーが発生する
○ F. 9行目でコンパイルエラーが発生する
○ G. 11行目でコンパイルエラーが発生する

問題57

次のコードがあります。

```
 1. interface Book {
 2.   void getName();
 3. }
 4. class Java implements Book {
 5.   public void getName () { System.out.print("Java "); }
 6. }
 7. class Linux {
 8.   public void getName () { System.out.print("Linux "); }
 9. }
10. public class Test {
11.   public static void main(String[] args) {
12.     Book[] books = { new Java(), new Linux() };
13.     for (int x = 0; x < books.length; x++)
14.       books[x].getName();
15.   }
16. }
```

コンパイル、実行した結果として正しいものは次のどれですか。1つ選択してください。

○ A. コンパイルエラー
○ B. 実行時エラー
○ C. Java Java
○ D. Linux Linux
○ E. Java Linux

問題 58

com.example.city.Metropolitan クラスを利用する際の正しい import 文は次のどれですか。2つ選択してください。

□ A. import com.*;
□ B. import com.example.*;
□ C. import com.example.city.Metropolitan;
□ D. import com.example.city.Met*;
□ E. static import com.example.city.Metropolitan;
□ F. import static com.example.city.Metropolitan;
□ G. import com.example.city.*;

問題 59

次の要件があります。

- Manager クラスは com.prj.view パッケージに属する
- Manager クラスは com.prj.controller パッケージに属する各クラスを利用したい

これらの要件を満たす Manager クラスの宣言コードで正しいものは次のどれですか。1つ選択してください。

○ A. import com.prj.*;
public class Manager { }
○ B. package com.prj.*;
import com.prj.controller;
public class Manager { }

○ C. package com.prj.view;
import com.prj.controller;
public class Manager { }

○ D. package com.prj.view;
import com.prj.controller.*;
public class Manager { }

○ E. package com.prj.view.*;
import com.prj.controller.*;
public class Manager { }

問題 60

次のコードがあります。

```
1. package pack;
2. class Test {
3.   int i = 100;
4. }
```

i 変数の値を直接変更できるのは次のどれですか。1 つ選択してください。

○ A. Test クラスを継承したすべてのサブクラス

○ B. pack パッケージ内に含まれるすべてのクラス

○ C. この Test クラスのみ

○ D. すべてのクラス

○ E. どのクラスからも直接変更はできない

解答・解説

問題1　正解：A、B、E

javaコマンドによりクラス（.class）ファイルを実行すると、JVMは指定されたクラスファイルの読み込み（ロード）を行います。そして、クラスファイル内に書かれたバイトコードを解釈し実行するため、選択肢A、B、Eが正しいです。

問題2　正解：C、D、E

A. 1つのソースファイル内には、必要に応じて複数行のimport文を記述可能であるため誤りです。

B. import文は、ソースファイルの先頭で記述するため誤りです。

C. publicクラスはソースファイル名と同じにするという制限があるため正しいです。

D. 1つのソースファイル内に、複数のインタフェース、複数のクラスを定義可能であるため正しいです。

E. package文を使用したパッケージ化は推奨されていますが、必須ではありません。またパッケージ宣言は、ソースファイルの先頭に記述するため正しいです。

F. 選択肢Dの説明にあるとおり、finalクラスも含め1つのソースファイル内に複数のクラスは定義可能であるため誤りです。

問題3　正解：A、E、F

選択肢A、Eは、暗黙の型変換が行われるため、代入可能です。選択肢Fは、キャストによる型変換が行われるため、代入可能です。

選択肢BはリテラルにLが付与されており、long値として認識されるため、int型の変数には代入できません。選択肢Cは、double値をint型の変数に代入しようとし、選択肢Dはboolean値をint型の変数に代入しようとしているため、代入できません。

問題4　正解：A、D、F

選択肢A、Fは変数で宣言したデータ型と代入値の型が一致しているため代入可能です。選択肢Dは、暗黙の型変換が行われるため、代入可能です。選択肢Bは、代入値が""で囲まれています。1文字であっても""で囲まれると文字列（String型）と判断されchar型で扱うことはできません。選択肢Cも同様の理由により、文字列をboolean型で扱うことはできません。選択肢Eは、float型の変数にfloat値を代入する場合には、数に「F」もしくは「f」を付与する必要があります。

問題5　正解：A、B

選択肢A、Bにある「_」と「$」は、識別子として使用可能です。選択肢Dの「-」は使用できません。選択肢Cは、数字が1文字目にあるため、識別子として使用できません。数字は2文字目以降であれば使用可能です。

問題6　正解：C

5行目では、まず、3 * 3が処理された後、2加算となるため11が出力されます。6行目では、++xは前置のインクリメントであるため処理前に1加算され、y++は後置のインクリメントであるため処理後に1加算となります。つまり、xは4、yは4で掛け算が行われます。したがって、16が出力されます。

問題7　正解：C

4行目では、a += 5が処理されるため、a変数に5を加算し、さらにa変数に代入されます。したがって25が出力されます。です。また、a++は後置のインクリメントであるため処理後に1加算となります。つまり25が出力されます。

問題8　正解：C

3行目のdata変数にはnull文字列が格納されています。nullが""で囲まれているので、何も参照しないnullリテラルではなく、4文字の文字列であることに注意してください。したがって、4行目、6行目の条件文には一致しないため、elseブロックが実行されelseが出力されます。

問題9　正解：B

Employeeをインスタンス化しているのは、5、7行目のみです。6行目はe2変数を宣言し、e1が参照しているオブジェクトと同じオブジェクトを参照します。

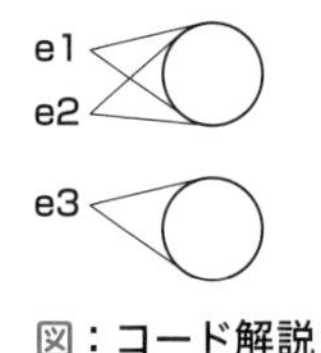

図：コード解説

参照型の変数に対して==演算子を使用している場合は、同じ参照先であればtrue、異なればfalseとなります。したがって、実行結果は選択肢Bです。

問題10　正解：A

3行目でA～Jの文字列が用意されています。5行目でその文字列に対しcharAt(7)を実行しています。これはインデックス7番目の文字をchar型で返します。インデックスは0から数えるため、H文字が返ります。

図：コード解説

5～13行目のswitch文では、6行目のcaseが合致するため、msg変数にはHello文字列が格納されます。8行目のbreak文によりswitch文の処理は終了するため、実行結果は選択肢Aです。

問題11　正解：F

if文の条件式は、判定結果がboolean値になる式でなければいけません。したがって、4行目は文法エラーとなります。また、Java言語では、7行目のようなand論理演算子は提供されていません。したがって文法エラーとなるため、選択肢Fが正しいです。

問題12　正解：D

3行目で配列を作成していますが、領域は3です。したがって、使用できるインデックスは0～2です。しかし、4～6行目でインデックス1～3に要素を格納しようとしています。5行目のようにnullリテラルを明示的に代入しても問題ありません。しかし、6行目は要素外にアクセスしており、コンパイルは成功しますが、実行時エラーとなります。以下は実行した際のエラー内容です。

実行結果

```
プロンプト>javac Test.java
プロンプト>java Test
Exception in thread "main" java.lang.ArrayIndexOutOfBoundsException:
    Index 3 out of bounds for length 3
        at Test.main(Test.java:6)
```

問題13　正解：C

3行目の式1では、変数は3で初期化され、式2が i < i++; とあります。インクリメントは後置であるため、まず、3 < 3 の比較が先に行われます。その結果、falseが返り、4行目は1回も実行されないままfor文の処理が終了します。

問題14　正解：C

num変数は0、flag変数はfalseで初期化し、while文が実行されます。

繰り返し1回目：num変数は0、flag変数はfalseであるため、while条件（0 < 3はtrue、!falseにより、true）はtrueが返ります。その後、num変数は1加算されます。5の出力後、if条件式に入ります。if条件ではfalseが返ります。

繰り返し2回目：num変数は1、flag変数はfalseであるため、while条件はtrueが返ります。その後、num変数は1加算されます。この時点で、num変数は2です。5の出力後、if条件式に入ります。if条件式でtrueが返り、＊を出力します。flag変数にtrueが代入されます。

繰り返し3回目：num変数は2、flag変数はtrueであるため、while条件（2 < 3はtrue、!trueにより、false）はfalseが返ります。そのため、繰り返し処理が終了します。

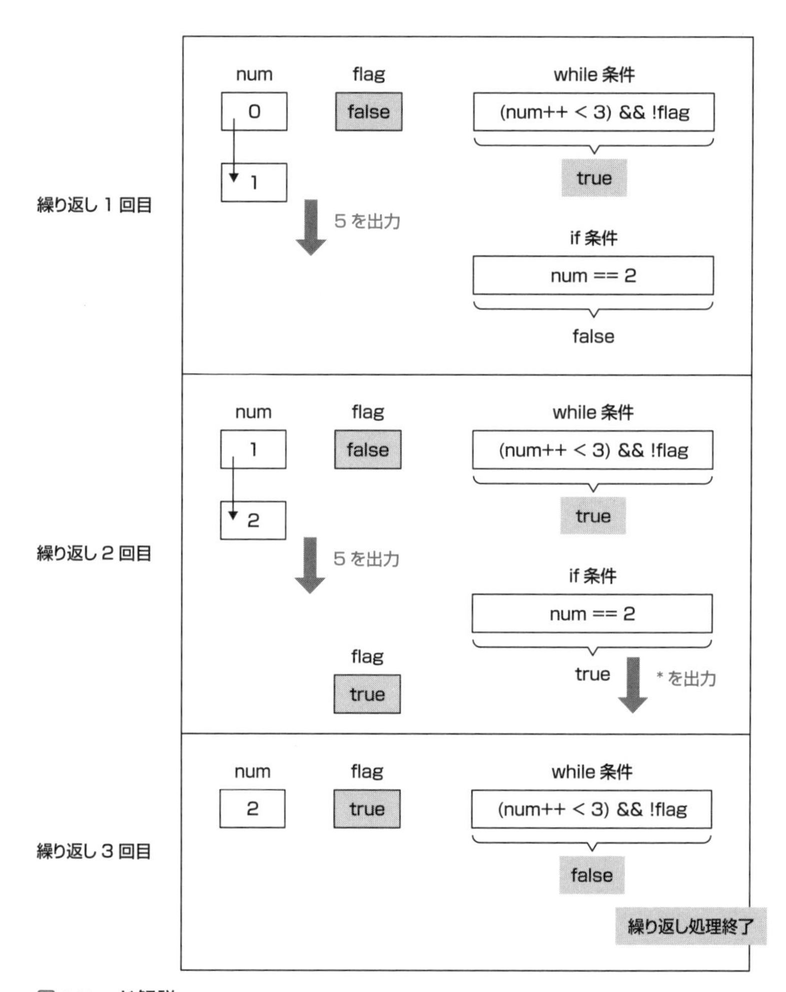

図：コード解説

以上により、実行結果は選択肢Cです。

問題 15　正解：D

flag変数はfalseで初期化されているため、4行目のif条件ではfalseが返ります。そのため、9行目に制御が移り、10行目が実行されます。なお、4行目が以下のような場合はどうなるでしょうか。

```
4.  if(flag = true) {
```

このコードの場合、コンパイル、実行ともに成功します。=による代入なので、コンパイルエラーのように思いますが、flag変数はboolean型であり、trueを代入したことで、この条件式の結果はboolean型となるため問題ありません。5行目のwhile条件式では、(!flag)によりfalseが返ります。そのため、6、7行目は実行されることがありません。上記のように4行目を修正した場合は、コンパイル、実行ともに成功しますが、何も出力されません。

問題16　正解：D

9行目のwhile条件式では、num変数が10を超えたらfalseを返します。また、6行目のif条件式は、num変数値を2で割り、余りが0のとき、trueを返します。また、if文で{}を記述していないため、条件式がtrueのときのみ、7行目が実行されます。8行目は、if条件に関係なく、実行される文です。では、4〜9行目のdo-while文をはじめから確認します。num変数が1のとき、6行目のif文でfalseが返り、8行目で1を出力します。5行目でnumがインクリメントされ2になり、6行目のif文でtrueが返り、7行目で再度インクリメントされます。8行目で3を出力します。以降、同じ処理が続き、1 3 5 7 9と出力します。5行目でnumがインクリメントされ10になり、6行目のif文でtrueが返り、7行目で再度インクリメントされます。8行目で11を出力します。9行目のwhile条件式でfalseが返り処理が終了します。したがって、実行結果は選択肢Dです。

問題17　正解：B

num変数が、1〜3の間にHiの出力があります。Hiの出力後にwhile条件が評価されるため、numが4になった際に繰り返し処理は終了します。したがって、Hiは3回出力されます。

問題18　正解：E

5行目でnumは1となり、6行目のif条件式はtrueが返ります。そのため、7行目のcontinue文が実行されます。continue文以下にある、繰り返しの残りの処理はスキップします。つまり、9行目の出力はスキップします。そして、10行目のwhile条件式でfalseが返り、繰り返し処理が終了します。したがって、コンパイル、実行ともに成功しますが、何も出力されません。

問題 19　正解：D

4行目の外側のループは、2回（i変数が0と1）実行します。また、5行目のループは、配列の大きさ分（3回）実行します。したがって、i変数が0のとき、ary[0]（つまりA）を3回出力し、i変数が1のとき、ary[1]（つまりB）を3回出力するため、実行結果は選択肢Dです。

問題 20　正解：B

拡張for文内にswitch文を定義しています。まず、1回目のループでは、配列の0番目の要素である10に対して分岐処理が行われるため、7行目が一致します。そして8行目でnum変数がインクリメントされますが、その下にbreak文がないため、引き続き9～10行目が実行されます。その結果、num変数は2となります。11行目にはbreak文があるため、いったんswitch文から抜けてfor文に制御が戻ります。その後、配列の1番目の要素である30と、2番目の要素である50に対しswitch文の分岐が行われますが、それぞれnum変数をインクリメントすると処理が終了します。したがって、実行結果は選択肢Bとなります。

問題 21　正解：E

問題文のソースコードでは、while文の条件式がtrueとなっている上、doブロック内にループ処理を終了するコードがありません。そのため、実行すると4の出力が続き、無限ループとなります。ループを終了するには、［Ctrl］キーを押しながら［C］キーを押してください。

問題 22　正解：B

問題12の類似問題です。問題文のソースコードの3行目ではString型の配列を作成し、4行目から6行目で文字列を格納しています。なお、5行目のようにnullリテラルを明示的に代入しても問題ありません。そして、7～9行目で各要素を出力していますが、i変数は1で初期化されているため、添え字が1の要素からの出力となります。実行結果は選択肢Bとなります。

問題 23　正解：D

5行目により、まず0が出力されます。6行目のswitch文の条件式では、配列の0番目の要素と一致するcaseは7行目となります。ただし、このswitch文にはbreak文の指定がないため、a b cが続けて出力されます。その後、制御はfor文に戻り、1が出力された後、配列の1番目と一致するcaseは8行目となって、b cの出力と続きます。配列の2番目の要素に対するswitch文の処理が終了した実行結果は、選択肢Dとなります。

問題24　正解：A

user1変数は、インスタンス化したUserオブジェクトを参照しています。user2変数は、user1変数が参照しているオブジェクトを参照しています。つまり新たにオブジェクトを生成しているわけではありません。user3変数は、nullリテラル（何も参照していないことを意味する値）を代入し、user4も同じくnullリテラルを代入しています。つまりuser3、uesr4は変数宣言を行っているだけであり、新たにオブジェクトを生成しているわけではありません。したがって問題文の4行で作成されたUserオブジェクトの数は1つです。

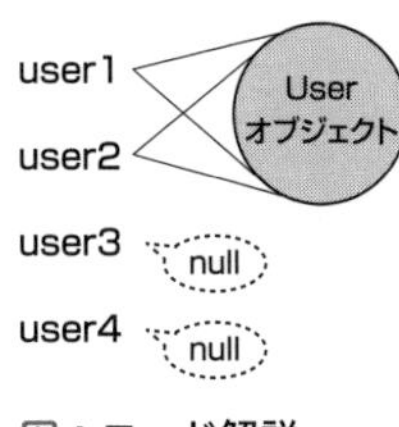

図：コード解説

問題25　正解：B、D、E

A. 本章の多くのサンプルコードであったように、main()メソッドをもたないクラスを定義することは可能であるため誤りです。
B. 本章のサンプルコードでもあったように、ソースファイルにpublicクラスを記述しなくてもコンパイル、実行ともに可能であるため正しいです。
C. クラスは参照型に含まれるため誤りです。
D. 選択肢Cの解説を参照
E. ソースファイルには、publicクラスを1つだけ含めることができるため、正しいです。なお、その場合は、publicなクラス名とソースファイル名は同じにする必要があります。
F. javaコマンドで実行可能なクラスはmain()メソッドをもつクラスのため誤りです。

問題26　正解：B

コンストラクタはクラス名と同じでなければならないため、クラス名が変われば、コンストラクタ名も変わります。また、メンバ変数、メソッドはサブクラスでスーパークラスと同じ名前を使用することが可能です。よって選択肢Bが正しいです。

以下は、同じ名前を使用したサンプルコードです。

Q26¥Answers¥Test.java

```
 1. class A {
 2.   int num = 10;
 3.   void method() {
 4.     System.out.println("A:method()");
 5.   }
 6. }
 7. class B extends A {
 8.   int num = 30;
 9.   void method() {
10.     System.out.println("B:method()");
11.   }
12. }
13. public class Test {
14.   public static void main(String[] args) {
15.     B obj = new B();
16.     System.out.println(obj.num);
17.     obj.method();
18.   }
19. }
```

実行結果

```
30
B:method()
```

問題27　正解：C

5行目では、自クラスであるFruitクラスをインスタンス化し、6行目のobj.kindにより、そのオブジェクトがもつインスタンス変数にアクセスしているのでorangeです。なお、6行目が以下のような場合はどうなるでしょうか。

```
6.  System.out.println(kind);
```

mainメソッド内の4行目でkind変数を宣言しており、args[1]を代入しています。つまり、grapeが格納されているため、実行結果はgrapeです。

問題28　正解：C

繰り返し文として、do{} while(条件式) は記述できますが、while(条件式) {} doという記述は文法として許可されていません。したがって、コンパイルエラーです。もし、7行目にある do; を削除すると、コンパイル、実行ともに成功し、実行結果は3 2 1 です。

問題29　正解：C

A. obj.flagにより、インスタンス変数であるflagにアクセスしますが、flagは、基本データ型のbooleanです。基本データ型は値そのものを表現しており、equals()等のメソッドはもっていません。したがってコンパイルエラーです。
B. 基本データ型（この例ではboolean型）と参照型（この例ではtrue文字列であるString型）を==による比較はできないためコンパイルエラーです。
C. obj.flagによりfalseが返るため、if文の条件式に使用することが可能です。なお、flagはインスタンス変数であるため、デフォルト値（false）で初期化されています。
D. 基本データ型（この例ではboolean型）の変数に、参照型データ（この例ではtrue文字列であるString型）を=による代入はできないためコンパイルエラーです。
E. 選択肢Aの解説を参照

問題30　正解：A、D

A. privateなコンストラクタ定義は可能です。
B. コンストラクタにfinal修飾子は付与できません。コンパイルエラーです。
C. 戻り値があると、メソッドとして判断されます。したがってコンパイルは成功しますが、コンストラクタ定義としては判断されないため誤りです。
D. 引数をもつpublicなコンストラクタ定義は可能です。
E. コンストラクタにstatic修飾子は付与できません。コンパイルエラーです。

問題 31　正解：D

main()メソッドをオーバーロードしていますが、java コマンドを実行した際は、必ず String 型の配列を引数にもつ main() メソッドが呼び出されます。したがって、実行結果は選択肢Dとなります。

問題 32　正解：C、D

オーバーロードをする際は、引数の型、数、並びが異なっている必要があります。なお、オーバーロードでは戻り値は無視されるため、同じであっても異なっていてもかまいません。

A. 戻り値は異なりますが、引数の引数の型、数が同じであるため、オーバーロードとはみなされません。問題文のメソッドと同じメソッドとして判断されコンパイルエラーです。
B. 選択肢Aの解説を参照
C. 引数がchar型であるためオーバーロードです。
D. 引数がlong型であるためオーバーロードです。
E. 選択肢Aの解説を参照

問題 33　正解：B

calcメソッドをオーバーロードしています。引数の型が異なるため定義可能です。10行目の呼び出しでは、int型の10と30を引数に指定しています。型の合致するcalcメソッドはありませんが、2行目にはint型とfloat型を引数にとるcalcメソッドが定義されています。int→floatは暗黙の型変換が行われるので、このメソッドが実行されます。int値＋float値の結果は、float型となるため、10行目の実行結果は40.0です。また11行目の呼び出しは5行目のcalcメソッドが実行され、文字列結合し、実行結果は2010です。

問題 34　正解：A

問題文で「カプセル化する」によりメンバ変数に付与するアクセス修飾子はprivateが適切です。また、「値を変更されないようにする」により定数にする必要があります。そのためfinal修飾子が適切です。したがって選択肢Aが正しいです。なお、選択肢D、Eにあるabstract修飾子は変数に付与することはできません。

問題35　正解：A、D、F

カプセル化されたコードにおいて、実データである変数が他クラスからむやみに変更されることを防ぐため、一般的には変数はprivate指定し、その変数にアクセスするメソッドはpublic指定にすることが推奨されています。したがって、選択肢A、D、Fが正しいです。

問題36　正解：D

問題文のsetData()メソッドはprivate修飾子が付与されています。privateメンバは、同じクラス内のメンバからしかアクセスを許可しません。

問題37　正解：B

Fooクラスは、以下によりコンパイル、実行ともに成功します。

- インスタンスメソッド（methodB()）がstaticメソッド（methodA()）を呼び出している
- staticメソッド（methodA()）がstatic変数（val）を利用している

Testクラス側の13行目では、methodA()メソッド呼び出しによりval変数がインクリメントされます。また、14行目のmethodB()メソッド呼び出しにより6行目が実行され、次に再度methodA()メソッドが呼び出されて、val変数がインクリメントされます。15行目では2が出力されます。

問題38　正解：C、D

継承時にサブクラスが引き継ぐのは、スーパークラスで定義した変数とメソッドです。コンストラクタは、引き継がれません。また、private修飾子が付与されたメンバは自クラス内のみ公開となり、サブクラスであってもアクセスはできません。したがって、選択肢C、Dが正しいです。

なお、final修飾子が付与されたメソッドはサブクラスでのオーバーライドが禁止となります。しかし、サブクラスからアクセスは可能です。以下のコードは、選択肢C、Dを使用しています。

Q38¥Answers¥Test.java

```
 1. class A {
 2.   final void x() {  //選択肢C
 3.     System.out.println("A:x()");
 4.   }
 5.   public void y() {  //選択肢D
 6.     System.out.println("A:y()");
 7.   }
 8. }
 9. class B extends A { }
10. class Test {
11.   public static void main(String[] args) {
12.     B obj = new B();
13.     obj.x();
14.     obj.y();
15.   }
16. }
```

BクラスはAクラスを継承しています。12行目でBクラスをインスタンス化し、13、14行目でメソッドの呼び出しをしていますが、Bクラスが各メソッドを継承しているので問題なく呼び出しができています。

実行結果

```
A:x()
A:y()
```

問題39　正解：D

各クラスのコンストラクタでは、this()やsuper()によるコンストラクタ呼び出しのコードはありません。したがって暗黙でsuper()が追加されます。これにより、9行目のTestクラスのコンストラクタが呼ばれると、7行目に制御が移り、暗黙で追加されたsuper()により2行目に制御が移ります。よって実行結果は、2行目→7行目となるため選択肢Dが正しいです。

問題40　正解：B

オーバーライドのルールは以下のとおりです。

- メソッド名、引数リストがまったく同じメソッドをサブクラスで定義する
- 戻り値は、スーパークラスで定義したメソッドが返す型と同じか、その型のサブクラス型とする
- アクセス修飾子は、スーパークラスと同じものか、それよりも公開範囲が広いものであれば使用可能である

A. 引数の変数名はルールには含まれません。同じでも異なっていてもかまわないため誤りです。
B. 問題文のtask()メソッドの戻り値はlong型であるため、オーバーライドするメソッドでは同じくlong型とするため正しいです。
C. 引数リストを変更するとオーバーライドではなく、継承関係のあるオーバーロードとしてみなされるため誤りです。
D. 問題文のtask()メソッドはpublic修飾子が付与されているため、公開範囲が狭くなるprivate修飾子を付与することはできないため誤りです。
E. 選択肢Bの解説を参照

問題 41　正解：C

選択肢A、Bは引数の数が異なるため、継承関係のあるオーバーロードとしてみなされるため誤りです。問題文のEmployeeクラスのreport()メソッドはprotected修飾子が付与されているため、それより公開範囲が広い選択肢Cが正しいです。選択肢Dのデフォルト修飾子はprotectedより公開範囲が狭くなるため誤りです。

問題 42　正解：D

Aクラスと Bクラスは継承関係がありません。したがって、13行目の=演算子で左辺と右辺に互換性がないためコンパイルエラーです。もし、6行目のBクラスの宣言が以下のようにAクラスのサブクラスであれば、コンパイル、実行ともに成功し、実行結果はYです。

```
6.  class B extends A{
```

問題 43　正解：B、C、E

この出題は継承関係のあるオーバーロードを問いています。ClassAを継承

したClassBクラスでは、5つのメソッドを定義しています。このコードはすべてコンパイルは成功します。そして、オーバーロードとしてみなされるのは、7行目（選択肢B）、8行目（選択肢C）、10行目（選択肢E）です。6行目（選択肢A）、9行目（選択肢D）はオーバーライドとしてみなされます。

問題44　正解：A

問題文では、Hi : Textの出力結果をえる必要があるため、ClassAクラスのmsg変数、および、ClassBクラスのtype変数にはインスタンス化時に引数で渡すHiとTextが代入される必要があります。また、ClassAクラスでは引数をもつコンストラクタのみ定義されているので、サブクラスであるClassBクラスでは明示的にこのコンストラクタを呼ぶ必要があります。したがって選択肢Aが正しいです。

選択肢Bはsuper()の呼び出しが2行目に記述されているため誤りです。選択肢C、Dはスーパークラスのコンストラクタ呼び出しコードがないため誤りです。これらのコードを①に記述すると、スーパークラスのコンストラクタ呼び出しコードがないことから、暗黙でsuper()のコードが追加されることになります。しかし、ClassAクラスには引数をもたないコンストラクタがないためコンパイルエラーとなります。選択肢Eは、ClassA.msgとあり、これはstatic変数へアクセスするときの記述のためコンパイルエラーとなります。

問題45　正解：C、D

継承時にサブクラスが引き継ぐのは、スーパークラスで定義した変数とメソッドです。コンストラクタは、引き継がれません。また、private修飾子が付与されたメンバは自クラス内のみ公開となり、サブクラスであってもアクセスはできません。したがって、選択肢C、Dが正しいです。

問題46　正解：E

14行目により、2行目が実行され、5が出力されます。また、8行目では、Javaライブラリで提供されているMathクラスのPI定数を使用しています。本文では説明していませんが、Math.PI 定数は円周率を表します。16行目により、7行目が実行され、3.14 * 10 * 10 の演算が行われます。その結果は314.1592653589793 となりますが、int型にキャストしているため、実行結果は

314となります。

問題47　正解：E

抽象クラスであるClassAを継承したClassBでは、抽象メソッドであるmethod()を適切にオーバーライドする必要があります。オーバーライドのルールにしたがって定義しているのは選択肢Eのみです。

問題48　正解：D

Fooクラスは抽象クラスであるためインスタンス化できません。したがって13行目でコンパイルエラーです。

問題49　正解：C

問題文は、オーバーライドを意味しています。オーバーライドによりポリモフィズムが実現できるため、選択肢の中ではCが適切です。

問題50　正解：C

インタフェース内で変数を宣言すると、暗黙的にpublic static final修飾子が付与されるため、選択肢Aは誤りです。インタフェースを実装(implements)できるのは、クラスであるため、選択肢Bは誤りです。インタフェースは複数のインタフェースを継承することが可能であるため、選択肢Cは正しいです。注意点として、具象クラスおよび抽象クラスが継承（extends）できるクラスの数は1つだけです。インタフェースでは、抽象メソッドを記述せず定数のみ宣言することも可能です(MyInter.java)。したがって選択肢Dは誤りです。

Q50¥Answers¥MyInter.java

```
1. interface MyInter {
2.    int val = 10;
3. }
```

問題51　正解：B

15、16行目でClassAとClassBをインスタンス化しています。17行目によりI型で宣言した変数は、objB変数が参照しているオブジェクトを参照します。ClassBクラスはIインタフェースの実装クラスであるため、コンパイルは成功します。18行目でshow()メソッドを呼び出していますが、obj変数が参照しているのは、ClassBのオブジェクトであるため、出力結果はClassBです。

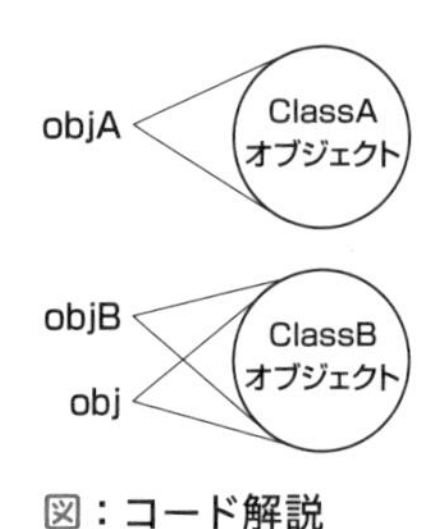

図：コード解説

問題52　正解：A

クラスを定義する際、複数のインタフェースを実装（implements）することは可能です。また、implements と extends を併用も可能ですが、併用する場合は extends を先に書く必要があります。したがって選択肢Aが正しいです。

問題53　正解：A

ClassBはClassAを継承しているため、ClassBオブジェクトはClassA型で宣言した変数に代入可能です。よって、20〜22行目のコードは問題ありません。21行目により、3行目が呼ばれ、name変数にtaroを格納します。また、22行目により、10行目が呼ばれ、11行目により3行目が呼ばれ、name変数にryoを格納します。12行目によりno変数にT001を格納します。23､24で各オブジェクトのshow()メソッドが呼ばれ、それぞれのメソッド（4行目、14行目）が実行されるため、実行結果は選択肢Aです。

問題54　正解：D

Barクラス、Testクラスの各クラスでは文法として誤りはないため、コンパイルは成功します。ポイントとして、12行目にあるobj変数は、Bar型であり、tObj変数はTest型です。これらのクラスは継承関係があるため、コンパイルが成功します。しかし、obj変数が参照しているのはBarのオブジェクトであり、12行目で異なる型にキャストしてるため、実行時エラーになります。

もし、11行目が以下のようにTestクラスをインスタンス化していれば、コンパイル、実行ともに成功し、実行結果はTest:func()です。

```
11.  Bar obj = new Test();
```

問題 55　正解：B

Barクラス、Testクラスの各クラスでは文法として誤りはないため、コンパイルは成功します。また、TestクラスはBarクラスのサブクラスであるため、11行目も問題ありません。12行目でTest型で宣言した変数にobjをキャストして代入していますが、もともとobjが参照しているのはTestのオブジェクトであるため代入が成功し、13行目の実行結果はTestです。

問題 56　正解：C

FerrariクラスはAutomobileクラスを継承し、drive()メソッドをオーバーライドしています。 したがって、9行目のようにAutomobile型で宣言した配列で2つのオブジェクトを扱うことは可能であり、11行目でdrive()メソッドを呼び出すと、各クラスで実装した処理が実行されます。したがって、実行結果は選択肢Cとなります。

問題 57　正解：A

問題56の類似問題です。JavaクラスはBookインタフェースを実装していますが、Linuxクラスは、Bookインタフェースを実装していません。したがって、12行目でコンパイルエラーとなります。

問題 58　正解：C、G

import文では、importキーワードに続き、インポートしたいクラス名をパッケージ名から記述します。また、クラス名の代わりに「*」（アスタリスク）を使用することで、指定されたパッケージに属するすべてのクラスをインポートできます。したがって選択肢C、Gが正しいです。

問題 59　正解：D

Managerクラスは com.prj.view パッケージに属するとあるため、次のコードが先頭に必要です。

```
package com.prj.view;
```

また、Managerクラスはcom.prj.controllerパッケージに属する各クラスを利用したいとあるため、package宣言の次に以下のコードが必要です。

```
import com.prj.controller.*;
```

なお、import文とpackage文の両方を記述する場合には、package文を先に書きます。したがって、選択肢Dが正しいです。

問題60　正解：B

アクセス修飾子を指定していない変数は、そのクラス内のメンバまたは同じパッケージ内に含まれるクラスから直接変更することができます。なお、Testクラスを継承したサブクラスが、Testクラスと異なるパッケージに属することもあるため、選択肢Aは誤りです。

INDEX

記号・数字

A・B・C

D・E・F

》I

》J

》L・M・N

》O・P・R

》S

≫ T・U・V・W

≫ ア行

≫ カ行

≫ サ行

≫ タ行

ナ行

ハ行

マ行

ヤ行

ラ行

著者紹介

山本 道子

2004年Sun Microsystems社退職後、有限会社Rayを設立し、システム開発、IT講師、執筆業などを手がける。有限会社ナレッジデザイン顧問。著書（共著を含む）『オラクル認定資格教科書 Javaプログラマ Bronze SE 7/8』『同Silver SE 11』『同Gold SE 8』のほか、『Linux教科書 LPIC レベル1 スピードマスター問題集』、『SUN教科書 Webコンポーネントディベロッパ(SJC-WC)』、『携帯OS教科書 Androidアプリケーション技術者ベーシック』、監訳書に『SUN教科書 Javaプログラマ（SJC-P）5.0・6.0両対応』（いずれも翔泳社刊）、『本気で学ぶ Linux実践入門 サーバ運用のための業務レベル管理術』、『標準テキスト CentOS7構築・運用・管理パーフェクトガイド』（いずれもSBクリエイティブ刊）、などがある。雑誌『日経Linux』（日経BP社刊）での連載LPIC対策記事を執筆。

装丁　坂井正規
DTP　株式会社トップスタジオ

オラクル認定資格教科書
Java（ジャバ）プログラマ Bronze（ブロンズ） SE（エスイー）（試験番号1Z0-818）

2020年 7月20日 初版 第1刷発行
2024年 8月 5日 初版 第6刷発行

著　者　山本道子（やまもと みちこ）
発行人　佐々木幹夫
発行所　株式会社翔泳社 (https://www.shoeisha.co.jp)
印　刷　昭和情報プロセス株式会社
製　本　株式会社国宝社

本書へのお問い合わせについては、ii ページに記述の内容をお読みください。

落丁・乱丁はお取替えします。03-5362-3705 までご連絡ください。

ISBN978-4-7981-6206-5　Printed in Japan